高等学校土建类专业实践性教学系列指导书

测绘工程专业实习指导

主　编：常　乐　党晓斌
副主编：常晓贇　邓海龙
邢　欢　曹　雪

武汉理工大学出版社
·武　汉·

内容简介

本书详细描述了测绘学基础实习、数字地形测量学实习、大地测量学基础实习、工程测量学实习、摄影测量学实习、GNSS测量实习、地理信息系统原理实习等测绘类专业核心课程实习实训内容，同时也包括专业实习与毕业设计指导相关内容。本书的主要内容从基本的测量仪器正确的维护与应用，测量实习的基本要求，到水准仪、经纬仪、全站仪、GNSS等仪器的操作与使用，具体项目包括导线测量、数字化测图、点的平面位置及高程的测设、线路曲线测设、纵断面与横断面测量、ArcGIS软件的认识与应用、Map Matrix数字摄影测量系统的应用、ERDAS软件的认识与应用等，并包含了测量实习规范化流程及专业实习与毕业设计指导内容。

本书内容详细、步骤清晰、通俗易懂，适用于各类院校测绘类专业学生的技术技能培训，同时也可为相关工程技术人员提供参考。

图书在版编目(CIP)数据

测绘工程专业实习指导/常乐，党晓斌主编. —武汉：武汉理工大学出版社，2023.10
ISBN 978-7-5629-6865-8

Ⅰ.①测… Ⅱ.①常… ②党… Ⅲ.①测绘学—高等学校—教学参考资料 Ⅳ.①P2

中国国家版本馆CIP数据核字(2023)第175196号

Cehui Gongcheng Zhuanye Shixi Zhidao
测绘工程专业实习指导

项目负责人：王利永(027-87290908)
责任编辑：黄玲玲
责 任 校 对：张莉娟
版面设计：正风图文
出 版 发 行：武汉理工大学出版社
地　　址：武汉市洪山区珞狮路122号
邮　　编：430070
网　　址：http://www.wutp.com.cn
经　　销：各地新华书店
印　　刷：武汉市籍缘印刷厂
开　　本：787 mm×1092 mm　1/16
印　　张：16
字　　数：410千字
版　　次：2023年10月第1版
印　　次：2023年10月第1次印刷
定　　价：42.00元

凡购本书，如有缺页、倒页、脱页等印装质量问题，请向出版社发行部调换。
本社购书热线电话：027-87391631　87523148　87165708(传真)

前　　言

本书以测绘学基础实习、数字地形测量学实习、大地测量学基础实习、工程测量学实习、摄影测量学实习、GNSS测量实习、地理信息系统原理实习等测绘类专业核心课程实践教学任务为基础，结合专业实习与毕业设计指导相关内容进行编写。本书实践内容详细、完整，能满足测绘类学校的实践教学需求。

本书的编写主要依据现有最新行业规范，包括《城市测量规范》(CJJ/T 8—2011)、《工程测量标准》(GB 50026—2020)、《国家基本比例尺地图图式 第1部分：1∶500 1∶1000 1∶2000 地形图图式》(GB/T 20257.1—2017)、《全球定位系统(GPS)测量规范》(GB/T 18314—2009)、《1∶500 1∶1000 1∶2000 地形图航空摄影测量内业规范》(GB/T 7930—2008)等。

本书由沈阳城市建设学院、辽宁建筑职业学院、辽宁省交通高等专科学校的教师与辽宁省能源产业控股集团有限责任公司、辽宁省城乡建设规划设计院有限责任公司、嘉兴万虹建设工程有限公司、成都西南交通大学设计研究院有限公司沈阳分公司的企业专家共同编写。编写具体分工如下："测量实习须知"和"专业实习与毕业论文(设计)指导"由党晓斌、冯钟萱编写；"模块一　测绘学基础实习"由常乐编写；"模块二　数字地形测量学实习"由常晓赟、张甲编写；"模块三　大地测量学基础实习"由曹雪、邓海龙编写；"模块四　工程测量学实习"由常乐、左文博编写；"模块五　摄影测量学实习"由邢欢、张甲编写；"模块六　GNSS测量实习"由常晓赟、白晶石编写；"模块七　地理信息系统原理实习"由郭春蕾、高飞编写；"模块八　遥感原理与应用课程设计"由曹雪、王蒙编写。全书由常乐统稿。

本书在编写过程中参考了大量文献和同类书籍，在此一并向相关作者致谢。由于作者水平有限，书中难免存在错漏，恳请读者批评指正！

作　者

2023年6月

目　　录

第一部分　测量实习须知

第二部分　测绘专业实习指导

第三部分　专业实习与毕业论文(设计)指导

第一部分

测量实习须知

【单元概述】 本单元结合课程要求和工程实践应用进行编写，介绍了包括测绘学基础实习、数字地形测量学实习、大地测量学基础实习、工程测量学实习、摄影测量学实习、GNSS 测量实习、地理信息系统原理实习、遥感原理与应用课程设计在内的测绘类专业核心课程实践教学的基本内容。通过本单元的学习，学生可以运用测绘常用仪器（包括水准仪、经纬仪、全站仪、GNSS 等）进行测量实践，同时掌握地理信息系统和遥感软件的基本应用，能加深对课程理论内容的理解，运用多种测量技能解决工程实际问题。

【学习目标】 正确使用和操作测绘仪器进行野外测量实践；熟练操作地理信息系统和遥感等相关应用软件；掌握测绘数据的正确记录方法，能对数据进行正确的计算处理和分析。

第一节　绪　　论

测量实验是人们根据一定的科学目的，运用一定的测量仪器和设备，在人为控制或改变客观事物的条件下获得科学事实的方法。测量实验与实习既是学生系统学习测量实验知识和技术的开端，也是学习后续其他课程的基础，对培养学生通过实验手段去发现、观察、分析、研究、解决问题的能力将起着重要的作用。只有通过对测量仪器的全过程亲自操作，包括仪器安置、观测、记录、计算、填写实验报告、绘图，才能真正掌握测量的基本方法和基本技能，并为深入学习测绘专业理论或有关专业知识打下基础。测量实验与实习是以小组为单位共同完成的组织行为。因此，学生在进行每一项测量基本技能操作练习时，必须遵守测量实验相应的规定，必须严格按规定进行作业。

第二节　测量仪器、工具的正确使用

一、领取仪器时检查的项目

(1) 仪器箱是否关好、锁好。

(2) 背带、提手是否牢固。

(3) 脚架和仪器是否相匹配，脚架各部分是否完好；要防止因脚架不牢而摔坏仪器，或因脚架不稳而影响作业生产。

(4) 实习仪器和工具是否齐全。

二、仪器的开箱和装箱

(1) 仪器箱应平放在地面上或其他台面上才能开箱，严禁托在手上或抱在怀里开箱，以免将仪器摔坏。

(2) 取出仪器前应先牢固地安放好脚架，仪器自箱内取出后不宜用手久托，应立即固定在脚架上。

(3) 开箱后，在未取出仪器前，应注意仪器安放在仪器箱中的位置和方向，以免用毕装箱时，因安放不正确而损伤仪器。

(4) 关箱前要检查箱内的小工具或附件是否都已固定，防止在运输过程中因未固定好的小工具或附件在箱内活动而砸坏仪器。

(5) 有制动螺旋的仪器，要松开制动螺旋，再将仪器装入仪器箱内，然后关上箱盖；关箱盖或加罩壳时不得硬压或硬扣，应查明原因，排除障碍后再加盖。

三、自箱内取出仪器时的注意事项

(1) 不论何种仪器，在取出前一定要先检查制动螺旋是否处于松开状态，以免取出仪器时因强行扭转而损坏制动装置，甚至损坏轴系。

(2) 自箱内取出仪器时，应一只手握住照准部支架，另一只手扶住基座部分，轻拿轻放，不要用一只手抓仪器。

(3) 在取仪器和使用仪器的过程中，要注意避免触摸仪器的目镜、物镜、反光镜、棱镜，以免弄脏仪器；严禁用手指和手帕擦拭仪器的目镜、物镜等光学部件，导致增透膜损伤，从而影响成像质量。

四、安置仪器时的注意事项

(1) 将伸缩式脚架的三条腿抽出后要把固定螺旋拧紧，但不可用力过大，避免造成螺旋滑丝；还要防止因螺旋未拧紧而导致脚架自行收缩，摔坏仪器。因此，脚架的三条腿拉出的长度要适中。

(2) 架设三脚架时，三条腿分开的跨度要适中，并得太拢容易被碰倒，分得太开容易滑开，都会造成事故。若在斜坡地上架设仪器，应使三脚架两条腿在坡下(可稍放长)，一条腿在坡上(可稍缩短)，这样架设比较稳当；如在光滑地面上架设仪器，要用绳子拉住，采取安全措施，防止脚架滑动，摔坏仪器。

(3) 待脚架安放稳妥并将仪器放到脚架头上后，要立即旋紧仪器和脚架间的中心螺旋，防止因忘记拧上连接螺旋或螺旋拧得不紧而摔坏仪器。

(4) 自箱内取出仪器后，要随即将仪器箱盖好，以免沙土、杂草进入箱内，还要防止搬动仪器时丢失附件。

(5) 仪器箱是保护仪器安全的主要设备，多为薄木板、薄铁皮或塑料制成，不能承重。因此，严禁蹬、坐仪器箱，以免造成仪器箱的损坏。

五、仪器在使用中的注意事项

(1) 有太阳时必须打伞，防止烈日暴晒，并严防雨淋(包括仪器箱)。

(2) 在任何时候，仪器旁必须有人保护。

(3) 如遇目镜、物镜外表面蒙上水汽而影响观测(在冬季较常见)，应稍等一会儿，或用纸扇风使水汽蒸发，切忌用硬物擦拭。

(4) 制动螺旋不宜拧得过紧；微动螺旋和脚螺旋宜使用中段，松紧要调节适当，如转动螺旋时感到有跳动或听到沙沙声，就应及时用油清洗；拨动校正螺旋时应注意保护旋口或校正孔，用力要轻、慢，受阻时要查明原因，不得强行旋转。

(5) 操作仪器时，用力要均匀，动作要准确、轻捷，用力过大或动作太猛都会造成仪器的损伤。

(6) 仪器用毕后，装箱前可用软毛刷轻拂仪器表面的尘土；有物镜盖的要将其盖上。仪器箱内如有尘土、草叶，应用毛刷刷干净。

(7) 清点箱内附件，如有缺少，应立即寻找，然后将仪器箱关上，扣紧锁好。

(8) 工作期间尽量使存放仪器的室温与工作地点的气温相近。当必须把仪器搬到温度差别大的环境中去时，应先将仪器在箱中放置 1 小时左右。到达测站后，宜先取出仪器置于适温环境半小时以上才能开始正式观测。

六、在工作中仪器发生故障时的处理

(1) 仪器在外业测量中,因受温度、湿度、风沙、灰尘、震动等影响或操作不当,容易产生一些故障。引起仪器产生故障的原因是多方面的,故障的种类也很多,发现仪器出现故障时,应立即停止使用,及时进行维修,若继续勉强使用,就会损伤仪器零部件,甚至损坏到无法修复的程度。

(2) 因为测量仪器的结构严密复杂,且对清洁程度要求很高,在野外不宜进行仪器的修理。在仪器出现故障时,应查明原因,送有关部门进行维修,绝对禁止擅自拆卸,更不能勉强"带病"使用,以免加剧损坏程度。

七、仪器搬站时的注意事项

(1) 在长距离搬站或通过行走不便的地区时,应将仪器装入箱内搬迁;搬迁时切勿跑行,防止摔坏仪器、摔伤自己。

(2) 在短距离且平坦地区搬站时,可先将脚架收拢,然后一手抱脚架,一手扶仪器,保持仪器呈近直立状态搬迁,严禁将仪器横扛在肩上迁移。

(3) 在迁站搬动仪器前,对仪器各部的制动螺旋都要稍微上紧,但又不能过分紧固。

(4) 每次迁站都要清点所有仪器、附件、器材,防止丢失。

八、其他仪器、器材的使用和维护

(1) 电磁波测距仪、全站仪、电子水准仪是光、机、电相结合的电子仪器,对防震要求较高,在运输过程中必须有防震措施,最好采用原包装。仪器及其附件要经常保持清洁、干燥。棱镜、透镜不得用手接触或用手巾等物擦拭(必要时可用试纸擦拭);受潮的要设法吹干,在未干燥前不得装箱。在使用过程中,不允许将仪器全部安装在三脚架上搬迁。

(2) 电缆线插头要对准插进,用力不能过猛,以免折断;在强烈的阳光下,要用伞遮住仪器,避免因温度太高而降低发射管的功效,从而影响测量;严禁把照准头直接对向太阳,这样会毁坏二极管或伤害人眼。

(3) 各种标尺的完好与否,直接影响测量工作的进行。扶尺人员要与观测人员紧密配合,才能使工作更顺利地进行,要特别注意保持尺子的分划面及尺子底部的清洁。立尺时要用双手扶好,严禁脱开双手。在观测间隔中,不要将尺子随便往树上、墙上立靠,这样容易滑倒或磨伤尺面,更不能坐在尺子上。水准尺从尺垫上取下后,要防止底面粘上沙土,影响测量精度。

(4) 钢卷尺性脆易断,使用时要加倍小心。拉出钢卷尺时,不要在地面上拖拽,防止尺面划花磨损。注意不要将钢卷尺浸入水泥里,拉伸在地面上时,严禁用脚踩和各种车辆从上面轧过。用毕后,应擦去灰沙,一人收卷,另一人拉持尺环,顺序卷入,防止绞结、扭断。

第三节　测量仪器取、还规范

测量仪器取、还规范如下:

(1) 测绘仪器统一管理，建立测绘仪器领取、归还台账。

(2) 从事实践、实验教学、科学研究、教学活动等测量实习项目，师生借用仪器时必须先登记填写“测绘仪器领用登记卡”后方可领出使用。

(3) 仪器归还必须保证设备仪器的完好，如有损坏照价赔偿。

(4) 归还仪器时，以小组为单位，将测量仪器装箱，保证仪器设施齐全，扣紧锁好。

(5) 管理人员检查完毕后，在设备领取、归还台账上登记归还时间、归还人员、设备完好情况等信息。

第四节　测量资料记录规范化

测量资料记录是测量成果的原始数据，十分重要。为保证测量数据的绝对可靠，实习时应养成良好的职业习惯。记录的要求如下：

(1) 实习记录应和正式作业一样必须直接填写在规定的表格上，不得转抄，更不得用零散纸张记录后，再进行转抄。

(2) 所有记录与计算均用绘图铅笔(2H 或 3H)记载。字体应端正清晰，只能稍大于格子的一半，以便留出空隙更正错误。

(3) 凡记录表格上规定应填写的项目不得空白。

(4) 禁止擦拭、涂改和挖补，发现错误时应用线画掉错误，可用斜线画掉整个部分，不得使文字模糊不清；修改局部错误时，则将局部数字画去，将正确数字写在原数上方。

(5) 所有记录数据及观测结果的淘汰，必须在“备注”栏内注明原因。

(6) 禁止连环更改，即已修改了平均数，则不允许再修改计算得此平均数的任何一个原始读数；改正任一原始读数，则不允许再修改其平均数。假如两个读数均错误，则应再重测、重记。

(7) 原始观测的尾部读数不允许更改，如角度读数度、分、秒，则秒读数不允许涂改，而应将部分观测结果废去重测。

第五节　测量成果整理要求

测量成果整理及计算要求主要如下：

(1) 测量成果的整理与计算应用规定的表格或事先画好的计算表格进行。

(2) 内业计算用钢笔书写，如计算数字有错误，可以用刀刮去重写或将错字画去另写。

(3) 上交的计算成果应是原始计算表格，所有计算均不允许另行抄录。

(4) 成果的记录、计算的小数取位要按规定执行。一般情况下，坐标和高程计至毫米，沉降观测按二等水准记录计算要求执行。

第二部分

测绘专业实习指导

【单元概述】 本单元结合课程要求和工程实践应用进行编写，介绍了包括测绘学基础实习、数字地形测量学实习、大地测量学基础实习、工程测量学实习、摄影测量学实习、GNSS测量实习、地理信息系统原理实习、遥感原理与应用课程设计在内的测绘类专业核心课程实践教学的基本内容。通过本单元的学习，学生可以运用测绘常用仪器（包括水准仪、经纬仪、全站仪、GNSS等）进行测量实践，同时掌握地理信息系统和遥感软件的基本应用，能加深对课程理论内容的理解，学会应用多种测量技能和方法解决工程实际问题。

【学习目标】 正确使用和操作测绘仪器进行野外测量实践；熟练操作地理信息系统和遥感等相关应用软件；掌握测绘数据的正确记录方法，能对数据进行正确的计算处理和分析。

模块一　测绘学基础实习

任务1　水准仪的认识和使用

一、任务目的与要求

1. 了解 DS_3 型水准仪的构造，熟悉各部件的名称、作用及功能。
2. 掌握水准仪的使用方法和水准尺的读数方法。
3. 掌握地面两点间的高差测量方法。

二、任务内容

1. 练习水准仪的使用方法和水准尺的读数方法。
2. 测量地面两点间的高差。

三、任务仪器及工具

DS_3 型水准仪1台，水准尺1对，尺垫2个，三脚架1个。

四、任务步骤安排

1. 安置仪器

将三脚架张开，使其高度适当，架头大致水平，并将脚架尖踩入土中，把仪器从仪器箱中取出，然后用连接螺旋将仪器固连在三脚架上。

2. 认识水准仪

指出仪器各部件的名称，了解其作用并熟悉其使用方法，同时熟悉水准尺的分划与注记。DS_3 型水准仪构造如图2-1所示。

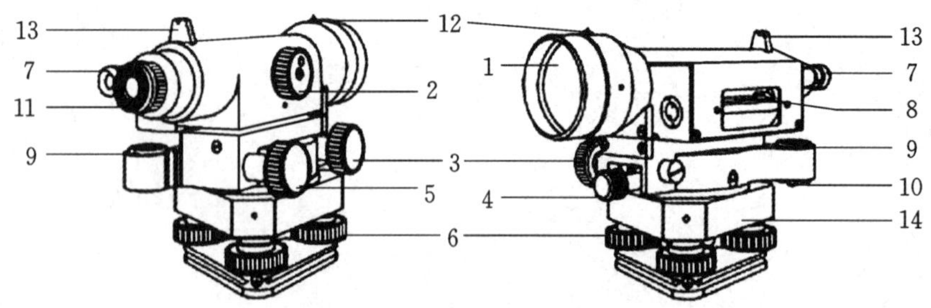

图2-1　DS_3 型水准仪构造

1—物镜；2—物镜对光螺旋；3—水平微动螺旋；4—水平制动螺旋；5—微倾螺旋；6—脚螺旋；7—符合水准器气泡观察镜；8—水准管；9—圆水准器；10—圆水准器校正螺丝；11—目镜调焦螺旋；12—准星；13—缺口；14—轴座

3. 水准仪的操作

(1) 粗略整平水准仪

图 2-2 所示为粗略整平水准仪。按“左手拇指规则”，先用双手同时反向旋转一对脚螺旋，使圆水准器气泡移至中间，再转动另一只脚螺旋使气泡居中。此操作通常需反复进行。

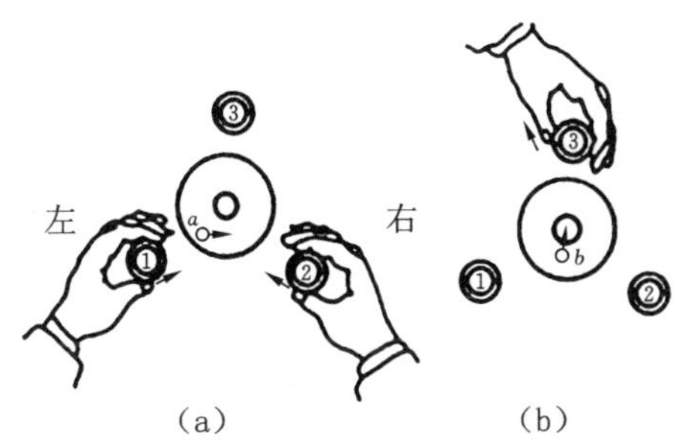

图 2-2　粗略整平水准仪

(a)左右移动；(b)上下移动

(2) 瞄准水准尺

转动目镜调焦螺旋，使十字丝清晰；松开水平制动螺旋，转动仪器，用准星和照门初步瞄准水准尺，拧紧水平制动螺旋；转动物镜对光螺旋，使水准尺分划清晰，转动微动螺旋，使水准尺成像在十字丝交点处。眼睛略作上下移动，检查十字丝与水准尺分划之间是否有相对移动(视差)；如果存在视差，则重新进行目镜与物镜对光，消除视差。

(3) 精确整平水准仪

调节微倾螺旋，使目镜左边观察窗内符合水准器的气泡两个半边影像完全吻合，这时水准仪视准轴处于精确水平位置。

(4) 读数

用十字丝横丝在水准尺上读取四位数字，直接读出米、分米和厘米，估读出毫米。

五、注意事项

(1) 三脚架安置高度适当，承台大致水平。三脚架确实安置稳妥后，才能把仪器连接于承台，水准仪与三脚架之间的中心连接螺旋必须旋紧，防止仪器摔落。

(2) 调节各种螺旋均应有轻重感，仪器操作时不应用力过猛，脚螺旋、水平微动螺旋等均有一定的调节范围，使用时不宜旋到顶端。

(3) 掌握正确的操作方法，操作应轮流进行，每人操作一次，严禁几人同时操作仪器。第二人开始练习时，改变仪器的高度。竖立水准尺于 A 点上，用望远镜瞄准 A 点上的水准尺，精平后读取后视读数，并记入手簿；再将水准尺立于 B 点上，瞄准 B 点上的水准尺，精平后读取前视读数，并记入手簿。计算 A、B 两点的高差，即 H_{AB}＝后视读数－前视读数。

(4) 改变仪高，由第二人操作一遍，并检查与第一人所测结果是否相同。

(5) 读数前水准管气泡必须居中，读数后一定要检查气泡是否居中，若不居中则必须重新读取读数。

六、成果上交

每组上交一份水准测量手簿，见表 2-1。

表 2-1　水准测量手簿

日期：________　　天　气：________　　小　组：________
仪器：________　　观测者：________　　记录者：________

测站	测点	水准尺读数/mm		高差 h/m	高程 H/m	备注
		后视读数 A	前视读数 B			
1						
2						
3						
4						
计算检核						

任务 2　普通水准测量

一、任务目的与要求

1. 掌握图根闭合水准路线的施测、记录、计算、高差闭合差调整及高程计算方法。
2. 实测的高差闭合差 f_h 不得大于 $\pm 12\sqrt{n}$ (mm)，n 为测站数，超限应重测。

二、任务内容

1. 场地布置

选一适当场地，在场地中选 1 个坚固点作为已知高程点 A，选定 B、C、D 三个坚固点作为待定高程点，进行图根闭合水准路线测量。水准点到待定点的距离，以能安置 2～3 站仪器为宜。

2. 人员组织

每 4 人一组，分工为：立尺 2 人，观测 1 人，记录计算 1 人，轮换操作。

三、任务仪器及工具

DS_3 型微倾式水准仪 1 台（含三脚架），水准尺 2 把，记录板 1 块，尺垫 2 个。

四、任务步骤安排

(1) 安置水准仪于 A 点和转点 TP_1 大致等距离处，进行粗略整平和目镜对光。

(2) 后视 A 点上的水准尺，精平后读取后视读数，记入手簿；前视 TP_1 点上的水准尺，精平后读取前视读数，记入手簿，计算第一次观测的高差。

(3) 将仪器升高或降低 10 cm，在原地重新安置仪器，重复上述操作，计算第二次观测高差，两次观测高差之差不应大于±5 mm。满足要求时，取两次观测高差的平均值作为本站高差的结果；否则应重新观测。

(4) 沿着选定的路线，将仪器搬至 TP_1 点和下一个转点 TP_2 大致等距离处，仍用第一站施测的方法进行观测。依次连续设站，分别经过 B、C、D 点，连续观测，最后返回 A 点。

(5) 高差闭合差的计算及其调整。计算各站观测高差之和，得闭合水准路线的高差闭合差 f_h，符合要求时，调整闭合差并计算 B、C、D 点的高程。

五、注意事项

(1) 立尺员应思想集中，立直水准尺；水准仪的安置位置应保持前、后视距大致相等。前尺员可以先用脚步丈量后视尺至测站的脚步数，再从测站向水准路线前进方向用脚步丈量同样的脚步数，使前、后视距大致相等。

(2) 在已知水准点和待定水准点上不能放尺垫；仪器未搬迁，后视点尺垫不能移动；仪器搬迁时，前视点尺垫不能移动，否则应从起点 A 开始重新观测。

(3) 尺垫应尽量置于坚固地面上，需要置于软土地面上时，应踏入土中；观测过程中不得碰动仪器或尺垫。

六、成果上交

利用两次仪高法进行附合水准路线测量，并完成相应的外业测量记录手簿及成果内业计算表格（表 2-2、表 2-3）。

表 2-2　两次仪高法水准测量记录手簿

日期：________　　　天　气：________　　　小　组：________

仪器：________　　　观测者：________　　　记录者：________

测站	点号	水准尺读数/mm		高差/m	平均高差/m	高程/m	备注
		后视	前视				
记录、计算案例	A	1134					签名
		1011					
	TP_1		1677	−0.543	(0.000)		
			1554	−0.543	−0.543		

续表2-2

测站	点号	水准尺读数/mm		高差/m	平均高差/m	高程/m	备注
		后视	前视				
检核计算	$\sum$						

表 2-3　附合水准路线测量成果内业计算

测点	测站数	实测高差/m	高差改正数/m	改正后的高差/m	高程/m	备注
BM_A						山地等水准测量
1						
2						
3						
BM_B						
$\sum$						
辅助计算						

任务 3　四等水准测量

一、任务目的与要求

1. 掌握四等水准测量的测量方法。
2. 掌握四等水准测量的记录、计算方法。

二、任务内容

1. 场地布置。
2. 选一适当场地，进行四等水准路线测量。
3. 人员组织。每 4 人一组，分工为：立尺 2 人，观测 1 人，记录、计算 1 人，轮换操作。

三、任务仪器及工具

DS_3 型微倾式水准仪或自动安平水准仪 1 台，水准尺 2 根（异号尺），尺垫 2 个，记录本 1 本，铅笔 1 支，计算器 1 台。

四、任务步骤安排

一个测站上的观测顺序为:后—后—前—前。

正像望远镜:照准后视尺黑面,读取上丝、下丝及中丝读数;照准后视尺红面,读取中丝读数。照准前视尺黑面,读取上丝、下丝及中丝读数;照准前视尺红面,读取中丝读数。

五、注意事项

(1) 已知高程点不能放尺垫,而转点必须放尺垫。

(2) 选定测站时,用步测法使前、后视距大致相等。

(3) 在一测站中,粗平只能进行一次。

(4) 对于 DS_3 型微倾式水准仪,每次读数前必须要精平,使长水准管气泡居中。

(5) 在一测站内,应尽量缩短后、前视读数的间隔时间。

(6) 每站观测完毕后,应立即进行计算,只有测站检核符合要求后,仪器才能搬站。若超过限差规定,该站应重测。

六、成果上交

每人上交一份三(四)等水准观测手簿,见表 2-4。

表 2-4　三(四)等水准观测手簿

测自＿＿＿＿＿＿至＿＿＿＿＿＿　　　　20＿＿年＿＿月＿＿日

时刻始:＿＿＿＿＿时＿＿＿＿＿分　　　　天气:＿＿＿＿＿＿

末:＿＿＿＿＿时＿＿＿＿＿分　　　　成像:＿＿＿＿＿＿

<table>
<tr><td rowspan="4">测站编号</td><td rowspan="2">后尺</td><td>下丝</td><td rowspan="2">前尺</td><td>下丝</td><td rowspan="4">方向及尺号</td><td colspan="2" rowspan="2">标尺读数</td><td rowspan="4">K 加黑减红 /mm</td><td rowspan="4">高差中数 /m</td><td rowspan="4">备注</td></tr>
<tr><td>上丝</td><td>上丝</td></tr>
<tr><td colspan="2">后视距</td><td colspan="2">前视距</td><td rowspan="2">黑面</td><td rowspan="2">红面</td></tr>
<tr><td colspan="2">视距差 d</td><td colspan="2">累计差 $\sum d$</td></tr>
<tr><td rowspan="4"></td><td colspan="2">(1)</td><td colspan="2">(4)</td><td>后</td><td>(3)</td><td>(8)</td><td>(14)</td><td></td><td rowspan="8"></td></tr>
<tr><td colspan="2">(2)</td><td colspan="2">(5)</td><td>前</td><td>(6)</td><td>(7)</td><td>(13)</td><td></td></tr>
<tr><td colspan="2">(9)</td><td colspan="2">(10)</td><td>后一前</td><td>(15)</td><td>(16)</td><td>(17)</td><td>(18)</td></tr>
<tr><td colspan="2">(11)</td><td colspan="2">(12)</td><td colspan="5"></td></tr>
<tr><td rowspan="4"></td><td colspan="2"></td><td colspan="2"></td><td>后</td><td></td><td></td><td></td><td></td></tr>
<tr><td colspan="2"></td><td colspan="2"></td><td>前</td><td></td><td></td><td></td><td></td></tr>
<tr><td colspan="2"></td><td colspan="2"></td><td>后一前</td><td></td><td></td><td></td><td></td></tr>
<tr><td colspan="2"></td><td colspan="2"></td><td colspan="5"></td></tr>
</table>

续表 2-4

测站编号	后尺 下丝 / 上丝 后视距 视距差 d	前尺 下丝 / 上丝 前视距 累计差 $\sum d$	方向及尺号	标尺读数		K 加黑减红 /mm	高差中数 /m	备注
				黑面	红面			
2			后					
			前					
			后－前					
3			后					
			前					
			后－前					
4			后					
			前					
			后－前					
			前					
			后－前					
检核								

任务 4　水准仪的检验与校正

一、任务目的与要求

1. 了解水准仪各主要轴线间应满足的几何条件。
2. 掌握水准仪的检验和校正方法。
3. 两人一组，一人操作仪器，另一个人记录，轮换进行（不扶尺，将水准尺固定在地面上，可几个组共用一根水准尺)。

二、任务内容

1. 场地布置。
2. 选一适当场地,进行水准仪的检验与校正。
3. 人员组织。每 4 人一组分工合作,轮换操作。

三、任务仪器和工具

DS_3型微倾式水准仪 1 台,水准尺 2～3 根,记录本 1 本,铅笔 1 支,计算器 1 台,三角板或直尺 1 个,校正针 1 根,螺丝刀 1 把,2 mm 内六角扳手 1 个。

四、任务步骤安排

1. 圆水准器轴平行于仪器竖轴的检验与校正

检验:转动脚螺旋,使圆水准器气泡居中,将望远镜旋转 180°,若气泡居中,则条件满足,否则需校正。

校正:用圆水准器校正螺丝及脚螺旋各调整气泡偏离长度一半。

将观测情况填入表 2-5 中。

表 2-5　圆水准器轴平行于仪器竖轴的检验与校正记录表

观测类型	气泡偏离情况
检验观测	
校核观测	

2. 十字丝横丝垂直于仪器竖轴的检验与校正

检验:整平仪器后,用十字丝横丝的一端瞄准一固定点 A,拧紧制动螺旋,转动微动螺旋,如果 A 点始终在十字丝横丝上移动,则条件满足;如果 A 点偏离十字丝横丝,则表示条件不满足,需要校正。

校正:用螺丝刀松开望远镜上的三颗埋头螺丝,转动十字丝分划板座,使横丝水平,然后旋紧埋头螺丝。

将观测情况填入表 2-6 中。

表 2-6　十字丝横丝垂直于仪器竖轴的检验和校正记录表

观测类型	十字丝横丝偏离情况
检验观测	
校核观测	

3. 水准管轴平行于视准轴的检验与校正

检验：

(1) 将仪器置于 A、B 两尺中间，用改变仪器高的方法，观测 A、B 两尺的高差 2 次，当 $\Delta h=h_1-h_2$，且不超过 ±3 mm 时，取其平均值作为正确高差，用 h_{AB} 表示。

(2) 将仪器移至 A 尺或 B 尺附近，两次测出高差 h_3 和 h_4，$h_3=a_3-b_3$，若 $h_3\neq h_{AB}$，则需要计算 i 角值，当 i 角值大于 20″时需校正。i 角的计算公式为

$$i=\frac{b_3-b_{3正}}{D_{AB}}\rho \tag{2-1}$$

校正：

(1) 计算出远尺端的正确读数：若近尺为 A，远尺为 B，则 $b_{3正}=a_3-h_{AB}$；若近尺为 B，远尺为 A，则 $a_{3正}=b_3+h_{AB}$。

(2) 转动微倾螺旋，使十字丝横丝对准远尺端的正确读数，此时水准管气泡已不居中。

(3) 用校正针略松动水准管一端左、右校正螺丝，拨动上、下校正螺丝，使水准管气泡居中。

(4) 重复以上步骤，直至误差不超过 ±3 mm 为止。

将数据填入表 2-7 中。

表 2-7　水准管轴平行于视准轴的检验与校正记录计算表

仪器在中点求正确高差			仪器在 A 点旁检验校正		
第一次	A 点尺上读数 a_1		第一次	A 点尺上读数 a_3	
	B 点尺上读数 b_1			B 点尺上应读数 b_3	
	$h_1=a_1-b_1$			$h_3=a_3-b_3$	
				B 点尺上应读数 $b_{3正}$ $b_{3正}=a_3-h_{AB}$	
				i 角误差计算 $i=\frac{b_3-b_{3正}}{D_{AB}}\rho=$	
第二次	A 点尺上读数 a_2		第二次	A 点尺上读数 a_4	
	B 点尺上读数 b_2			B 点尺上应读数 b_4	
	$h_2=a_2-b_2$			$h_4=a_4-b_4$	
				B 点尺上应读数 $b_{4正}$ $b_{4正}=a_4-h_{AB}$	
平均值	$h_{AB}=\frac{1}{2}(h_1+h_2)$			i 角误差计算 $i=\frac{b_3-b_{3正}}{D_{AB}}\rho=$	

任务5　电子水准仪的认识与使用

一、任务目的与要求

1. 了解电子水准仪的构造、各部件的名称及功能。
2. 了解电子水准仪菜单的功能及使用方法。
3. 了解线路测量模式的方法与步骤。

二、任务内容

1. 认识电子水准仪的构造和各操作部件的名称、作用和操作方法。
2. 练习电子水准仪的安置、整平和读数方法。
3. 练习菜单的操作方法。
4. 使用线路测量模式(line)测一条水准路线，导出内存记录数据。

三、任务仪器及工具

电子水准仪1台，水准脚架1个，条码尺1对。

四、任务步骤安排

1. 安置仪器

将脚架张开，使其高度适当，架头大致水平，踩实架腿。再开箱取出仪器，将其固连在三脚架上。

2. 认识仪器

指出仪器各部分的名称，认识各菜单功能，了解其作用并熟悉其使用方法。电子水准仪示意如图2-3所示。

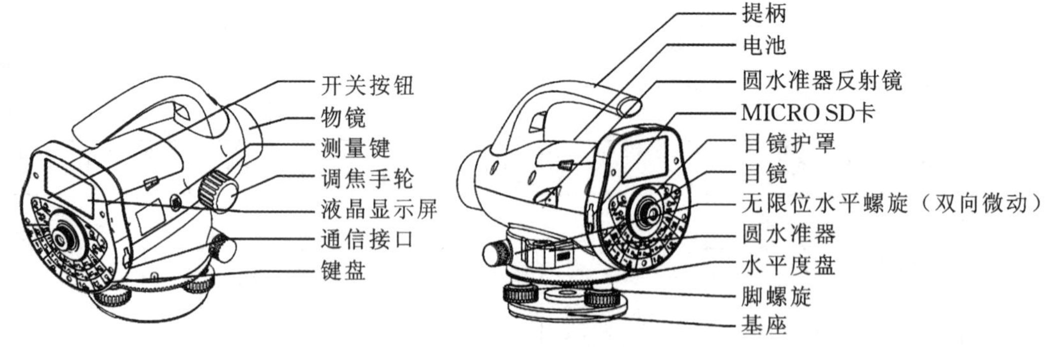

图2-3　电子水准仪示意图

3. 整平仪器

旋转水准仪基座上的三个脚螺旋，使圆水准器气泡居中。先用双手同时向内(或向外)

转动一对脚螺旋，使圆水准器气泡移动到中间，再转动另外一只脚螺旋使气泡居中。通常这一操作需要反复进行。注意：气泡移动的方向与左手拇指或右手食指运动方向一致。整平仪器示意如图 2-2 所示。

4. 瞄准水准尺，精平，调焦、读数

(1) 瞄准。甲将水准尺立于某地面点上，乙松开水平制动螺旋，转动仪器，用粗瞄器粗略瞄准水准尺，固定制动螺旋，用微动螺旋使水准尺大致位于视场中央；转动目镜对光螺旋进行对光，使十字分划清晰，再转动物镜对光螺旋，看清水准尺影像；转动水平微动螺旋，使十字丝纵丝靠近水准尺的一端，若存在视差，则应仔细进行物镜对光予以消除。瞄准水准尺示意如图 2-4 所示。

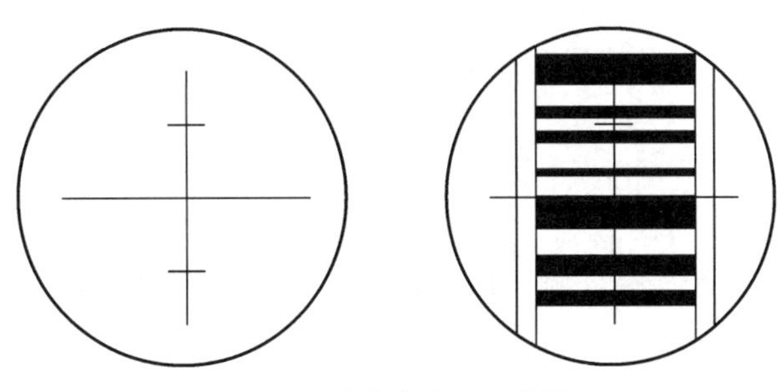

图 2-4　瞄准水准尺示意图

(2) 精平。自动安平水准仪无需此操作，但要检查补偿器是否处在正常工作状态。

(3) 调焦、读数。测量时应先调整目镜旋钮，使视场内十字丝最清晰，然后调整调焦旋钮，使标尺条码为最清晰，并使十字丝的竖丝对准条码的中间。

5. 使用线路测量模式测一条水准路线

使用线路测量模式(line)测一条水准路线，并导出内存记录数据。

五、注意事项

(1) 水准仪安放到三脚架上后必须立刻将中心连接螺旋旋紧，以防仪器从脚架上掉下摔坏。

(2) 开箱后先看清仪器放置情况及箱内附件情况，用双手取出仪器并随手关箱。

(3) 转动各螺旋时要稳、轻、慢，不能用力过大。仪器旋钮不宜拧得过紧，微动螺旋只能转到适中位置，不宜太过头。螺旋转到头时要反转回来少许，切勿继续再转，以防脱扣。

(4) 仪器装箱一般要松开水平制动螺旋，试着合上箱盖，不可用力过猛，压坏仪器。

(5) 水准尺必须有人扶着，绝不能立在墙边或靠在电杆上，以防摔坏。

任务 6　经纬仪的认识和使用

一、任务目的与要求

1. 掌握 DJ_6 型光学经纬仪的构造和各个部件的名称、作用及使用方法。

2. 掌握经纬仪的基本操作方法。

3. 每组每位同学完成经纬仪的整平、对中、瞄准、读数工作各一次。

二、任务内容

1. 熟悉 DJ_6 型经纬仪各个螺旋的名称、作用和使用方法。

2. 练习 DJ_6 型经纬仪的对中、整平方法。

3. 练习用望远镜瞄准目标。

4. 练习水平和竖直度盘的读数方法。

三、任务仪器及工具

DJ_6型光学经纬仪 1 台，经纬仪脚架 1 个，测钎 2 根，木桩 2 个，记录板 1 个。

四、任务步骤安排

1. 在指定地点安置经纬仪

在指定地点，按照安置水准仪脚架的方法将经纬仪架腿张开踩实，并保持架头大致水平。打开仪器箱，然后将仪器安装在三脚架上。

2. 了解经纬仪的构造，熟悉各部件的名称及作用

(1) 照准部

照准部主要由望远镜、竖直度盘、水准器、读数设备及支架等组成。照准部的水准器用来精平仪器，使水平度盘处于水平位置；照准部的旋转轴称为竖轴，竖轴插入基座中，照准部的旋转使其绕竖轴在水平方向上旋转。

(2) 望远镜

望远镜是仪器的主要组成部分之一，被称为仪器的"眼睛"。它的主要作用是瞄准目标。经纬仪望远镜的构造和水准仪望远镜的构造基本相同，由物镜、凹透镜、十字丝分划板和目镜组成，如图 2-5 所示。望远镜和横轴固连在一起放在支架上，要求望远镜视准轴垂直于横轴，当横轴水平时，望远镜绕横轴旋转的视准面是一个铅垂面。为了控制望远镜的俯仰程度，在照准部外壳上设置有一套望远镜水平制动螺旋和微动螺旋，以控制水平方向的转动。当拧紧望远镜的水平制动螺旋后，转动微动螺旋，望远镜可以作微小的转动。

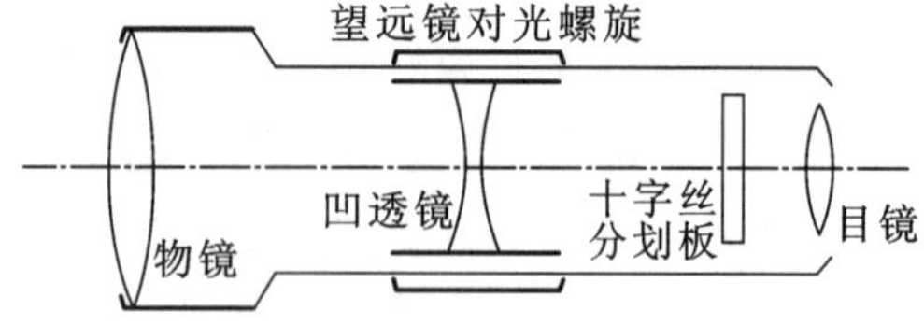

图 2-5 望远镜示意图

(3) 基座

基座是支撑仪器的底座。基座可借助中心螺母和三脚架上的中心连接螺旋将仪器与三脚架连接在一起。基座上有 3 个脚螺旋，转动脚螺旋可使照准部水准器气泡居中，用来整平仪器。基座如图 2-6 所示。

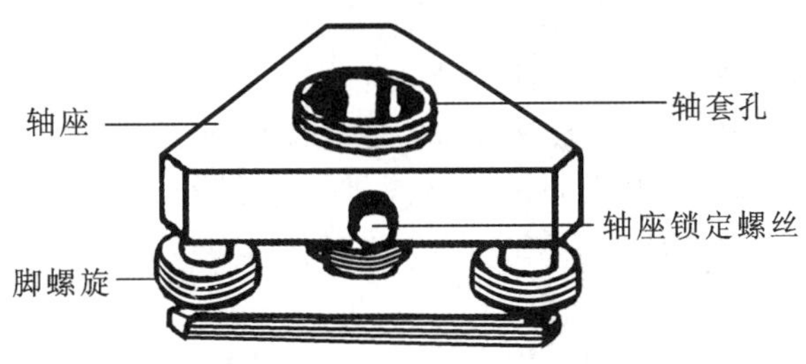

图 2-6　基座

3. 练习对中、整平

(1) 垂球对中:将垂球挂在经纬仪脚架架头下方的挂钩上,保持脚架架头大致水平,此时若垂球尖与地面点相差较远,则通过移动脚架使其靠近,然后将脚架踩实。若垂球尖与地面点相差较近,则可松开固紧螺旋,通过移动经纬仪使垂球尖与地面点精确对中,再将固紧螺旋拧紧。

(2) 光学对中:将三脚架放于地面点的上方,调节光学对中器的目镜,使目镜中的小圆圈清晰,再通过拉伸对中器镜管,使其能同时看清地面点和小圆圈。通过移动脚架的两腿,使脚架架头大致水平,同时对中器的小圆圈大致对准地面点后踩实脚架,如小圆圈中心与地面点略有偏离,可通过调节脚螺旋使其精确对中,然后可伸缩三脚架的架腿使圆水准器气泡居中。

(3) 精确整平:选择一对脚螺旋,旋转照准部,使照准部水准器与这一对脚螺旋平行,对向旋转这对脚螺旋使气泡居中,将照准部旋转 90°,旋转第三个脚螺旋,使气泡居中。然后观察对中器的小圆圈与地面点有无偏离,直至既对中又整平为止。经纬仪精确整平示意如图 2-7 所示。

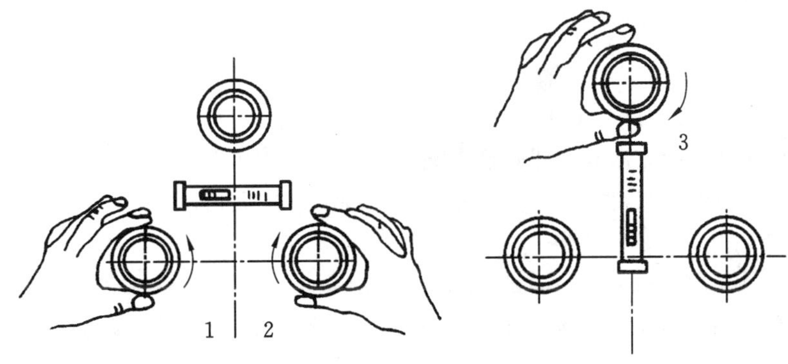

图 2-7　经纬仪精确整平示意图

4. 对目标进行瞄准练习

首先将望远镜照准明亮处,调节目镜调焦螺旋使十字丝清晰,进行目镜对光,之后松开照准部水平制动螺旋和望远镜制动螺旋,用望远镜上的瞄准器对准目标,使目标像位于望远镜的视场内,旋紧上述两个螺旋。通过调节望远镜目镜与物镜调焦螺旋,使十字丝与目标像均清晰,并使十字丝分划板的纵丝精确地对准目标(纵丝平分或夹住),检查并消除视差。

5. 练习读数

打开读数反光镜，调节视场亮度，使读数窗亮度适当；旋转度盘读数目镜，使度盘分划清晰。根据实验需要读出相应的水平度盘或竖直度盘读数，两个度盘的读数方法相同，由读数显微镜内所见到的较长的竖线和大号数字可得到度的读数，分的数值是以该竖线作为指标线在分微尺上读出的，并对该数值估读至 $0.1'$，将其转换为秒数即为最终读数。

6. 盘左盘右练习

松开望远镜制动螺旋和水平制动螺旋，将仪器分别置于盘左位置和盘右位置进行瞄准读数实验，读数并记录。

五、注意事项

(1) 对每项练习要认真完成。首先学会方法，然后尽可能地熟练。

(2) 经纬仪较重，整平、对中后要注意拧紧中心连接螺旋，注意仪器安全，防止发生仪器事故。

(3) 转动望远镜和照准部时，一定要松开相应的制动螺旋。

任务7　测回法观测水平角

一、任务目的与要求

1. 掌握水平角观测原理和经纬仪的度盘读数方法。
2. 掌握测回法测水平角的观测方法和记录、计算。
3. 每组用测回法完成要求的水平角观测任务，并要求每一个水平角重复观测多个测回。

二、任务内容

1. 进一步练习仪器对中、整平。
2. 练习照准目标的方法和水平度盘的配置。
3. 用测回法测出给定目标 A、B 与测站 O 之间的水平夹角。

三、任务仪器及工具

DJ_6 型光学经纬仪 1 台，经纬仪脚架 1 个，测钎 2 根，木桩 2 个，记录板 1 个。

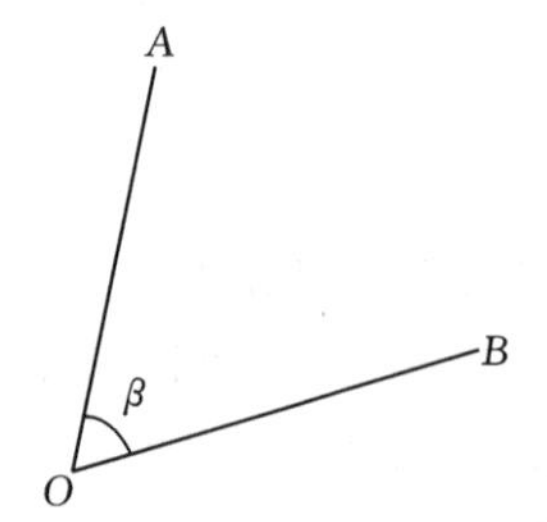

图 2-8　测回法观测水平角示意图

四、任务步骤安排

设测站点为 O，任选两个目标，这里设左目标为 A，右目标为 B，测定水平角 β，如图 2-8 所示。测量方法与步骤如下：

(1) 在指定测站点 O 安置仪器，对中、整平。

(2) 盘左瞄准 A 点，进行水平度盘配置，读取水平度盘读数 $a_{左}$ 并记录。

(3) 顺时针转动照准部，瞄准 B 点，读数 $b_{左}$ 并记录。

(4) 计算盘左上半测回水平角值：$\beta_{左}=b_{左}-a_{左}$。

(5) 倒转望远镜，将仪器置为盘右，瞄准 B 点，读数 $b_{右}$ 并记录。

(6) 逆时针转动照准部，瞄准 A 点，读数 $a_{右}$ 并记录。

(7) 计算盘右上半测回水平角值：$\beta_{右}=b_{右}-a_{右}$。

(8) 若 $\beta_{左}$ 与 $\beta_{右}$ 的差值不大于±40″，则取其平均值作为一个测回的水平角值。

$$\beta=\frac{1}{2}(\beta_{左}+\beta_{右}) \tag{2-2}$$

(9) 用同样的方法进行第二个测回观测，若各测回角值不大于限差，则取多测回平均值作为最终观测结果。

(10) 水平度盘的配置方法：若需对某个角度共测 N 个测回，用度盘变换手轮将度盘位置调到 $(n-1)\times180°/N$ 稍多一点。N 为总的测回数，n 为要观测的测回数。用公式计算出某个测回的起始读数后，将望远镜照准起始目标，固定照准部。然后将度盘配置手轮的保险柄扳下，用手指将度盘配置手轮按下，旋转度盘配置手轮到需要的位置后轻轻把手松开，然后将保险柄提起，若在松手时度盘转动了位置，需重新配置。

五、注意事项

(1) 转动望远镜和照准部时，一定要松开相应的制动螺旋，防止仪器损坏。

(2) 水平角观测时，同一个测回内，照准部水准器偏移不得超过一格。否则，需要重新整平仪器进行本测回的观测。

(3) 对中、整平仪器后，进行第一个测回观测，期间不得再整平仪器。但第一个测回完毕，可以重新整平仪器，再进行第二个测回观测。

六、成果上交

完成测回法观测水平角，并完成表 2-8。

表 2-8　测回法观测水平角

日期：________　天气：________　班级：________　小组：________

仪器编号：________　地点：________　观测：________　记录：________

测站	盘位	目标	水平度盘读数 ° ′ ″	半测回角值 ° ′ ″	一测回角值 ° ′ ″	各测回平均值 ° ′ ″	备注
	左						
	右						

续表2-8

测站	盘位	目标	水平度盘读数 ° ′ ″	半测回角值 ° ′ ″	一测回角值 ° ′ ″	各测回平均值 ° ′ ″	备注
	左						
	右						
	左						
	右						
	左						
	右						

任务8　全圆法观测水平角

一、任务目的与要求

1. 掌握用方向观测法测水平角的操作步骤及记录、计算方法。
2. 区分与测回法的不同，弄清归零、归零差、归零方向值、2*C* 变化值的概念。
3. 半测回归零差不得超过±18″，各测回方向值互差不得超过±24″。
4. 每组每位同学用全圆法观测完成有 4 个观测方向的一测站观测工作各 1 次。

二、任务内容

1. 进一步练习仪器对中、整平、照准、配置度盘等。
2. 用方向观测法测出给定目标 *A*、*B*、*C*、*D* 与测站 *O* 之间的水平夹角。
3. 掌握方向观测法的测站记录、计算方法。

三、任务仪器及工具

DJ_6 型经纬仪 1 台，经纬仪脚架 1 个，木桩 1 根，锤子 1 把，测钎 4 根，记录板 1 块。

四、任务步骤安排

(1) 在选定的测站点 *O* 安置仪器，进行对中、整平，在测站周围确定 4 个观测目标 *A*、

B、C、D。

(2) 调清晰十字丝，确定起始方向，消除视差。

(3) 一个测站上 4 个目标一测回的观测顺序。

盘左瞄准起始目标 A，并使水平度盘读数略大于零，读数并记录，顺时针旋转照准部，依次照准目标 B、C、D、A，读数并记入相应的表中。检查归零差，若超限应立即重测。

倒转望远镜变成盘右位置，逆时针方向依次照准 A、D、C、B、A 目标，读数并记入相应的表中。检查归零差，若超限应重测。

(4) 若需做多个测回，每个测回起始方向应按照 $180°/n$ 来配置度盘，其中 n 为测回数。

(5) 根据记录数据进行计算。

$$同一方向两倍视准误差\ 2C＝盘左读数－(盘右读数\pm 180°)$$

$$各方向的平均读数＝1/2[盘左读数＋(盘右读数\pm 180°)]$$

将各方向的平均读数减去起始方向的平均读数，即得各方向的归零方向值。

五、注意事项

(1) 应选择清晰、远近适中和易于照准的目标作为起始方向。

(2) 一个测回内不得重新整平仪器，但测回间可以重新整平仪器。

(3) 如果方向数不大于 3 时，可以不归零。

六、成果上交

完成全圆法观测水平角，并完成表 2-9。

表 2-9　全圆法观测水平角

日期：＿＿＿＿＿　天气：＿＿＿＿＿　班级：＿＿＿＿＿　小组：＿＿＿＿＿

仪器编号：＿＿＿＿＿　地点：＿＿＿＿＿　观测：＿＿＿＿＿　记录：＿＿＿＿＿

测站	测回数	目标	读数		2C＝左－(右±180°)	平均读数＝1/2[左＋(右±180°)]	归零后的方向值	各测回归零方向值的平均值	备注
			盘左	盘右					
			° ′ ″	° ′ ″	° ′ ″	° ′ ″	° ′ ″	° ′ ″	
1	2	3	4	5	6	7	8	9	10
0	1	A							
		B							
		C							
		D							
		A							
		Δ							

续表2-9

测站	测回数	目标	读数		2C＝左－(右±180°)	平均读数＝1/2[左＋(右±180°)]	归零后的方向值	各测回归零方向值的平均值	备注
			盘左	盘右					
			° ′ ″	° ′ ″	° ′ ″	° ′ ″	° ′ ″	° ′ ″	
0	2	*A*							
		B							
		C							
		D							
		A							
		Δ							
0	3	*A*							
		B							
		C							
		D							
		A							
		Δ							
0	4	*A*							
		B							
		C							
		D							
		A							
		Δ							

任务9　竖直角测量与指标差检验

一、任务目的与要求

1. 了解经纬仪垂直度盘的构造、注记形式、竖盘指标差与竖盘水准管之间的关系。
2. 掌握竖直角观测、记录、计算及竖盘指标差的检验和校正方法。

二、任务内容

1. 设置一个高目标和一个低目标，分别观测仰角和俯角两个测回。
2. 熟悉指标差的检验方法与步骤。

三、任务仪器及工具

1. 实验课时数安排为 2 学时，实验小组由 3～6 人组成，轮流操作仪器和记录及计算。
2. 实验设备为 DJ_6 型光学经纬仪 2 台，记录板 2 块，校正针 1 只。
3. 每个实验班级由实验室人员安置觇牌若干块，作为各实验小组练习瞄准之用。

四、任务步骤安排

1. 竖直角测量

(1) 在指定地面点上安置经纬仪，进行对中、整平，转动望远镜，从读数镜中观察垂直度盘读数的变化，确定竖盘的注记形式，并在记录表中写出竖直角及竖盘指标差的计算公式。

(2) 选定某一觇牌或其他明显标志作为目标。盘左瞄准目标（用十字丝横丝切于目标顶部或平分目标），转动竖盘水准管微动螺旋，使竖盘水准管气泡居中后，读取垂直度盘读数，用竖盘指标差公式计算盘左半测回竖直角之值 α_L。

(3) 对盘右做同样的观测、记录和计算，得盘右半测回竖直角之值 α_R。

(4) 按下式计算指标差 x 及一测回竖直角 α。

$$x=\frac{1}{2}(\alpha_R-\alpha_L)=\frac{1}{2}(L+R-360^\circ) \tag{2-3}$$

$$\alpha=\frac{1}{2}(\alpha_L+\alpha_R) \tag{2-4}$$

(5) 每人应至少向同一目标观测两个测回，或向两个不同目标各观测一个测回，指标差对于某一仪器应为一常数，因此，各次测得的指标差之差不应大于 20″。

2. 指标差检验

(1) 检验各测回观测，算得指标差之差是否超限，剔除离群值，取其平均数，作为该仪器的竖盘指标差 $\overline{x}$，如果 $\overline{x}$ 的绝对值大于 60″，则需要进行指标差的校正。

(2) 指标差的校正方法如下：以盘右瞄准原目标，转动竖盘水准管微动螺旋，将原垂直度盘读数调整到指标差校正后的读数[原读数加（或减）指标差]，拨动竖盘水准管校正螺丝，使水准管气泡居中。反复检校，直至指标差小于规定的数值时为止。

(3) 对于有竖盘指标自动归零补偿器的经纬仪，仍会有指标差存在。检验计算方法同上，算得盘左或盘右经指标差校正的读数后，校正的方法如下：打开校正小窗口的盖板，有两个校正螺丝，等量反向转动（先松后紧）两螺丝，可以使竖盘读数调整至经指标差校正后的读数。

五、注意事项

(1) 进行垂直角观测瞄准目标时,十字丝横丝应通过目标的几何中心(例如觇牌)或切于目标的顶部(例如标杆);每次垂直度盘读数前,应使竖盘水准管气泡居中。

(2) 计算竖直角和指标差时,应注意正、负号。

(3) 竖直角观测和竖盘指标差计算应记录在表中,作为实验成果上交。

六、成果上交

完成一测回竖直角测量,并填写表 2-10。

表 2-10　竖直角观测记录表

日期:__________　天气:__________　班级:__________　小组:__________

仪器编号:__________　地点:__________　观测:__________　记录:__________

<table>
<tr><th>测站</th><th>目标</th><th>盘位</th><th>竖盘读数
° ′ ″</th><th>半测回竖直角
° ′ ″</th><th>一测回竖直角
° ′ ″</th><th>指标差
″</th><th>备注</th></tr>
<tr><td rowspan="4">0</td><td rowspan="2">M</td><td>左</td><td></td><td></td><td rowspan="2"></td><td rowspan="2"></td><td rowspan="4"></td></tr>
<tr><td>右</td><td></td><td></td></tr>
<tr><td rowspan="2">N</td><td>左</td><td></td><td></td><td rowspan="2"></td><td rowspan="2"></td></tr>
<tr><td>右</td><td></td><td></td></tr>
</table>

任务 10　经纬仪的检验与校正

一、任务目的与要求

1. 了解经纬仪的主要轴线间应满足的几何条件。
2. 掌握光学经纬仪检验校正的基本方法。

二、任务内容

1. 掌握经纬仪的主要轴线相互关系。
2. 通过调节脚螺旋,练习水准管轴垂直于纵轴的检验和校正。
3. 在墙上设置 P 点,检验和校正十字丝竖丝垂直于横轴。
4. 练习视准轴垂直于横轴的检验和校正的两种方法。

三、任务仪器及工具

DJ_6 型经纬仪 2 台,记录板 2 块,校正针 2 支,小螺丝刀 2 把。

四、任务步骤安排

1. 了解经纬仪检验和校正的原理和方法

根据水平角和竖直角观测的原理，经纬仪的主要轴线(图 2-9)间应满足下列条件：①平盘水准管轴垂直于纵轴($L\perp V$)；②圆水准器轴平行于纵轴($L'/\!/V$)；③视准轴垂直于横轴($C\perp H$)；④横轴垂直于纵轴($H\perp V$)。此外，还有十字丝竖丝应垂直于横轴。

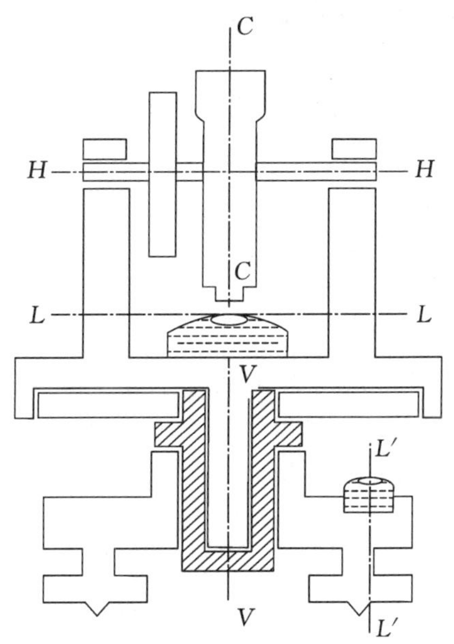

图 2-9　经纬仪的主要轴线

2. 经纬仪检验和校正实验

(1) 平盘水准管轴垂直于纵轴的检验和校正

初步整平仪器，转动照准部，使平盘水准管轴平行于一对脚螺旋，转动这对脚螺旋使气泡严格居中；再将照准部旋转 180°，如果气泡仍然居中，则说明平盘水准管轴垂直于纵轴，否则需要校正。

校正时，拨动水准管校正螺丝，使气泡调回偏移量的一半，再用脚螺旋调整气泡偏移量的另一半；反复检校，直至水准管旋转至任何位置时水准管气泡偏移量都在一格以内时为止。

(2) 圆水准器轴平行于纵轴的检验和校正

经过平盘水准管轴垂直于纵轴的检验和校正以后，用平盘水准管严格整平仪器，此时纵轴已经铅垂，安装在基座上的圆水准器气泡应该居中，否则需要进行校正。

需要校正时，可以用校正针转动圆水准器底部的校正螺丝，使圆水准器气泡居中。

(3) 十字丝竖丝垂直于横轴的检验和校正

十字丝的校正如图 2-10 所示。用望远镜十字丝交点瞄准墙上一小点 P，旋转望远镜微动螺旋，使竖丝上下移动，如果 P 点始终不离开竖丝，则说明竖丝垂直于横轴，否则需要校正[图 2-10(a)]。

校正时，旋下十字丝环护罩，用小螺丝刀松开十字丝外环的 4 个固定螺丝[图 2-10(b)]，转动十字丝外环，使望远镜上下微动时 P 点始终在竖丝上移动时为止，最后旋紧十字丝外环固定螺丝。

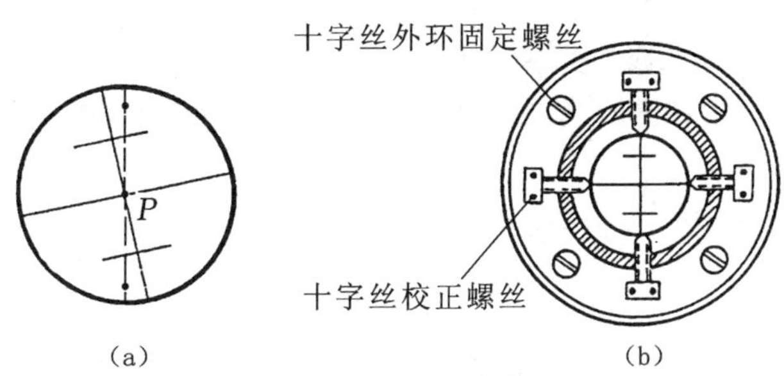

图 2-10　十字丝的校正

(a)目镜；(b)固定螺丝及校正螺丝

(4) 视准轴垂直于横轴的检验和校正

方法一:

盘左瞄准远处大致与仪器同高的目标 A,读取水平度盘读数 $a_{左}$;然后盘右瞄准目标 A,读取水平度盘读数 $a_{右}$,若 $a_{左}$ 与 $a_{右}$ 相差小于 180°,则表明视准轴不垂直于横轴,应进行校正。

校正时,先计算盘右瞄准目标 A 的应有读数:

$$a=\frac{a_{右}+(a_{左}\pm 180^{\circ})}{2} \tag{2-5}$$

转动水平微动螺旋,使水平度盘读数为 $a_{右}$,再拨动十字丝左、右一对校正螺丝,使十字丝竖丝瞄准目标 A。如此反复检校,直至盘左、盘右读数加减 180°后的差数(2C 值)小于 60″时为止。最后旋上十字丝外环护罩。

方法二:

在平坦场地选择相距约 100 m 的 A、B 两点,置经纬仪于 A、B 连线的中点 O,在 A 点放一大致与经纬仪同高的觇牌,在 B 点大致与经纬仪同高处水平地放一分划尺,方向与 OB 垂直。盘左瞄准 A 点觇牌(水平制动螺旋应旋紧),倒转望远镜,在 B 点尺上的读数为 b_1;盘右用同样方法,在尺上读数为 b_2,若 $b_1=b_2$,则说明视准轴垂直于横轴,否则需要校正。

校正前,先计算视准轴与横轴垂直时盘左在 B 尺上的应有读数:

$$b_3=b_1+\frac{3}{4}(b_2-b_1) \tag{2-6}$$

拨动十字丝左、右一对校正螺丝,使竖丝瞄准尺上读数为 b_3。反复检校,直至满足要求为止。

(5) 横轴垂直于纵轴的检验

在离墙面约 10 m 处安置经纬仪,盘左瞄准墙上高处一目标 P 点(仰角约 30°),放平望远镜,在墙面上定出 A 点;盘右再瞄准 P 点,放平望远镜,在墙面上定出 B 点;若 A、B 重合,则横轴垂直于纵轴;若 A、B 相距大于 5 mm,则需要校正。

由于横轴校正设备密封在仪器内部,该项校正应由仪器维修人员完成。

五、注意事项

(1) 按实验步骤进行各项检验和校正,顺序不能颠倒,检验数据正确无误时才能进行校正,校正结束时,各校正螺丝应处于稍紧状态。

(2) 选择仪器的安置位置时,应顾及视准轴和横轴两项检验,既能看到远处水平目标又能看到墙上高处目标。

(3) 实验结束时,应上交"经纬仪的检验及校正记录表"。

六、成果上交

完成经纬仪的检验及校正,并将数据填写至表 2-11 内。

表 2-11　经纬仪的检验及校正记录表

日期：＿＿＿＿＿＿　　仪器号码：＿＿＿＿＿＿　　检验者：＿＿＿＿＿＿

检验项目	检验和校正经过	
	略图	观测数据及说明
平盘水准管轴 垂直于纵轴	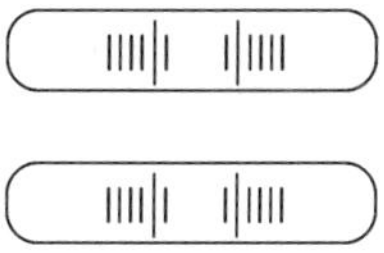	
圆水准器轴 平行于纵轴	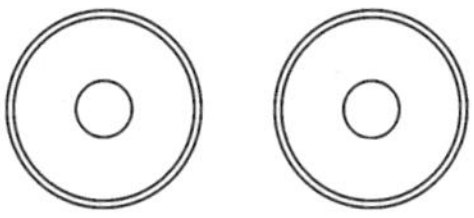	
十字丝竖丝 垂直于横轴	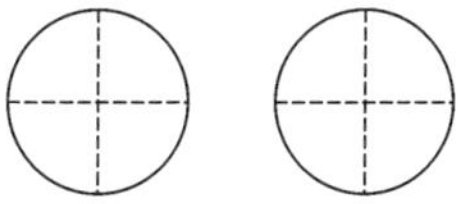	
视准轴 垂直于纵轴		
横轴 垂直于纵轴		

任务11　距离测量

一、任务目的与要求

1. 掌握钢尺量距的一般方法。
2. 掌握使用罗盘测定直线磁方位角的操作方法。
3. 精度要求：往返量距的相对误差≤1/2000，正反磁方位角的互差≤1°。

二、任务内容

1. 熟悉目视定线方法及流程。
2. 利用钢尺练习多个尺度的量距。

三、任务仪器及工具

钢卷尺1把，花杆3根，木桩2个，测钎1束，斧头1把，记录本1本，计算器1台，铅笔1支。

四、任务步骤安排

（1）在地面上选择相距约80 m的A、B两点，打下木桩，在桩顶上画十字作为其点位，即为欲测量的直线。

（2）将花杆竖立于A、B两点的外侧，采用目估法定线。

（3）量距时，后测手拿　根测钎和钢尺零端，立于直线的起点A处；前测手拿若干根测钎及钢尺末端，沿定线方向前进到一整尺处；两人同时将钢尺放在直线AB上并拉紧，当后测手将零点对准A并发出“好”的信号时，前测手就将一根测钎对准钢尺末端刻画插于地上，即得1点，这就完成了A—1整尺段的丈量工作。

（4）两人抬起尺子，沿定线方向继续前进，待后测手走到1点时停止前进，按同法丈量1—2、2—3等整尺段，最后丈量不足一整尺的距离q，读至mm，则直线AB的长度为$L=nl+q$。

（5）依同法由B到A进行返测，取往返丈量的平均值作为该直线的最后丈量结果；并计算往返丈量之差和相对误差k，检查是否在容许范围内，否则要返工重测。

五、注意事项

（1）钢尺量距的原理简单，但在操作上容易出错，要做到“三清”：零点看清——尺子零点不一定在尺端，有些尺子在零点前还有一段分划，必须看清；读数认清——尺上读数要认清m、dm、cm的注字和mm的分划数；尺段记清——尺段较多时，容易发生少记一个尺段的错误。

（2）前、后测手动作要配合，定线要直，尺身要水平，尺子要拉紧，用力要均匀，待尺子稳定时再读数或插测钎。

（3）钢尺性脆易折断，为保护钢尺，应做到“四不”：不扭，不折，不压，不拖。用毕后要擦净才可卷入尺壳内。

六、成果上交

完成距离测量，并填写完成表 2-12。

表 2-12　钢尺一般量距记录计算

班级：________第________组　　　　日期：________年________月________日

观测者：________________　　　　记录者：________________

	尺段数	余长数/m	总长/m	往返差/m	相对误差	往返平均值/m
往测						
返测						
计算	平均长度 $D=(D_{往}+D_{返})/2$ 较差 $\Delta D=D_{往}-D_{返}$ 相对误差 $K=\frac{\Delta D}{D}$					

任务 12　三角高程测量

一、任务目的与要求

1. 掌握三角高程测量的操作流程及计算方法。
2. 掌握对向三角高程测量方法。

二、任务内容

1. 练习三角高程测量。
2. 计算各点高程。

三、任务仪器及工具

全站仪 1 台，脚架 3 个，棱镜 2 个，小钢尺 3 把，记录板 1 个，地钉若干。

四、任务步骤安排

1. 实验原理

三角高程测量是指通过观测两个控制点的水平距离和天顶距（或高度角）求出两点间高差的方法。它观测方法简单，受地形条件限制小，是测定大地控制点高程的基本方法。

已知点 A 的高程 H_A，B 为待定点，待求高程为 H_B。在点 A 安置经纬仪，照准点 B 目标顶端 M，测得竖直角 α，量取仪器高 i 和目标高 v。如果测得 AM 之间距离为 D'，则点 A、B 的高差 h_{AB} 为

$$h_{AB}=D'\sin\alpha+i-v \tag{2-7}$$

如果测得点 A、B 的水平距离 D，则高差 h_{AB} 为 $h_{AB}=D\tan\alpha+i-v$，则 B 点高程为 $H_B=H_A+h_{AB}$。

三角高程测量示意如图 2-11 所示。

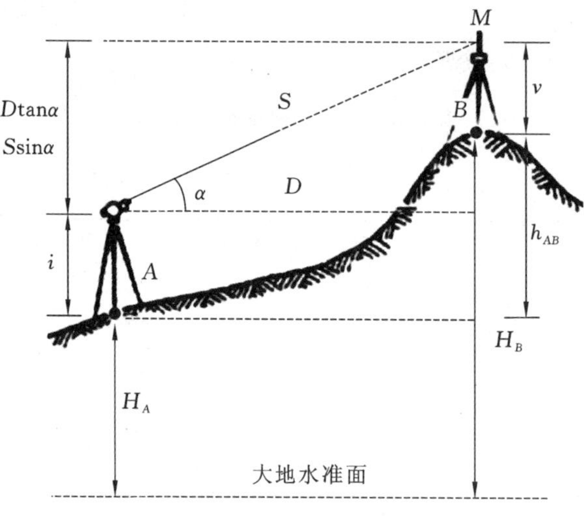

图 2-11　三角高程测量示意图

2. 实验步骤

(1) 实验场地布设

① 场地:在空旷的地面上选择四个间距约为 60 m 的点,每个点上都打入地钉,构成一个四个高程点的闭合环,如图 2-12 所示。

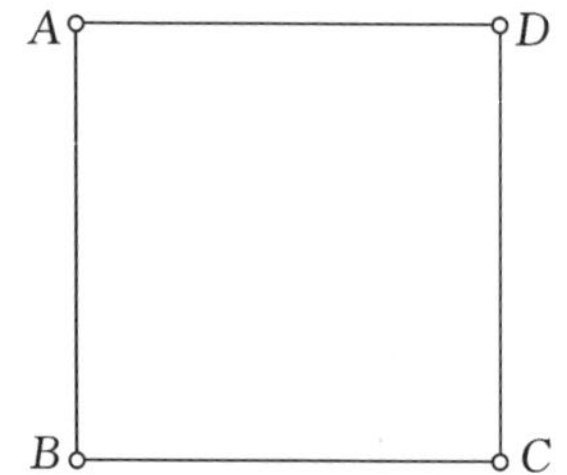

图 2-12　三角高程测量实验点位布设图

② 技术要求:三角高程测量的技术要求见表 2-13。

表 2-13　三角高程测量技术要求

仪器类型	中丝法竖直角测回数	指标差较差竖直角测回差	对向观测高差较差/m	环线闭合差/m
DJ_6	2 个测回	≤25″	≤0.1S	≤±0.05 $\sqrt{[S^2]}$

注:① 边长测量取 2 次读数的平均值,两次读数差不超过 10 mm。

② 气象数据的测定:温度最小读数为 0.5 ℃,气压最小读数为 100 Pa(或 1 mmHg),在一时段始末各测定一次,取平均值作为各边测量的气象数据。

③ 竖直角观测 2 个测回,仪器高或目标高均丈量 2 次,精确量至 mm,两次丈量值较差不大于 10 mm 时,取用中数。

④ S 为导线的边长,km。

(2) 对向观测法

① 将 4 个地钉高程点编号,选定从其中一点开始架设仪器,相邻两点架设棱镜,对中、

整平，量取仪器高及棱镜高，按表 2-13 的要求观测距离及竖直角。

② 沿某固定方向向相邻高程点移动仪器和棱镜，重复①的所有观测，直到闭合，所有测段都进行了往返观测。

③ 计算每一测段的往、返高差，并比较判断其较差是否超限，超限则重测，不超限则取往、返均值作为测段高差，并计算环线闭合差。

五、注意事项

(1) 尽量提高视线与地面高度，这样可有效削弱地面折光的影响，提高测量精度。

(2) 仪器高和棱镜高在量取的时候尽量准确。

(3) 在观测的时候应该注意仪器的指标差、测回差及对向观测的高差。

(4) 精密观测还要注意加长数、乘长数、气温、测区所处海拔高度，以及折光系数等因素影响。

(5) 全站仪操作应注意误差控制。

六、成果上交

按要求完成三角高程测量，并完成表 2-14 和表 2-15。

表 2-14　对向观测三角高程计算表

计算员：________　　检查员：________　　计算时间：________

测段	往返	斜距/m	竖直角 ° ′ ″	仪器高/m	目标高/m	高差/m	高差平均值/m	备注
	往							
	返							
	往							
	返							
	往							
	返							
	往							
	返							
	往							
	返							
	往							
	返							
	往							
	返							
	往							
	返							

表 2-15　水准测量高程误差配赋表

计算员：______________　　检查员：______________　　计算时间：______________

点名	测段编号	距离/m	观测高差/m	改正数/m	改正后高差/m	高程/m

路线布设：

任务13　导线测量

一、任务目的与要求

1. 掌握全站仪测距、测角作业方法。
2. 掌握闭合导线外业布设和闭合导线测量的条件。
3. 掌握平面控制闭合导线测量的内业计算和成果处理。

二、任务内容

1. 进一步练习全站仪对中、整平。
2. 练习全站仪的测角和测距。

三、任务仪器及工具

全站仪、三脚架、棱镜、油漆、2H 铅笔、记录本及计算器。

四、任务步骤安排

1．外业布设

（1）踏勘选点（根据实际情况和实训时间选择 5～10 个点，并做好标记）

相邻导线点间应相互通视，导线点应选在土质坚实处，便于保存标志和安置仪器，导线点周围要视野开阔，便于测图。导线的边长不宜过长，特别是钢尺量距，相邻边长比一般不超过 1/3，点位要有足够的密度，且分布较均匀，以便控制整个测区。

（2）闭合导线示例

闭合导线示意如图 2-13 所示。

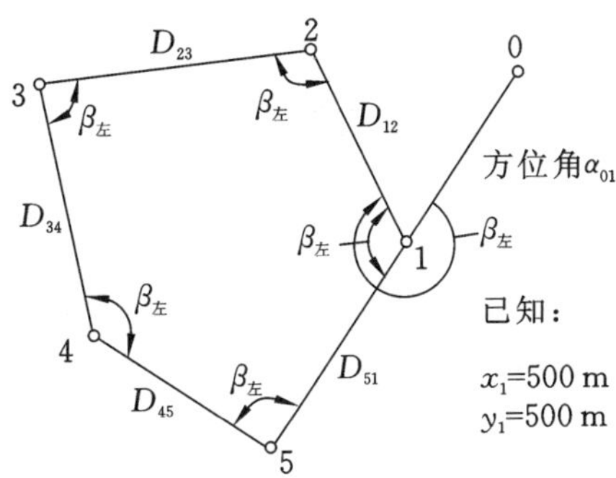

图 2-13　闭合导线示意图

2．外业测量

（1）边长/水平距离测量

光电测距仪测量：图根导线边长可采用单向观测，一站施测的测回数为一个测回即可。

（2）角度测量

采用全站仪测角，注意测量左角与右角的差异，一站施测的测回数为一个测回即可。

（3）角度闭合差的计算与调整

由几何原理可知，多边形内角和的理论值为

$$\sum \beta_{理} = (n-2) \times 180^\circ \tag{2-8}$$

式中　n——多边形内角数。

由于观测角不可避免地含有误差，致使实测的内角和并不等于理论值。实测的内角和$\sum \beta_{测}$与理论内角和$\sum \beta_{理}$之差称为闭合导线角度闭合差，用 f_β 表示，即 $f_\beta = \sum \beta_{测} - \sum \beta_{理}$。

各级导线对角度闭合差的容许值 $f_{\beta容}$ 有着不同的规定，具体数值参见表 2-16。

表 2-16　导线测量的主要技术要求

等级	闭合环或附合导线长度/km	平均边长/m	测距中误差/mm	测角中误差/″	导线全长相对闭合差	测回数			方位角闭合差/″
						DJ_1	DJ_2	DJ_6	
三等	15	3000	≤±18	≤±1.5	≤1/60000	8	12		$\leqslant \pm 3\sqrt{n}$
四等	10	1600	≤±18	≤±2.5	≤1/40000	4	6		$\leqslant \pm 5\sqrt{n}$

续表2-16

等级	闭合环或附合导线长度/km	平均边长/m	测距中误差/mm	测角中误差/″	导线全长相对闭合差	测回数			方位角闭合差/″
						DJ_1	DJ_2	DJ_6	
一级	3.6	300	≤±15	≤±5	≤1/14000		2	4	$\leqslant\pm10\sqrt{n}$
二级	2.4	200	≤±15	≤±8	≤1/10000		1	3	$\leqslant\pm16\sqrt{n}$
三级	1.5	120	≤±15	≤±12	≤1/6000		1	2	$\leqslant\pm24\sqrt{n}$

本例为图根导线，图根导线的角度闭合差容许值为 $f_{\beta容}=\pm60''\sqrt{n}$。若角度闭合差超限，则需要重新检测角度。反之，则可以对角度闭合差进行分配，分配时按照“反符号平均分配”的原则进行，即角度闭合差以相反符号平均分配到每个内角中去。如果不能均分，闭合差的余数应依次分配给角值较大的几个内角。

将角度观测值加上改正数后便得到导线内角改正之后的角值，改正之后的内角和应等于理论值，可将此作为计算检核条件之一。

（4）推算各边的坐标方位角

角度闭合差调整完成后，根据起始边的已知坐标方位角，用改正之后的角值，推算各导线边的坐标方位角。

闭合导线各边坐标方位角的推算完成后，要推算出起始边的坐标方位角，它的推算值应与原有的已知坐标方位角值相等，以此作为一个检核条件，如果不等，应重新检查计算。

（5）坐标增量的计算

利用各导线边的边长观测值和坐标方位角，分别计算每一条导线边两端点间的坐标增量。

（6）坐标增量闭合差的计算与调整

$$\left.\begin{aligned}\sum\Delta x_{理}=0\\ \sum\Delta y_{理}=0\end{aligned}\right\}\tag{2-9}$$

实际上由于边长的测量误差和角度闭合差调整后的残存误差，往往使实测的坐标增量代数和 $\sum\Delta x_{测}$ 和 $\sum\Delta y_{测}$ 不等于零，从而产生了纵坐标增量闭合差和横坐标增量闭合差。

$$\left.\begin{aligned}f_x=\sum\Delta x_{测}\\ f_y=\sum\Delta y_{测}\end{aligned}\right\}\tag{2-10}$$

由于 f_x 和 f_y 的存在，使得导线不能闭合，推算得到的 A' 点与起始点 A 之间的长度 f_D 称为导线全长闭合差，即

$$f_D=\sqrt{f_x^2+f_y^2}\tag{2-11}$$

单纯通过 f_D 的大小无法准确衡量导线测量的精度，所以一般利用导线全长相对闭合差 K 来衡量。所谓的导线全长相对闭合差，是导线全长闭合差 f_D 与导线全长 $\sum D$ 之比，以分子为 1 的分数形式来表示，即

$$K=\frac{f_D}{\sum D}=\frac{1}{\frac{\sum D}{f_D}} \tag{2-12}$$

以导线全长相对闭合差 K 来衡量导线的精度，K 值的分母越大，精度越高。不同等级的导线对导线全长相对闭合差有不同的容许值 $K_{容}$。本例为图根导线，图根导线中导线全长相对闭合差容许值为 $K_{容}=\frac{1}{2000}$。若 $K>K_{容}$，则成果不符合精度要求，需检查外业成果，或返工重测；反之，则符合精度要求，需要对坐标增量闭合差进行调整。

进行坐标增量闭合差调整时，一般按照“与导线边长成正比反符号”的原则进行分配，即将 f_x 和 f_y 反其符号按边长成正比分配到各边的纵、横坐标增量中去，以 V_{xi}、V_{yi} 分别表示第 i 边的纵、横坐标增量改正数，即

$$\left.\begin{aligned}V_{xi}&=-\frac{f_x}{\sum D}\times D_i\\V_{yi}&=-\frac{f_y}{\sum D}\times D_i\end{aligned}\right\} \tag{2-13}$$

坐标增量改正数应与导线边长观测值保留相同的小数位数，并且纵、横坐标增量改正数之和应分别等于纵、横坐标增量闭合差的相反数，即

$$\left.\begin{aligned}\sum V_x&=-f_x\\\sum V_y&=-f_y\end{aligned}\right\} \tag{2-14}$$

最后填写表格时，应将纵、横坐标增量闭合差、导线全长闭合差、导线全长相对闭合差、导线全长相对闭合差容许值的计算过程填入“辅助计算”一栏内，以便于衡量精度指标。

坐标增量闭合差调整之后，将各边的增量值加上相应的改正数，即可得到各边改正之后的纵、横坐标增量。

改正之后的纵、横坐标增量的代数和应分别等于零，以此作为一个重要的计算检核条件。

(7) 计算各导线点的坐标

根据起点 A 的已知坐标以及改正后的坐标增量值，利用下式依次推算各点的坐标。

$$\left.\begin{aligned}x_{前}&=x_{后}+\Delta x_{改}\\y_{前}&=y_{后}+\Delta y_{改}\end{aligned}\right\} \tag{2-15}$$

五、注意事项

(1) 要注意相邻导线点间的通视。

(2) 测回数和限差要满足相应测量等级要求。

(3) 本次任务为小组合作，组员要做好分工，共同完成。

(4) 记录表用铅笔填写，数字不可用橡皮擦擦掉，不可涂抹，记录要规范。

六、成果上交

完成导线测量，并完成表 2-17、表 2-18 和表 2-19。

表 2-17　水平角观测

班级：____________　组号：____________　仪器型号及编号：____________

观测日期：____年____月____日　天气：____________　记录者：____________

测站	目标	盘左	盘右	2C	方向平均值	一测回角值	观测者
		° ′ ″	° ′ ″	″	° ′ ″	° ′ ″	记录者

表 2-18 水平距离观测

班级：__________ 组号：__________ 仪器型号及编号：__________

观测日期：____年____月____日 天气：__________ 记录者：__________

<table>
<tr><th>边名</th><th>测站</th><th>竖盘
位置</th><th>水平距离
观测值/m</th><th>半测回水平距离
平均值/m</th><th>一测回水平距离
平均值/m</th><th>往返测水平距离
平均值/m</th></tr>
<tr><td rowspan="8"></td><td rowspan="4"></td><td rowspan="2">盘左</td><td></td><td rowspan="2"></td><td rowspan="4"></td><td rowspan="8"></td></tr>
<tr><td></td></tr>
<tr><td rowspan="2">盘右</td><td></td><td rowspan="2"></td></tr>
<tr><td></td></tr>
<tr><td rowspan="4"></td><td rowspan="2">盘左</td><td></td><td rowspan="2"></td><td rowspan="4"></td></tr>
<tr><td></td></tr>
<tr><td rowspan="2">盘右</td><td></td><td rowspan="2"></td></tr>
<tr><td></td></tr>
<tr><td rowspan="8"></td><td rowspan="4"></td><td rowspan="2">盘左</td><td></td><td rowspan="2"></td><td rowspan="4"></td><td rowspan="8"></td></tr>
<tr><td></td></tr>
<tr><td rowspan="2">盘右</td><td></td><td rowspan="2"></td></tr>
<tr><td></td></tr>
<tr><td rowspan="4"></td><td rowspan="2">盘左</td><td></td><td rowspan="2"></td><td rowspan="4"></td></tr>
<tr><td></td></tr>
<tr><td rowspan="2">盘右</td><td></td><td rowspan="2"></td></tr>
<tr><td></td></tr>
<tr><td rowspan="8"></td><td rowspan="4"></td><td rowspan="2">盘左</td><td></td><td rowspan="2"></td><td rowspan="4"></td><td rowspan="8"></td></tr>
<tr><td></td></tr>
<tr><td rowspan="2">盘右</td><td></td><td rowspan="2"></td></tr>
<tr><td></td></tr>
<tr><td rowspan="4"></td><td rowspan="2">盘左</td><td></td><td rowspan="2"></td><td rowspan="4"></td></tr>
<tr><td></td></tr>
<tr><td rowspan="2">盘右</td><td></td><td rowspan="2"></td></tr>
<tr><td></td></tr>
<tr><td rowspan="4"></td><td rowspan="4"></td><td rowspan="2">盘左</td><td></td><td rowspan="2"></td><td rowspan="4"></td><td rowspan="4"></td></tr>
<tr><td></td></tr>
<tr><td rowspan="2">盘右</td><td></td><td rowspan="2"></td></tr>
<tr><td></td></tr>
</table>

表 2-19　内业数据处理表格

点号	观测角（内角）° ′ ″	改正数 ″	改正角 ° ′ ″	坐标方位角 ° ′ ″	距离 D/m	增量计算值		改正后增量		坐标值		点号
						$\Delta x/m$	$\Delta y/m$	$\Delta x/m$	$\Delta y/m$	x/m	y/m	
1	2	3	4	5	6	7	8	9	10	11	12	13
A												A
B												B
C												C
D												D
E												E
A												A
B												
总和												
辅助计算												

模块二　数字地形测量学实习

任务1　全站仪的认识及使用

一、任务目的与要求

1. 了解全站仪的基本结构与性能，各操作部件、螺旋的名称和作用。
2. 熟悉全站仪面板各个按键的主要功能。
3. 掌握全站仪对中、整平、精平、瞄准等基本操作的方法。
4. 练习使用全站仪进行角度测量、距离测量、坐标测量等基本工作。

二、任务内容

认识全站仪的基本结构和功能，使用全站仪在测区内进行基本的角度测量、距离测量和坐标测量。

三、任务仪器及工具

全站仪1套、棱镜1个、棱镜杆1个、三脚架1个、记录板1块。

四、任务步骤安排

1. 认识全站仪的构造、部件名称和作用（以南方NTS-342I全站仪为例）

全站仪的基本构造主要包括：光学系统、光电测角系统、光电测距系统、微处理机、显示控制/键盘、数据/信息存储器、输入/输出接口、电子自动补偿系统、电源供电系统、机械控制系统等部分。

（1）部件名称

全站仪部件如图2-14所示。

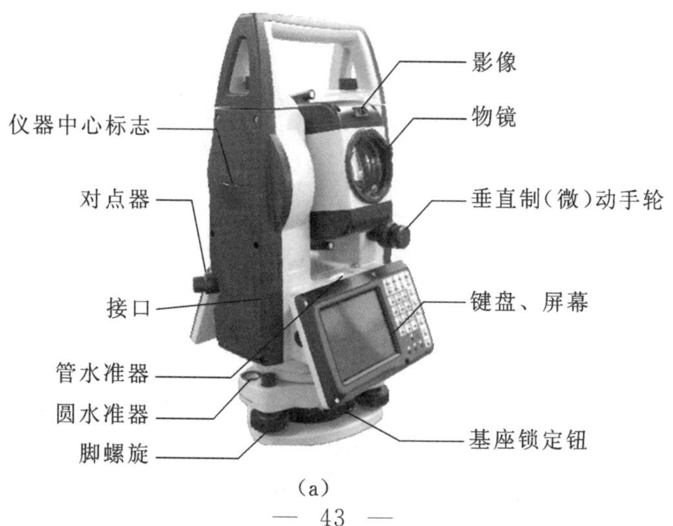

(a)

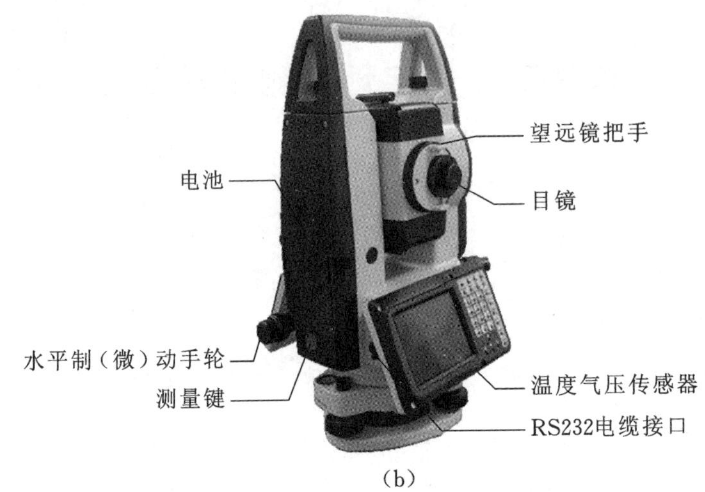

(b)

图 2-14　全站仪部件名称

(2) 操作按键

全站仪操作按键如图 2-15 所示。全站仪操作按键说明见表 2-20。

图 2-15　全站仪操作按键

表 2-20　全站仪操作按键说明

按键	功　　能
α	输入字符时，在大小写输入之间进行切换
⊡	打开软键盘
★	打开和关闭快捷功能菜单
⏻	电源开关，短按切换不同标签页，长按开关电源
Func	功能键
Ctrl	控制键

续表2-20

按键	功　　能
Alt	替换键
Del	删除键
Tab	使屏幕的焦点在不同的控件之间切换
B.S	退格键
Shift	在输入字符和数字之间进行切换
S.P	空格键
ESC	退出键
ENT	确认键
▲▼◀▶	在不同的控件之间进行跳转或者移动光标
0—9	输入数字和字母
—	输入负号或者其他字母
.	输入小数点
测量键	在特定界面下触发测量功能(此键在仪器侧面)

(3) 全站仪的操作面板

全站仪操作面板符号说明见表 2-21。

表 2-21　全站仪操作面板符号说明

显示符号	内　　容
V	垂直角
V%	垂直角(坡度显示)
HR	水平角(右角)
HL	水平角(左角)
HD	水平距离
VD	高差

续表2-21

显示符号	内　容
SD	斜距
N	北向坐标
E	东向坐标
Z	高程
m	以米为距离单位
ft	以英尺为距离单位
dms	以度分秒为角度单位
gon	以哥恩为角度单位
mil	以密耳为角度单位
PSM	棱镜常数(以 mm 为单位)
PPM	大气改正值
PT	点名

注意:除了在常规测量界面下,其他的度数显示格式为(度.分秒)。例如:12.2345 表示 12 度 23 分 45 秒。当需要输入角度时,输入的格式同上。

2. 熟悉全站仪的基本功能

全站仪的基本测量功能是测量水平角、竖直角和斜距,借助机内固化软件,组成多种测量功能,如计算并显示平距、高差以及镜站点的三维坐标,进行偏心测量、对边测量、悬高测量和面积测量等计算功能。

3. 练习并掌握全站仪的安置与观测方法

在一个测站上安置全站仪,选择两个目标点安置反光镜,练习水平角、竖直角、距离及三维坐标的测量,将观测数据记入实验报告相应表格中。

常规菜单界面如图 2-16 所示。

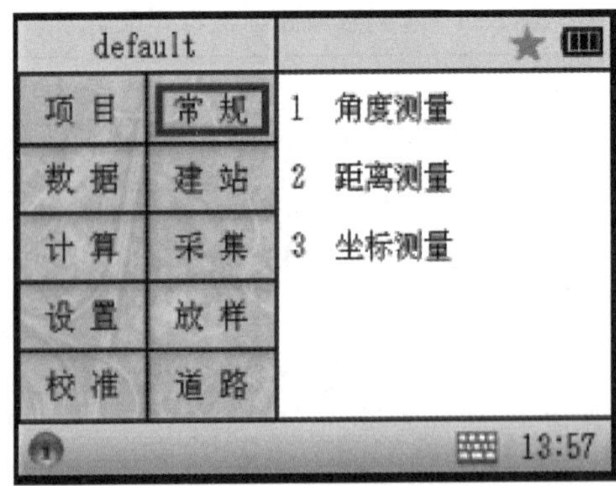

图 2-16　常规菜单界面

(1) 水平角测量

在角度测量模式下，每人用测回法测两镜站间水平角 1 个测回，同组各人所测角值之差应满足相应的限差要求。

角度测量界面如图 2-17 所示。

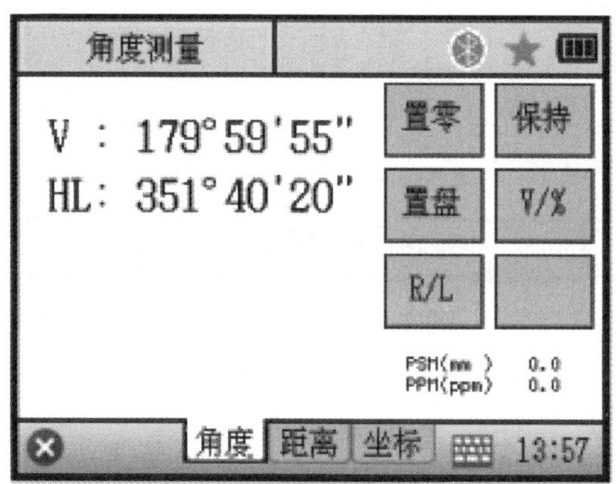

图 2-17　角度测量界面

(2) 竖直角测量

在角度测量模式下，每人观测 1 个目标的竖直角 1 个测回，要求各人所测同一目标的竖直角角值之差应满足相应的限差要求。

(3) 距离测量

在距离测量模式下，分别测量测站至两镜站的斜距、平距以及两镜站间的距离。

距离测量界面如图 2-18 所示。

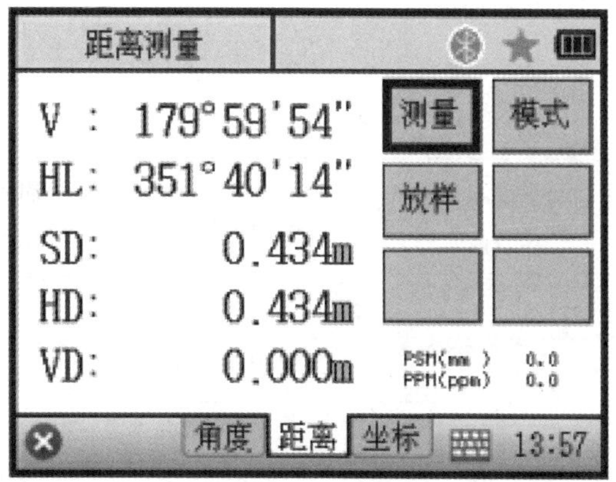

图 2-18　距离测量界面

(4) 三维坐标的测量

在坐标测量模式下，选一个后视方向，固定仪器，输入后视方位角、测站坐标、测站高程和仪器高，转动仪器，测量两镜站坐标，分别输入反光镜高，算得各镜站高程。

坐标测量界面如图 2-19 所示。

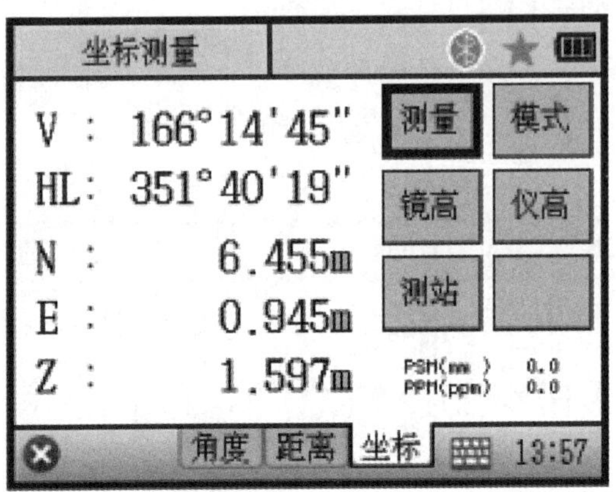

图 2-19 坐标测量界面

五、注意事项

（1）全站仪是目前结构复杂、价格较贵的先进仪器之一，在使用时必须严格遵守操作规程，注意爱护仪器。

（2）在阳光下使用全站仪测量时，一定要撑伞遮阳，严禁用望远镜对准太阳。

（3）仪器必须有人看守。观测时应尽量避免两侧和后面反射物所产生的信号干扰。

（4）开机后先检测信号，停测时随时关机。

（5）更换电池时，应先断开电源开关。

六、成果上交

每组上交水平角、水平距离测量记录表，竖直角测量记录表，三维坐标测量记录表各 1 份，见表 2-22、表 2-23、表 2-24。

表 2-22 水平角、水平距离测量记录表

测站	盘位	目标	水平度盘读数 ° ′ ″	半测回角值 ° ′ ″	一测回平均值 ° ′ ″	水平距离/m

表 2-23　竖直角测量记录表

测站	目标	盘位	竖直度盘读数 ° ′ ″	半测回竖直角 ° ′ ″	一测回竖直角 ° ′ ″	竖盘指标差 ″

表 2-24　三维坐标测量记录表

测站 仪高	后视 点号	后视方位角 ° ′ ″	测点号	X 坐标/m	Y 坐标/m	镜高/m	高程 H/m
		30 30 35	测站	32400.573	48250.345		75.378

任务 2　全站仪数据采集

一、任务目的与要求

1. 了解全站仪的构造和原理、全站仪各部件的功能，掌握全站仪的使用方法。
2. 掌握用全站仪进行大比例尺地形图测绘外业数据采集的作业方法。

二、任务内容

完成指定测区内地形地物的数据采集。

三、任务仪器及工具

全站仪 1 套、棱镜 1 个、棱镜杆 1 个、三脚架 1 个、记录板 1 块。

四、任务步骤安排

1. 仪器对中与整平

(1) 架设三脚架

将三脚架拉伸到适当高度，确保三腿等长、打开，并使三脚架顶面近似水平，且位于测站点的正上方。将三脚架腿支撑在地面上，使其中一条腿固定。

(2) 安置仪器和对点

将仪器小心地安置到三脚架上,拧紧中心连接螺旋,打开激光对点器。双手握住另外两条未固定的架腿,通过对激光对点器光斑的观察来调节两条腿的位置。当激光对点器光斑大致对准测站点时,使三脚架三条腿均固定在地面上。调节全站仪的三个脚螺旋,使激光对点器光斑精确对准测站点。

(3) 利用圆水准器粗平仪器

调整三脚架三条腿的高度,使全站仪圆水准器气泡居中。

(4) 利用管水准器精平仪器

① 松开水平制动螺旋,转动仪器,使管水准器平行于某一对角螺旋 A、B 的连线。通过旋转角螺旋 A、B,使管水准器气泡居中。

② 将仪器旋转 90°,使其垂直于角螺旋 A、B 的连线。旋转角螺旋 C,使管水准器气泡居中。

(5) 精确对中与整平

通过对激光对点器光斑的观察,轻微松开中心连接螺旋,平移仪器(不可旋转仪器),使仪器精确对准测站点。再拧紧中心连接螺旋,再次精平仪器。重复此项操作直到仪器精确整平对中为止。

2. 新建项目

开机后,在全站仪项目菜单首页页面,点击“项目”,选择“新建项目”,输入项目相关信息。

项目菜单界面如图 2-20 所示。新建项目界面如图 2-21 所示。

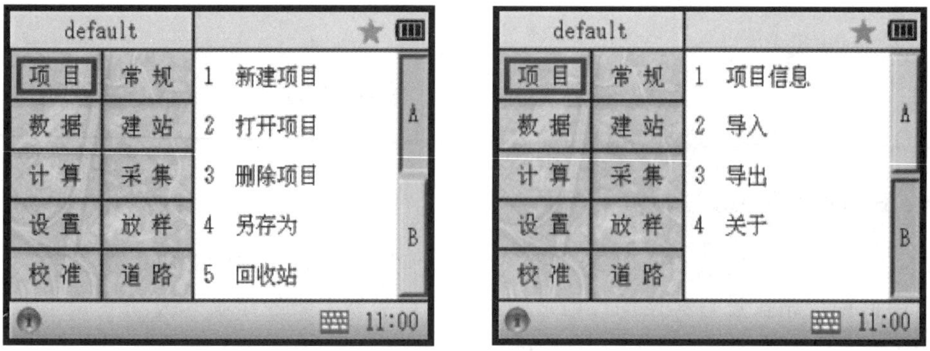

图 2-20 项目菜单界面

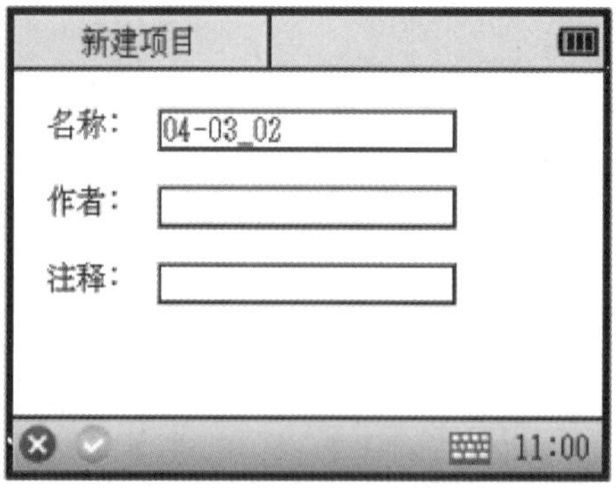

图 2-21 新建项目界面

3. 全站仪建站

(1) 数据采集之前要进行全站仪已知点建站工作

建站菜单界面如图 2-22 所示。

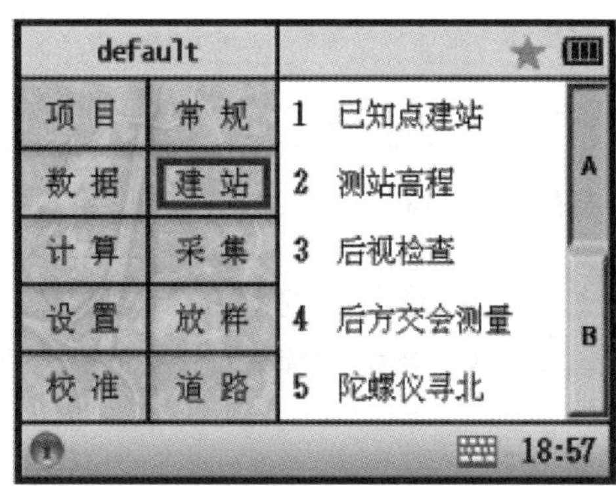

图 2-22　建站菜单界面

(2) 已知点建站

通过已知点进行后视的设置,设置后视有两种方式,一种是通过已知的后视点,另一种是通过已知的后视方位角。

通过已知的后视点设置后视的方法如图 2-23 所示。

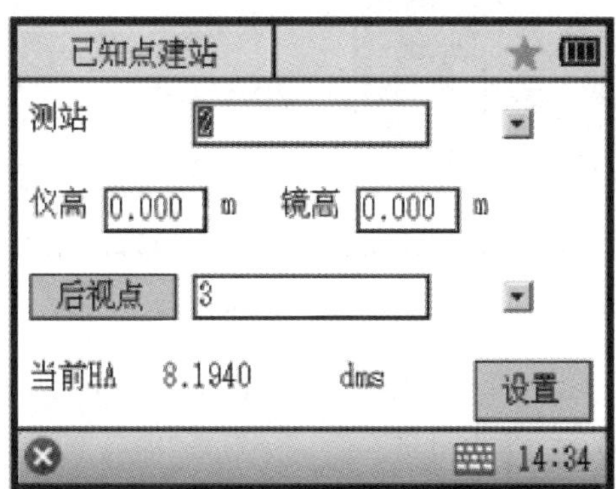

图 2-23　通过已知后视点设置后视

① 测站:输入已知测站点的名称,通过单击▼可以调用或新建一个已知点作为测站点。

② 仪高:输入当前的仪器高。

③ 镜高:输入当前的棱镜高。

④ 后视点:输入已知后视点的名称,通过单击▼可以调用或新建一个已知点作为后视点。

⑤ 当前 HA:显示当前的水平角度。

⑥ 设置:根据当前的输入值对后视角度进行设置,如果当前的输入值不满足计算或设置要求,将会给出提示。

通过已知的后视角设置后视的方法如图 2-24 所示。

后视角:输入后视角度值。

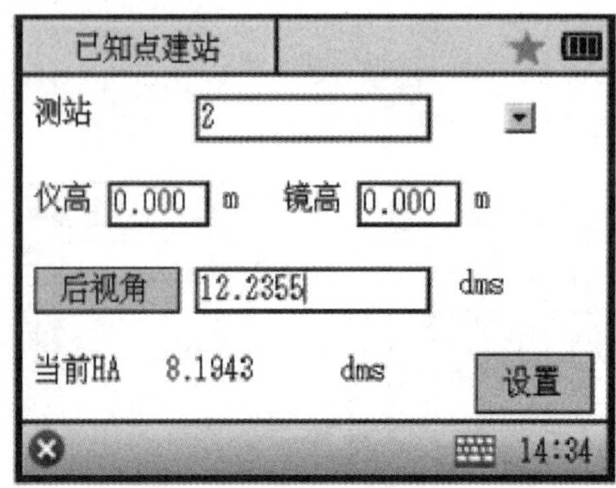

图 2-24　通过已知后视角设置后视

(3) 数据采集

采集菜单界面如图 2-25 所示。设站后，通过数据采集程序可以进行数据采集工作，选择“点测量”。

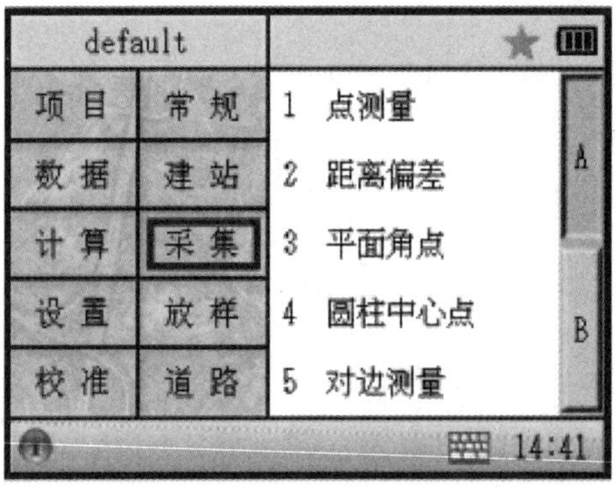

default
项目 常规 1 点测量
数据 建站 2 距离偏差
计算 采集 3 平面角点
设置 放样 4 圆柱中心点
校准 道路 5 对边测量
A B
14:41

图 2-25　采集菜单界面

对准棱镜后，输入点名、编码、镜高等信息后，点击“测距”键，测量并保存数据。移动棱镜至下一个地形点或者地物点，继续测量。

单点测量界面如图 2-26 所示。

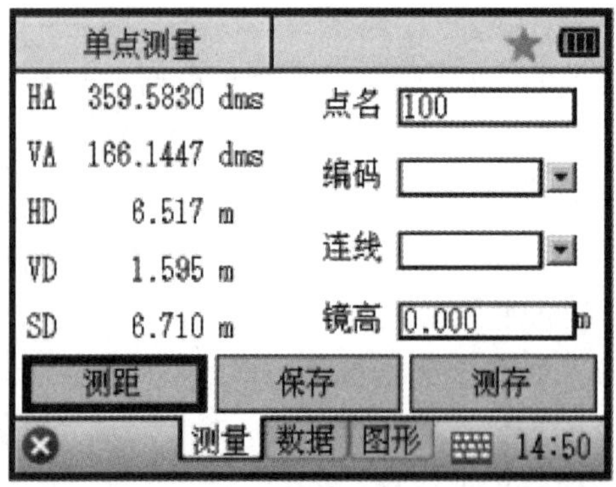

图 2-26　单点测量界面

(4) 数据导出

测量完成之后,进行数据的导出,点击“项目”,找到导出菜单。

点击“导出”,将当前项目中的数据导出。

导出界面如图 2-27 所示。导出文件名称如图 2-28 所示。

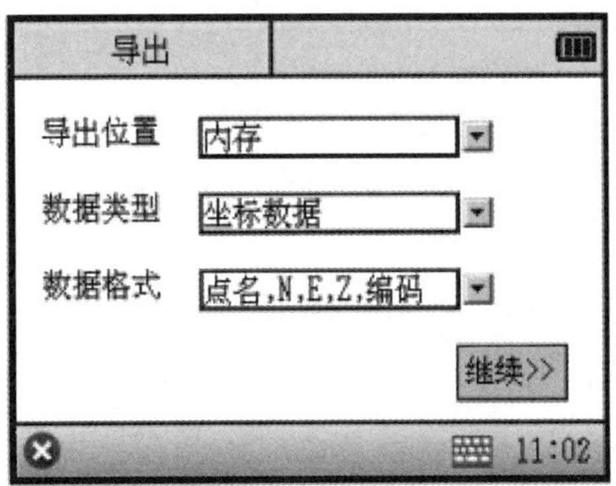

图 2-27　导出界面

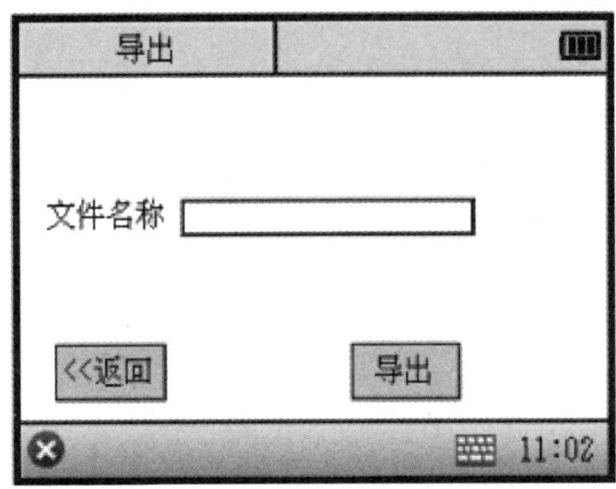

图 2-28　导出文件名称

导出之后,可将数据展绘到南方 CASS 软件中进行地形图绘制。

五、注意事项

(1) 在作业前应做好准备工作,全站仪的电池应充满电。

(2) 使用全站仪时,应严格遵守操作规程,注意爱护仪器。

(3) 控制点数据由指导教师提供。

(4) 小组每个成员应轮流进行外业数据采集,掌握在一个测站上的操作步骤。

六、成果上交

(1) 每个小组上交一份 DAT 文件。

(2) 每人上交一份全站仪碎部测量记录用表,见表 2-25。

表 2-25　全站仪碎部测量记录用表

观测员：＿＿＿＿＿＿　　记录员：＿＿＿＿＿＿　　扶尺员：＿＿＿＿＿＿

仪　器：＿＿＿＿＿＿　　日　期：＿＿＿＿＿＿　　天　气：＿＿＿＿＿＿

点号	X 坐标	Y 坐标	高程	备注

模块三　大地测量学基础实习

任务1　精密水准仪的认识及读数

一、任务目的与要求

1. 掌握数字精密水准仪的构造及读数；
2. 掌握二等水准测量的规范；
3. 掌握二等水准测量方法及计算。

二、任务内容

二等水准测量。

三、任务仪器及工具

电子精密水准仪，脚架，条码尺，尺垫，

四、任务步骤安排

1. 二等水准测量规范

根据二等水准测量规范，测站视线长度、前后视距差及其累积差、视线高度和数字水准仪重复测量次数等符合表2-26的规定。

表2-26　二等水准测量技术要求

视线长度/m	前后视距差/m	前后视距累积差/m	视线高度/m	两次读数所得高差之差/mm	水准仪重复测量次数	测段、环线闭合差/mm
≥3且≤50	≤1.5	≤6.0	≤2.80且≥0.55	≤0.6	≥2次	$\leqslant 4\sqrt{L}$

注：表中 L 为路线的总长度，以km为单位。

2. 二等水准测量观测顺序

二等水准测量按往返测进行，往测奇数站的观测顺序为“后—前—前—后”，偶数站的观测顺序为“前—后—后—前”；返测的观测顺序与往测相反，即奇数测站采用“前—后—后—前”，而偶数测站采用“后—前—前—后”。

所谓“后—前—前—后”，即：

① 照准，并读取后视水准标尺的基本分划；

② 照准，并读取前视水准标尺的基本分划；

③ 照准，并读取前视水准标尺的辅助分划；

④ 照准，并读取后视水准标尺的辅助分划。

而所谓“前—后—后—前”，即：

① 照准，并读取前视水准标尺的基本分划；

② 照准，并读取后视水准标尺的基本分划；

③ 照准，并读取后视水准标尺的辅助分划；

④ 照准，并读取前视水准标尺的辅助分划。

3. 实习内容

选定水准路线并采用单程观测，每测站读取两次高差，奇数站观测水准尺的顺序为“后—前—前—后”，偶数站观测水准尺的顺序为“前—后—后—前”。

同一标尺两次读数不设限差，但两次读数所得高差之差应满足表 2-26 的规定。高程误差配赋计算，按照测绘规定的“4 舍 6 进、5 看奇偶”的取舍原则，距离取位到 0.1 m，高差及其改正数取位到 0.00001 m，高程取位到 0.001 m。表中必须写出闭合差和闭合差允许值。

五、注意事项

(1) 实验之前认真阅读实验内容，在实训过程中要注意各实验设备安全。

(2) 各小组按实习内容精心策划好工作，服从老师安排，听从指挥，团结协作，按时按质按量完成任务。

(3) 实验过程中要共同探索、相互协调，学会独立解决问题的方法。

(4) 扶尺员在观测之前必须将标尺立直扶稳。严禁双手脱开标尺，以防摔坏精密水准尺。

六、成果上交

每组同学上交二等水准测量外业记录手簿(表 2-27)和二等水准测量高程误差配赋表(表 2-28)及实验报告。

表 2-27　二等水准测量外业记录手簿

时间：________年____月____日　　天气：________________　　成像：________________

仪器及编号：______________　　观测者：______________　　记录者：______________　　第____页

测站编号	后距	前距	方向及尺号	标尺读数		两次读数之差	备注
	视距差	累积视距差		第一次读数	第二次读数		
1	8.671	8.671	后	140032	140026	6	A1-P1
			前	140034	140033	1	
	0	0	后－前	－000002	－000007	5	
			h				

续表2-27

测站编号	后距 视距差	前距 累积视距差	方向及尺号	标尺读数 第一次读数	标尺读数 第二次读数	两次读数之差	备注
2	8.734	8.734	后	140062	140061	1	超限
			前	140060	140064	－4	
	0		后－前	－000002	－000003	1	
			h				
3	8.761	8.309	后	140016	140018		A1-P1
			前	139946	133946		
	3.3		后－前				
			h				
			后	139985	139891		
			前	139950	139955		
			后－前				
			h				
			后				
			前				
			后－前				
			h				
			后				
			前				
			后－前				
			h				
			后				
			前				
			后－前				
			h				
			后				
			前				
			后－前				
			h				

注：高差要写正负号，高差中数保留 6 位小数，测段高差按“奇进偶不进”保留 5 位小数。

表 2-28　二等水准测量高程误差配赋表

点名	测段编号	距离/m	观测高差/m	改正数/m	改正后高差/m	高程/m

注:观测高差和改正数保留 5 位小数,待定点高程推算后保留 3 位小数。

任务 2　精密经纬仪的认识及读数

一、任务目的与要求

1. 掌握精密经纬仪的构造及使用。
2. 掌握精密角度测量水平方向观测的方法及计算。

二、任务内容

精密角度测量水平方向观测。

三、任务仪器及工具

精密经纬仪、脚架、测钎。

四、任务步骤安排

1. 精密经纬仪构造

精密经纬仪构造如图 2-29 所示。

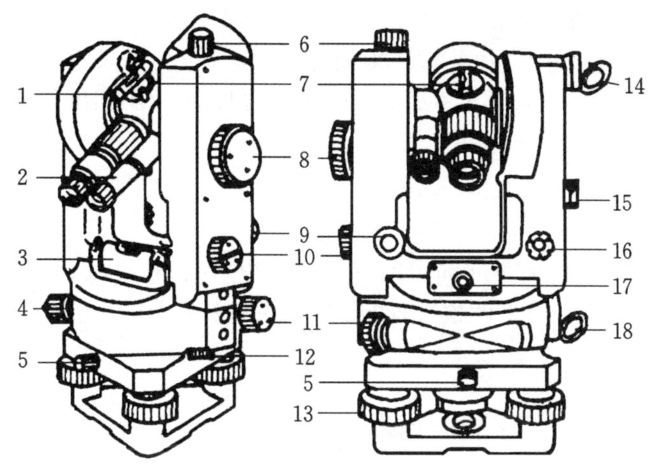

图 2-29　精密经纬仪构造

1—望远镜反光手轮；2—读数显微镜；3—照准部水准器；4—照准部制动螺旋；5—轴座固定螺旋；6—望远镜制动螺旋；7—光学瞄准器；8—测微轮；9—望远镜微动螺旋；10—换像手轮；11—照准部微动螺旋；12—水平度盘变换手轮；13—脚螺旋；14—竖盘反光镜；15—竖盘指标水准管观察镜；16—竖盘指标水准管微动螺旋；17—光学对中器目镜；18—水平度盘反光镜

2. 认识仪器

DJ_2 型经纬仪如图 2-30 所示。与 DJ_6 型经纬仪相比，DJ_2 型经纬仪增加了测微轮、换像手轮、竖直度盘反光镜。

测微轮：读数时，对径分划线影像符合。

换像手轮：水平读数和竖直读数间的互换。

竖直度盘反光镜：竖直读数时反光。

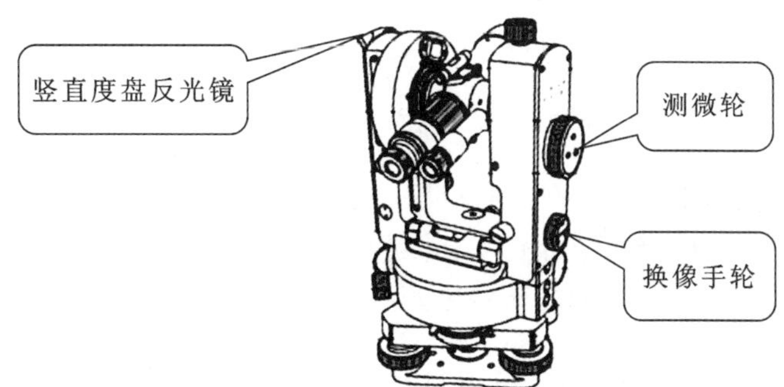

图 2-30　DJ_2 型经纬仪

3. 仪器的安置(光学对中法)

使用光学对点器对地面点进行对中时，对点器的竖轴铅垂取决于仪器的整平，因此对中和整平是同时进行的。具体操作步骤如下：

① 三脚架置于地面点位上方，将经纬仪紧固于三脚架之上。

② 调整光学对点器的目镜，使分划板上的小圆圈清晰；调整对点器的物镜(拉伸对点器镜管)，使地面点成像清晰。

③ 操作者将三脚架的一只架腿置于前方并踩实，然后用双手将其他两只架腿略微提

起，目视对点器目镜，移动两架腿（注意使三脚架平台保持水平），至对点器目镜中小圆圈对准地面点（为便于在对点器中寻找并对准地面点，操作者可将一只脚向前伸出，将脚尖对准地面点作为指示），将两只架腿放下并踩实。踩实后，若目镜中小圆圈与地面点有少许偏离，应旋转仪器脚螺旋使其重新对准。

④ 伸缩三脚架的架腿，使经纬仪基座上的圆水准器气泡居中。这样，便完成了仪器的初步对中和粗平。

⑤ 调整经纬仪脚螺旋，使照准部水准器气泡居中（仪器精平）。此时，若对点器目镜中小圆圈与地面点又有偏离，可略微松开连接螺旋，平移基座，使其对中后，再旋紧连接螺旋（仪器精确对中）。

4. 瞄准目标

松开垂直制动手把，旋转望远镜对着天空的亮处，逆时针转动望远镜调焦筒至无穷远处，再逆时针旋转望远镜目镜，这时，望远镜分划板上的十字线变得模糊；然后慢慢地顺时针转动望远镜目镜，使分划板上的十字线变得清晰可见，此时停止转动；在望远镜目镜头上刻有±5 个刻度，指标线所指的刻度为观测者的屈光度，当观测者长时间观测时，可将望远镜目镜头略向负屈光度方向旋转，一般一个观测者的屈光度是不变的。

使仪器处于正镜位置（即竖盘在观测者的左边），先用光学瞄准器瞄准目标。用一只眼睛观看光学瞄准镜的十字线，用另一只眼睛瞄准目标点，松开照准部制动手轮，旋转照准部使目标与十字线重合，此时目标已进入望远镜的视场。旋紧望远镜垂直制动手轮和水平制动手轮，旋转望远镜调焦手轮，使目标清晰地在望远镜分划板上成像，这时眼睛上、下、左、右移动，目标与望远镜分划板的十字线无任何相对位移，即无视差存在，此时已调焦完毕。

旋转垂直微动手轮使望远镜分划板的横丝精确对准目标。旋转水平微动手轮，使望远镜分划板的竖丝精确对准目标，这样，可进行垂直角或水平角测量。在使用微动手轮时应遵循旋进方向照准原则。

5. 垂直角测量

旋转换向手轮，使白指标线处在垂直位置。逆时针方向旋转补偿器锁紧手轮，使手轮上的 ON 处于竖直位置，此时竖盘指标自动补偿器处于工作状态。打开垂直反光镜，适当旋转它的位置与角度，可获得充分柔和的光线来照明垂直度盘。用望远镜分划板的横线再一次精确对准目标。

6. 水平角观测

换向：旋转换向手轮，使（手轮上）白指标线基本处于水平状态。

照明：打开水平反光镜，适当旋转它的位置，可获得充分柔和的光线来照明水平度盘。

精确瞄准目标：用望远镜的竖丝精确瞄准目标。

7. 读数

读数如图 2-31 所示。

DJ_2 型光学经纬仪测微尺移动全长 600 格，所以，测微尺格值为 1″。

读数时，转动测微螺旋，使度盘对径分划线重合，由度盘注记窗读取度值及整十分值，由测微尺读取分值和秒值，然后将两部分相加得到完整的方向值。

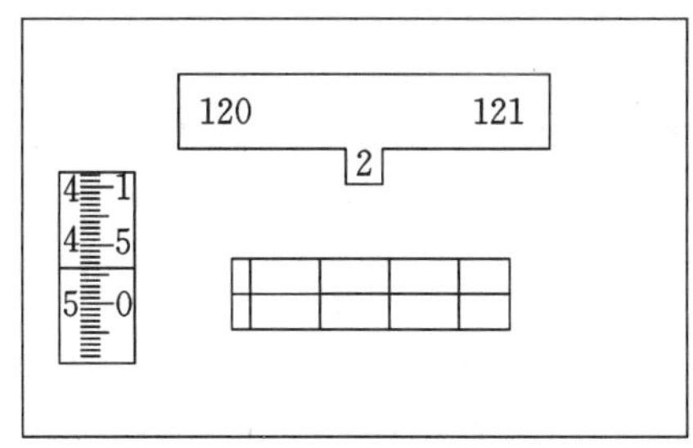
120
121
2
读数时应首先使中间的分格对齐，然后看上面的度盘读数，读为120° 20′，然后再看左边的分微尺，读为4′ 54″。
继续

图 2-31 读数

8. 实习具体步骤

(1) 测站的设置及测前准备

① 设站：将仪器安置于测站点上方，对中整平。

② 仪器准备：调节换像螺旋，使读数窗显示水平度盘读数；打开水平度盘采光镜，使读数窗视场明亮；调整读数显微镜目镜，使度盘及测微尺的分划、注记及指标线清晰；调整望远镜目镜，使十字丝清晰。

③ 选一清晰且距离适中的觇牌(各觇牌与测站的距离应大致相等)作为“零方向”，照准零方向，仔细调整望远镜物镜焦距，消除视差。

④ 转动照准部寻找其他目标，照准后，从望远镜准星观测目标方向，记住地物特征，以便正式观测时用望远镜准星初步瞄准目标。

(2) 编制度盘位置表

全圆方向法的观测应均匀分布在测微器的各个位置上进行。DJ_2 型经纬仪各测回度盘位置按下式计算：

$$\frac{180^\circ}{m}(j-1)+i'(j-1)+\frac{\omega}{m}\left(j-\frac{1}{2}\right) \tag{2-16}$$

式中 m——测回数；

j——测回序号($j=1,2,3,\cdots,m$)；

i'——测回之间分的变动量，DJ_2 型经纬仪中 $i'=10'$；

ω——测微器以秒计的总分格值，DJ_2 型经纬仪中 $\omega=600''$。

全圆方向法的测回数是根据控制网的等级和所用仪器的型号确定的。

为了削减偶然误差对水平角观测的影响，从而提高测角精度，观测时应有足够的测回数。方向观测法的观测测回数，是根据测角网的等级和所用仪器的类型确定的，如表 2-29 所示。

表 2-29 方向观测法的观测测回数

仪器	二等	三等	四等
	测回数		
DJ_1	15	9	6
DJ_2		12	9

(3) 一测回观测程序

① 盘左:望远镜照准零方向目标,按度盘位置表对好度盘和测微器。

② 顺时针方向旋转照准部 1～2 周后,精确照准零目标方向进行水平方向读数(重合对径分划线 2 次,读数 2 次)。

③ 顺时针方向旋转照准部,依次精确照准 2,3,4,…,n 方向目标,并按②进行读数,最后闭合至零方向进行观测。至此,完成了上半测回的观测。

④ 纵转望远镜,盘右,逆时针方向旋转照准部 1～2 周后,精确照准零方向,按②进行读数。

⑤ 逆时针方向旋转照准部,按上半测回的相反次序依次对各目标观测至零方向。至此,完成了一个测回观测。

五、注意事项

(1) 当需要用测回法测某角 n 个测回时,为了减小度盘刻划误差的影响,各测回之间要变换度盘的起始位置。

(2) 无论是正镜观测还是倒镜观测,水平角的角值始终是瞄准右目标时的水平度盘读数减去瞄准左目标时的水平度盘读数,不够减时,右目标读数加上 360°。

六、成果上交

每名学生上交水平角方向观测法记录表(表 2-30)及实验报告。

表 2-30　水平角方向观测法记录表

日　期:____年____月____日　　天　气:________　　仪器型号:________　　组号:______

观测者:________________　　记录者:________________　　立测杆者:________________

测站	测回	目标	水平度盘读数		2C	平均读数	一测回归零方向值	各测回平均方向值	角值
			盘左	盘右					
			° ′ ″	° ′ ″	″	° ′ ″	° ′ ″	° ′ ″	° ′ ″

续表2-30

测站	测回	目标	水平度盘读数		2C	平均读数	一测回归零方向值	各测回平均方向值	角值
			盘左	盘右					
			° ′ ″	° ′ ″	″	° ′ ″	° ′ ″	° ′ ″	° ′ ″

任务3　垂直角观测与三角高程测量

一、任务目的与要求

1. 掌握垂直角观测的方法。

2. 掌握三角高程的测量方法及计算。

二、任务内容

垂直角观测与三角高程测量。

三、任务仪器及工具

精密经纬仪、脚架、测钎。

四、任务步骤安排

1. 垂直角观测

① 在实验场地的控制点上安置仪器，同时量取仪器高。

② 首先打开自动补偿器锁紧手轮，盘左位置用水平丝上丝照准目标，一般是精确照准觇标的顶部，进行垂直度盘读数，得上丝盘左读数 $L_{上}$，转动竖直微动螺旋，用中丝照准觇标的顶部，进行垂直度盘读数，得中丝盘左读数 $L_{中}$，再转动垂直微动螺旋，用下丝照准觇标的顶部，进行垂直度盘读数，得下丝盘左读数 $L_{下}$。

③ 纵转望远镜，用盘右位置按上、中、下方法照准读数，但要按下、中、上的次序记录。

每次照准目标需用测微轮重合两次读数，读数记入观测手簿后，根据垂直角（天顶距）和指标差公式进行计算，以指标差互差变动范围来衡量观测精度，并满足规范中相应的限差规定。

2. 垂直角指标差计算

① 在实验场地安置经纬仪，进行对中、整平，每人选一个目标。转动望远镜，观察竖盘读数的变化规律，写出竖直角及竖盘指标差的计算公式。

② 盘左：瞄准目标，用十字丝横丝切于目标顶端，转动竖盘指标水准管微动螺旋，使指标水准管气泡居中，读取竖盘读数 L，计算竖直角 α_L，记入实验报告。

③ 盘右：依同法观测并读取竖盘读数 R，计算竖直角值 α_R，记入实验报告。

④ 计算一测回竖盘指标差及竖直角平均值。其公式如下：

竖直角公式

$$\alpha=\frac{1}{2}(\alpha_L+\alpha_R) \tag{2-17}$$

竖盘指标差公式

$$\chi=\frac{1}{2}(\alpha_R-\alpha_L) \tag{2-18}$$

3. 三角高程测量

三角高程测量如图 2-32 所示。

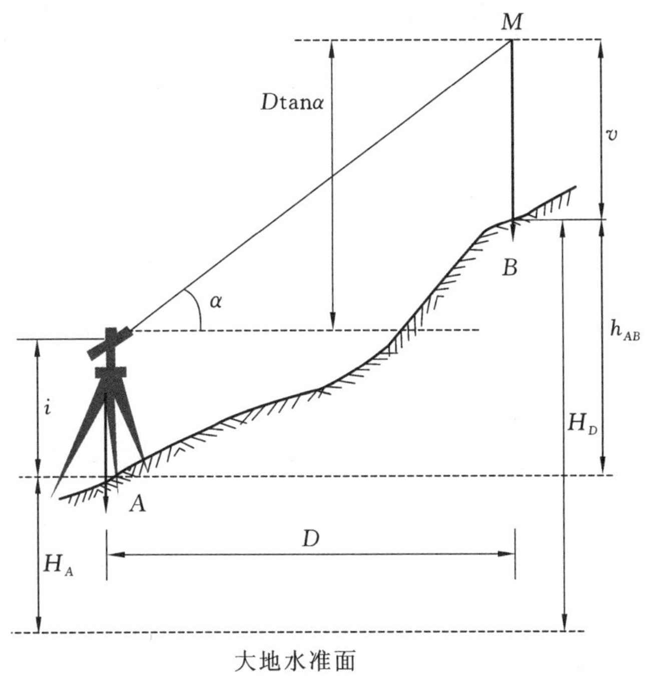

图 2-32　三角高程测量

已知点 A 的高程为 H_A，B 为待定点，待求高程为 H_B。在点 A 安置经纬仪，照准点 B 目标顶端 M，测得竖直角 α。量取仪器高 i 和目标高 v。如果测得仪器高点和目标高点之间距离为 D'，则 A、B 点的高差 $h_{AB}=D'\sin\alpha+i-v$。

如果测得 A、B 点的水平距离 D，则高差 $h_{AB}=D\tan\alpha+i-v$，B 点高程为 $H_B=H_A+h_{AB}$。

五、注意事项

(1) 垂直角观测遵守相关技术要求和规定。

(2) 三角高程测量是根据两点间水平距离与测定的竖直角来计算高差的。边长超过一定距离(如 300 m)时，应加两差改正数(即地球曲率差改正与大气折光差改正)，为提高观测高差的精度，宜采用对向观测。

六、成果上交

每名学生上交三角高程计算表(表 2-31)及实验报告。

表 2-31　三角高程计算表

仪器型号：__________　　测量时间：__________　　天气：__________　　编号：__________

起算点										起算点高程/m				
测站	测回	盘位	目标	竖盘读数 ° ′ ″	半测回竖直角 ° ′ ″	一测回竖直角均值 ° ′ ″	各测回竖直角均值 ° ′ ″	仪器高度/m	棱镜高度/m	水平距离/m	平均距离/m	一测站平均高差/m	各测站平均高差/m	高程/m
		左												
		右												
		左												
		右												
		左												
		右												
		左												
		右												

任务 4　大地测量学基础综合实习

一、任务目的与要求

大地测量学基础综合实习是测绘工程技术专业锻炼学生动手能力的一个重要环节，其目的在于使学生了解控制测量学基本知识和掌握工程中涉及的一般测量方法，理论联系实际，锻炼学生的动手能力和实际问题的解决能力，提高学生参加“测绘之星”精密水准测量比赛项目的热情和参赛水平，为测绘工程技术专业学生以后的专业学习做好准备。

二、任务内容

1. 对校内测区布设的水准点进行二等外业水准测量。
2. 对观测数据进行现场误差配赋及高程计算。
3. 精密水准测量。

三、任务仪器及工具

数字水准仪、条码尺。

四、任务步骤安排

1. 实习任务安排

实习前，布置任务并对学生进行动员，将学生分组，实习按小组进行。学生应明确控制测量学实习的目的与任务，学习和讨论实习大纲相关内容，了解控制测量学实习的相关规范和基本要求，熟悉精密水准测量竞赛规则和比赛细则。在实习过程中，指导教师对各小组进行现场讲解答疑。

2. 精密水准测量

（1）水准路线

水准路线为附合水准路线，中间三处设待定点。每组将指定已知点、待定点组合成本组的水准路线。完成二等水准测量，现场完成高程误差配赋计算，并填写高程点成果表。

（2）过程要求

① 测站视线长度、前后视距差及其累积差、视线高度和水准仪重复测量次数等符合表 2-32的规定。

表 2-32　二等水准测量技术要求

视线长度/m	前后视距差/m	前后视距累积差/m	视线高度/m	两次读数所得高差之差/mm	水准仪重复测量次数	测段、环线闭合差/mm
≥3 且≤50	≤1.5	≤6.0	≤2.80 且≥0.55	≤0.6	≥2 次	≤$4\sqrt{L}$

注：表中 L 为路线的总长度，以 km 为单位。

② 记录及计算一律使用铅笔填写，记录完整。

③ 记录的数字与文字力求清晰、整洁，不得潦草。按测量顺序记录，不空栏、不空页、不撕页，不得转抄成果，不得涂改，不得用橡皮擦、刀片刮。记录格式示例如表 2-33 所示。

表 2-33　二等水准测量手簿示例

<table>
<tr><th rowspan="2">测站编号</th><th>后距</th><th>前距</th><th rowspan="2">方向及尺号</th><th colspan="2">标尺读数</th><th rowspan="2">两次读数之差</th><th rowspan="2">备注</th></tr>
<tr><th>视距差</th><th>累积视距差</th><th>第一次读数</th><th>第二次读数</th></tr>
<tr><td rowspan="4">1</td><td rowspan="2">31.5</td><td rowspan="2">31.6</td><td>后 B1</td><td>153959</td><td>153958</td><td>+1</td><td rowspan="4"></td></tr>
<tr><td>前</td><td>139260</td><td>139260</td><td>0</td></tr>
<tr><td rowspan="2">−0.1</td><td rowspan="2">−0.1</td><td>后−前</td><td>+14699</td><td>+14698</td><td>+1</td></tr>
<tr><td>h</td><td colspan="2">+0.14698</td><td></td></tr>
<tr><td rowspan="4">2</td><td rowspan="2">36.9</td><td rowspan="2">37.2</td><td>后</td><td>137400</td><td>137401
~~137341~~</td><td>−1</td><td rowspan="4">测错</td></tr>
<tr><td>前</td><td>114414</td><td>114414</td><td>0</td></tr>
<tr><td rowspan="2">−0.3</td><td rowspan="2">−0.4</td><td>后−前</td><td>+22986</td><td>+22987</td><td>−1</td></tr>
<tr><td>h</td><td colspan="2">+0.22986</td><td></td></tr>
</table>

续表2-33

测站编号	后距	前距	方向及尺号	标尺读数		两次读数之差	备注
	视距差	累积视距差		第一次读数	第二次读数		
3	41.5	41.4	后	113906	143906	0	
			前	109260	139260	0	
	+0.1	−0.3	后—前	+4646	+4646	0	
			h	+0.04646			
4	46.9	46.5	后	139401	139400	+1	超限
			前 B2	144250	144140	+110	
	+0.4	+0.1	后—前	−4849	−4740		
			h				
4	46.9	46.5	后	139401	139400	+1	重测
			前 B2	144141	144140	+1	
	+0.4	+0.1	后—前	−4740	−4740	0	
			h	−0.04740			

④ 水准路线采用单程观测，每测站读两次高差，奇数站观测水准尺的顺序为“后—前—前—后”，偶数站观测水准尺的顺序为“前—后—后—前”。

⑤ 标尺两次读数不设限差，但两次读数所测高差之差应满足《二等水准测量设计及技术要求》规定。

⑥ 观测记录的错误数字与文字应用单横线正规画去，在其上方写上正确的数字与文字，并在“备注”栏注明原因，如“测错”或“记错”，计算错误则不必注明原因。

⑦ 因测站观测误差超限，在本站检查发现后可立即重测(在“备注”栏注明“重测”)，重测必须变换仪器高。若迁站后才发现，应退回到本测段的起点重测。

⑧ 无论何种原因使尺垫移动或翻动，应退回到本测段的起点重测。

⑨ 超限成果应当正规画去，超限重测的应在“备注”栏注明“超限”。

⑩ 水准路线各测段的测站数必须为偶数。测站的记录和计算全部完成后方可迁站。

(3) 平差计算及成果上交

① 观测结束后，先将仪器脚架等设备收好。

② 每组学生完成外业观测后，在现场完成高程误差配赋计算。

③ 高程误差配赋计算，按照测绘规定的“4 舍 6 进、5 看奇偶”取舍原则，距离取位到 0.1 m，高差及其改正数取位到 0.00001 m，高程取位到 0.001 m。表中必须写出闭合差和闭合差允许值，计算格式示例见表 2-34。

表 2-34　高程误差配赋表示例

点名	距离/m	观测高差/m	改正数/m	改正后高差/m	高程/m
BM1					182.034
	435.1	0.12460	−0.00120	0.12340	
B1					182.157
	450.3	−0.01150	−0.00120	−0.01270	
B2					182.144
	409.6	0.02380	−0.00110	0.02270	
B3					182.167
	607.0	−0.13170	−0.00170	−0.13340	
BM5					182.034
$\sum$	1902.0	+0.00520	−0.00520	0	
$W=+5.3$ mm			$W_{允}=\pm 5.5$ mm		

说明:平差计算表中数字与文字力求清晰、整洁,不得潦草;可以用橡皮擦,但必须保持整洁,不得画改。

④ 填写高程点成果表。

⑤ 上交成果。上交成果包括观测手簿、高程误差配赋表和高程点成果表。

⑥ 上交成果同时计时结束。

五、注意事项

(1) 严格按照《实习教学大纲》要求,认真完成实习教学内容,听从指导教师的安排和指导,积极参加各项活动,按质、按量、按时完成各项实习任务。

(2) 实习期间,要严格遵守作息制度,不得迟到、早退或中途离开。有事必须向指导教师请假,未经同意,不得擅自离开。

(3) 增强安全防范意识,提高自我保护能力,注意人身安全和财物安全,防止各种事故发生。指导教师和学生要互相留下联系方式,以便及时联系。

(4) 因病、因故不能参加实习的同学,要有医院证明或者书面陈述报告,向学院办理请假手续。实习期间请假的,应经指导教师同意,未经批准,不得擅自离开实习基地,否则按无故缺课处理。

六、成果上交

每名学生上交一份实习报告。

模块四　工程测量学实习

任务1　点的平面位置测设

一、任务目的与要求

1. 掌握平面坐标的平面位置放样元素的计算方法。
2. 掌握建筑物平面位置极坐标法放样的基本方法。

二、任务内容

通过分组方式进行，每组4人，其中1人记录，1人操作仪器，2人定向并标记，完成一组测设，4人进行轮换操作，练习平面坐标位置标定。

三、任务仪器及工具

在开阔的地方选取间隔为30 m的两点 A 和 B，在地面点位打木桩(水泥地面也可以用红油漆进行标记)，以 AB 连线方向为测设角度已知方向。

需要仪器：经纬仪1套，钢尺1套，全站仪1套，记录板及记录纸若干，小锤1把，木桩若干(油漆若干)。

四、任务步骤安排

1. 经纬仪极坐标测设

设欲测设的水平角为 β，水平距离为 D。在 A 点安置经纬仪，盘左照准 B 点，置水平度盘为 $0°00'00''$，然后转动照准部，使度盘读数为准确的 β 角。在此视线方向上，以 A 点为起点，用钢尺量取预定的水平距离 D，定出一点为 P'。在盘右同样测设水平角 β 和水平距离 D，再定出一点 P''。若 P'、P''不重合，取点位 P，并在点位上打木桩，桩顶钉上小钉标出其位置，即为按规定角度和距离测设的点位。最后，以点位 P 为准，检核多测角度和距离，若在限差范围内，则符合要求。

测设数据：假设控制边 AB 起点 A 的坐标为 $X=60.70$ m，$Y=705.00$ m，控制边方位角 $\alpha_{AB}=90°$，已知建筑物轴线上点 $P1$、$P2$ 设计坐标为 $X_1=71.70$ m，$Y_1=70.50$ m，$X_2=71.70$ m，$Y_2=85.70$ m。

2. 全站仪测设

(1) 将已知点 AB 和放样点 P 的坐标输入到全站仪对应的作业中，每输入一个坐标都必须检查核对无误后，再按回车确定。

(2) 然后在已知点 A 上安置全站仪，在放样菜单中以点 A 作为测站进行测站设置，照准已知点 B 进行定向设置，完成后进行放样。

(3) 首先输入放样点点号 B 点角度键，显示为 0°00′00″，然后照准反光镜中心，点距离键进行测距，模式为精测，放样距离误差 dS 小于 3 mm，开始下一步。该步骤为测站定向检查。

(4) 输入放样点点号 P 点角度键，显示旋转照准部，使角度为 0°00′00″，即为 P 点方向，指挥反光镜移至方向线上，对中杆气泡居中，然后照准反光镜，点距离键进行测距，模式为跟踪。指挥反光镜前后移动几次，同时顾及方向正确。采用精测模式至 dS 小于 0 mm 为止，标定出 P 点。

五、注意事项

(1) 做好测设前的准备工作，正确计算测设数据。

(2) 测设水平角时，注意对中、整平，精确照准起始方向后度盘配置为 0°00′00″。

(3) 量距时，注意钢尺的刻画注记规律，看清零点位置。

(4) 确定点的平面位置时既要注意测设水平角的方向，又要注意量距精确，否则都将影响点的平面位置。

六、成果上交

完成点的坐标放样，并完成表 2-35。

表 2-35　点的平面位置测设

已知点坐标			待测设点坐标			测设数据				
点名	X/m	Y/m	点名	X/m	Y/m	边名	平距/m	坐标方位角 °　′　″	角名	水平角 °　′　″

任务 2　点的高程测设

一、任务目的与要求

1. 掌握高程放样的原理。
2. 掌握利用水准仪进行高程放样的方法。

二、任务内容

通过分组方式进行，每组 4 人，其中 1 人记录，1 人操作仪器，1 人立尺，1 人定点标记，完成一点测设后，4 人进行轮换操作，练习点的高程放样。

三、任务仪器及工具

水准仪、水准尺、木桩、红蓝铅笔等。

四、任务步骤安排

1. 高程放样原理

如图 2-33 所示，设已知 A 点的高程为 H_A，B 点的设计高程为 H_B。

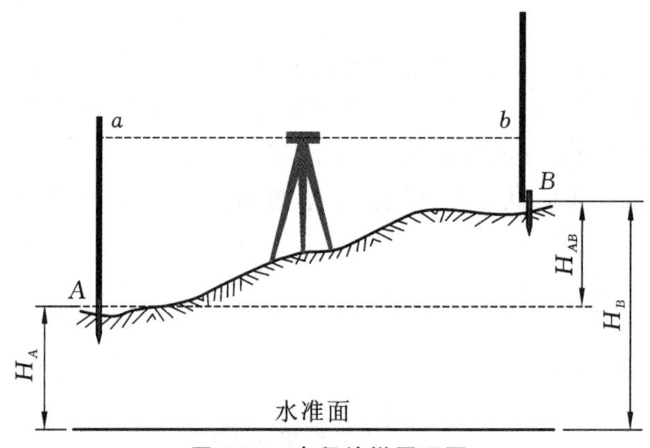

图 2-33　高程放样原理图

将水准仪置于两点之间，A 点水准尺读数为 a，B 点水准尺读数为 b，则有：

$$H_A + a = H_B + b \tag{2-19}$$

式中　H_A、H_B——已知高程，m；

a——已知高程 A 点上水准尺读数。

如果想要得到 B 点的正确高程，只需要求得 B 点水准尺的读数，就可以得到 B 点的设计高程，即

$$b = H_A + a - H_B \tag{2-20}$$

计算出 B 点水准尺的正确读数，使水准尺靠到 B 点的木桩或墙面上，上下移动，当读数等于 b 时，水准尺零点的位置即为 B 点的放样高程位置。

2. 具体步骤

(1) 在被放样高程点 B 与已知高程点 A 的中间位置，安置水准仪。

(2) A 点上立水准尺，读数为 a，计算 B 点水准尺读数 b。

(3) B 点钉木桩，水准尺靠到木桩边缘上下缓慢移动，当 B 点水准尺读数等于 b 时，与水准尺零点水平对齐，在木桩上做出水平标记，则该标记就是设计高程 H_B。

五、注意事项

(1) 放样前应仔细检校水准仪和水准尺。

(2) 放样时尽可能使前后视距相等。

(3) 放样后可按水准测量的方法观测已知点与放样点之间的实际高差，并以此对放样点进行检核和必要的归化改正。

六、成果上交

完成点的高程放样，并完成表 2-36。

表 2-36　放样及检核数据计算表

类别	A 已知高程	B 设计高程	后视读数 a	前视应读数 b	备注
放样参数计算	(1)	(2)	(3)	(4)	(4)=(1)+(3)-(2)
放样检核	放样点号	a 尺读数	b 尺读数	检核高程	$(4)=H_A+(2)-(3)$
	(1)	(2)	(3)	(4)	

任务 3　建筑基线的定位

一、任务目的与要求

掌握建筑物定位轴线放样的基本方法。

二、任务内容

在平坦的地面上选定相邻 40～50 m 的 A、B_1 两点，打下木桩。自 A 点起沿 AB_1 方向用钢尺往返量取 AB 距离，AB 距离由给定坐标求出，要求距离相对误差不大于 1/3000，并且在 B 点做记号标记出来。

以 AB 平行方向为横轴建立独立坐标系，其中 A、B 点坐标为已知值，以此为测量控制点。现设计一建筑物，其轴线为 $CDEF$，C、D 点的设计坐标已给出，DE 的设计距离由坐标求出[D(115.667，122.968)，E(125.215，119.020)]，现要测设建筑物轴线点，并在地面标定。

要求以极坐标法进行放样。设 A 点高程为 $H=10.000$ m，欲在轴线点 C 上测设出高程 $H_C=12.500$ m。建筑基线测设示意图如图 2-34 所示，图中 $\angle CAB=\alpha$，$\angle ABD=\beta$，$AC=d_1$，$BD=d_2$。

已知点坐标如表 2-37 所示。

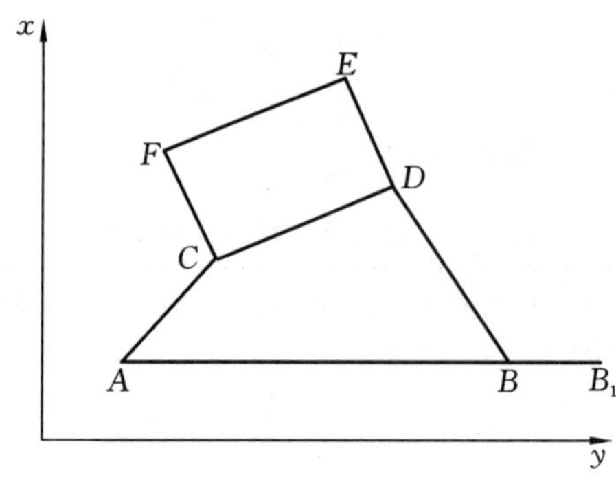

图 2-34 建筑基线测设示意图

表 2-37 测设已知数据和设计坐标

已知点坐标/m			设计坐标/m		
点号	x	y	点号	x	y
A	100.000	100.000	C	109.217	107.368
B	100.000	135.332	D	115.667	122.968
			F	118.766	103.420

三、任务仪器及工具

经纬仪、钢尺、水准仪、水准尺、木桩、红蓝铅笔等。

四、任务步骤安排

1. 测设数据计算

如图 2-34 所示，在 A 点设站，用极坐标法测设 C 点的放样数据为 d_1 和 α；同理，在 B 点设站放样，D 点的放样数据为 d_2 和 β。

$$d_1=\sqrt{(x_C-x_A)^2+(y_C-y_A)^2}=\sqrt{\Delta x_{AC}^2+\Delta y_{AC}^2} \tag{2-21}$$

$$\alpha=\alpha_{AB}-\alpha_{AC}=90°-\arctan\frac{y_C-y_A}{x_C-x_A}=90°-\arctan\frac{\Delta y_{AC}}{\Delta x_{AC}} \tag{2-22}$$

$$d_2=\sqrt{(x_D-x_B)^2+(y_D-y_B)^2}=\sqrt{\Delta x^2{}_{BD}+\Delta y^2{}_{BD}} \tag{2-23}$$

$$\beta=\beta_{BD}-\beta_{BA}=90°-\arctan\frac{y_D-y_B}{x_D-x_B}=90°-\arctan\frac{\Delta y_{BD}}{\Delta x_{BD}} \tag{2-24}$$

上述计算中，已知 Δx_{AC}、Δy_{AC} 求 d_1、α_{AC}，已知 Δx_{BD}、Δy_{BD} 求 d_2、β_{BD}，为坐标反算，可利用计算器的直角坐标转化为极坐标的功能进行计算。

2. 轴线放样

① 在 A 点安置经纬仪，盘左瞄准 B 点，将水平度盘读数配置为测设角度 α，逆时针旋转照准部，当水平度盘读数约为 0°时制动照准部，转动照准部微动螺旋，使水平度盘读数为 0°00′00″，在地面视线方向上定出 C' 点。然后从 A 点在 AC' 方向上用钢尺量平距 d，并标记该点。再在木桩上重新测设角度 α 和平距 d_1，得 C' 点；同理，盘左测设角度 α 和平距 d 得 C''

点，C'点和C''点的距离小于要求距离，则取$C'C''$的中点C的测设位置。

② 在B点设站，以同样方法测设出D点。但是这里测设β角时，应先瞄准A点，将水平度盘配置为0°00′00″，再顺时针转到β角时即为测设方向。

③ 用钢尺往返丈量CD，丈量值与设计值的相对误差应小于1/3000。若满足精度要求，调整C、D点位置，使其等于设计值。

④ 在C点设站，测设直角，在直角方向上测设CF距离，得到F点。

⑤ 在D点设站，测设直角，在直角方向上测设DE距离，得到E点。

3. 高程测设

在A、C点中间安置水准仪，读取A点的后视读数a，同时求出C点前视读数b为

$$b=H_A+a-H_C \tag{2-25}$$

将水准尺紧贴C点木桩上下移动，直至前视读数为b时，沿尺底面在木桩上画线，则画线位置即为高程测设位置。

将水准尺底面置于画线处设计高程位置，测量A、C两点之间高差h'_{AC}，与设计高差$h_{AC}=H_C-H_A$比较，其差值应在±8 mm范围内。

4. 限差要求

测距相对误差不大于1/3000，测角中误差不超过±30″，高程放样误差不超过+8 mm。

五、注意事项

(1) 放样数据应在实验前事先算好，检核无误后方可放样。

(2) 放样过程中，每一步均须检核，未经检核的，不得进行下一步的操作。

六、成果上交

完成建筑基线的定位相关报告，并上交。

任务4　圆曲线的详细测设

一、任务目的与要求

1. 熟练掌握圆曲线各元素计算方法。
2. 掌握各主点里程推算方法及主点测设方法。
3. 掌握用偏角法及切线支距法详细测设圆曲线的方法。

二、任务内容

1. 根据指定的数据计算测设要素和主点里程。
2. 测设圆曲线主点。
3. 采用偏角法或切线支距法进行圆曲线详细测设。

三、任务仪器及工具

经纬仪、钢尺、测钎、红蓝铅笔等。

四、任务步骤安排

1. 测设数据的准备

如果已知转向角 α 和圆曲线半径 R，圆曲线要素的计算公式如下：

切线长

$$T=R\times\tan\frac{\alpha}{2} \tag{2-26}$$

曲线长

$$L=\frac{\pi}{180°}\alpha R \tag{2-27}$$

外矢距

$$E=R\left(\sec\frac{\alpha}{2}-1\right) \tag{2-28}$$

切曲差

$$q=2T-L \tag{2-29}$$

圆曲线主点桩号的计算及检核如下：

$$ZY_{桩号}=JD_{桩号}-T \tag{2-30}$$

$$QZ_{桩号}=ZY_{桩号}+L/2 \tag{2-31}$$

$$YZ_{桩号}=QZ_{桩号}+L/2=ZY_{桩号}+L \tag{2-32}$$

$$YZ_{桩号}=JD_{桩号}+T-q(检核) \tag{2-33}$$

2. 主点测设

测设主点时，在转向点 JD 安置经纬仪，依次瞄准两切线方向，沿切线方向丈量切线长 T，标定曲线的起点 ZY 和终点 YZ。然后再照准 ZY 点，测设角$(180°-\alpha)/2$，得分角线方向为 D 至 QZ，沿此方向丈量外矢距 E，即得圆曲线中点 QZ。

3. 偏角法进行圆曲线的详细测设

偏角法示意如图 2-35 所示。偏角法是利用曲线起点（或终点）的切线与某一段弦长 c_i 来

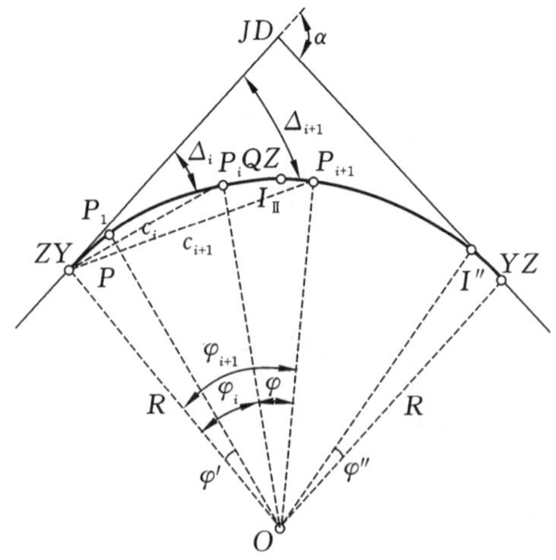

图 2-35　偏角法

确定 P_i 点位置的一种方法，其特点是测点误差不积累。宜以 QZ 为界，将曲线分为两部分进行测设。

$$\Delta_i = \frac{\varphi_i}{2} = \frac{l_i 90^\circ}{R\pi} \tag{2-34}$$

$$c_i = 2R\sin\Delta_i \tag{2-35}$$

式中　l_i——i 至 ZY 点或 YZ 点的弧长；

φ_i——l_i 所对应的圆心角。

步骤：首先按公式计算曲线上各点至 ZY 或 YZ 的弦长 c_i 及与切线的偏角 Δ_i，再分别架设仪器于 ZY 或 YZ 点，照准 JD 方向，使水平度盘读数为 0°00′00″，然后拨角 Δ_i，量边 c_i。

需要注意的是，拨角分为正拨和反拨。正拨：偏角增加的方向与水平度盘读数增加方向一致，即顺时针方向旋转拨角。反拨：偏角增加的方向与水平度盘读数增加方向相反，即逆时针方向旋转拨角。若切线方向的水平度盘读数为 0°00′00″，正拨为度盘读数＝偏角值，反拨为度盘读数＝360°－偏角值。

4. 切线支距法进行圆曲线详细测设

如图 2-36 所示，切线支距法是以 ZY 或 YZ 为坐标原点，切线为 X 轴，过原点的半径为 Y 轴，建立坐标系。其中，X 轴指向 JD，Y 轴指向圆心 O。根据曲线上各点 (x,y) 测设曲线。该方法适用于地势较平坦的地区，优点为各桩的测设相互独立，不累计误差。i 为曲线上欲测设的点位，其坐标计算如下：

$$x_i = R\sin\varphi_i \tag{2-36}$$

$$y_i = R(1-\cos\varphi_i) \tag{2-37}$$

$$\varphi_i = \frac{l_i}{R} \times \frac{180^\circ}{\pi} \tag{2-38}$$

式中　l_i——i 至 ZY 点或 YZ 点的弧长；

R——圆曲线半径；

φ_i——l_i 所对应的圆心角。

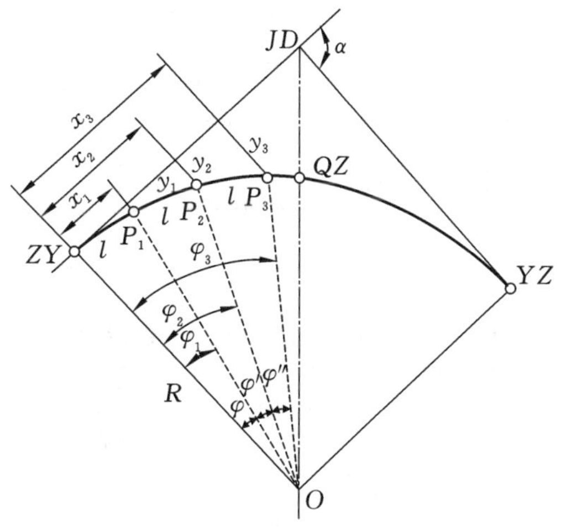

图 2-36　切线支距法

为了保证测设的精度，避免 y 值过长，曲线分两部分测设，即由曲线的起点和终点向中间点各测设曲线的一半，具体步骤为：

① 根据曲线桩的详细计算资料，用钢尺从 ZY 点（或 YZ 点）向 JD 方向量取 x_1、x_2 等距离，得垂足点，并做好标记。

② 在各垂足点处，依次利用经纬仪定出 ZY 点（或 YZ 点）切线的垂线，分别沿垂线方向量取等纵距，即得曲线上各桩点 i。

③ 用上述方法测定各桩后，丈量各桩之间的弦长并进行校核。如超过限差，应查明原因，并重新测设。

5. 限差要求

对于平原或微丘地区的高速公路，一、二级公路，纵向相对闭合差≤1/2000，横向闭合差≤±0.1 m，角度闭合差≤60″；若闭合差超限，则重新测设。对于重丘或山岭地区的高速公路，一、二级公路，纵向相对闭合差可适当放宽至1/1000。

五、注意事项

(1) 偏角法测设时，注意偏角的拨转方向及水平度盘读数。

(2) 切线支距法测设曲线时，为了避免支距过长，一般以 QZ 为中点，两边建立独立坐标系，由 ZY 点或 YZ 点分别向 QZ 点施测。

(3) 切线支距法适用于平坦地区曲线测设，若地势起伏较大则不适用。

六、成果上交

完成曲线测设，并完成表2-38至表2-40。

已知数据：$JD_{里程}$＝________；路线转角 α＝________；圆曲线半径 R＝________；路线转向＝ ________（左、右）。

表2-38 曲线测设元素及主点里程桩号计算表

$T=$	$ZY_{里程}=JD_{里程}-T=$	草图
$L=$	$YZ_{里程}=ZY_{里程}+L=$	
$E=$	$QZ_{里程}=YZ_{里程}-L/2=$	
$D=$	$JD_{里程}=QZ_{里程}+D/2$	
$L/2$	$(180°-\alpha)/2=$	

表2-39 偏角法测设圆曲线数据计算表

曲线里程桩号	相邻桩号 弧长 l/m	偏角 Δ ° ′ ″	置镜点至测设点 的曲线长 C/m	相邻桩点 弦长 c/m

续表2-39

曲线里程桩号	相邻桩号 弧长 l/m	偏角 Δ ° ′ ″	置镜点至测设点 的曲线长 C/m	相邻桩点 弦长 c/m

表 2-40　切线支距法测设圆曲线数据计算表

里程桩号	各桩至 ZY 或 YZ 的弧长 l_i/m	圆心角 φ_i ° ′ ″	切线支距坐标	
			x/m	y/m

任务5　全站仪极坐标法圆曲线测设

一、任务目的与要求

掌握全站仪极坐标法进行圆曲线测设的一般作业步骤。

二、任务内容

选定某一圆曲线，其交点 JD 里程、坐标、偏角和半径均已知，采用全站仪极坐标法测设圆曲线主点和详细测设圆曲线，圆曲线上每 20 m 测设整桩，且采用整号法定桩，整百米处加设百米桩。

三、任务仪器及工具

全站仪、测钎、钢尺、红蓝记号笔。

四、任务步骤安排

1. 测设数据的准备

圆曲线测设要素以及主点里程的计算与偏角法相同，其他测设数据包括：

① 圆曲线起点 ZY 坐标计算

$$x_{ZY}=x_{JD}+T\cos(A+180^\circ) \tag{2-39}$$

$$y_{ZY}=y_{JD}+T\sin(A+180^\circ) \tag{2-40}$$

式中 x_{JD}、y_{JD}——JD 坐标；

x_{ZY}、y_{ZY}——ZY 坐标；

A——ZY 至 JD 的坐标方位角。

② 圆曲线上任意桩号 P 点坐标计算

$$X_P=X_{ZY}+\Delta X=X_{ZY}+2R\sin\left(\frac{90^\circ l}{\pi R}\right)\cos\left(A+\delta\,\frac{90^\circ l}{\pi R}\right) \tag{2-41}$$

$$Y_P=Y_{ZY}+\Delta Y=Y_{ZY}+2R\sin\left(\frac{90^\circ l}{\pi R}\right)\cos\left(A+\delta\,\frac{90^\circ l}{\pi R}\right) \tag{2-42}$$

式中 l——P 点到 ZY 点的距离，$l=P$ 点桩号$-ZY$ 点桩号；

δ——转角的符号常数，左转为“$-$”，右转为“$+$”。

检查内业计算的主点及相关测设数据是否齐全，然后将测设数据通过通信电缆导入全站仪内存中。

开阔的地方根据现场情况选定 JD 及后视方向，JD 处架设全站仪，在选定的切线方向上测距 T 得 ZY 点，后视 ZY 点拨角 $180^\circ\pm\alpha$，测距 T 得 YZ 点，在分角线方向量取外矢距 E，得 QZ 点。在 JD、ZY、YZ、QZ 点做标记，作为测设控制点使用。

2. 坐标法测设曲线中线桩

① 选择测站点（JD、ZY、YZ、QZ 中的任一点），在测站点上架设全站仪，进入平面放样模式，输入测站点号或坐标。

② 选择后视点（JD、ZY、YZ、QZ 中除测站点之外的点），输入后视点的点号或坐标，按提示完成定向。

③ 输入待放样点的点号或坐标，全站仪自动计算并显示放样元素。

④ 转动照准部到水平角 β，在该方向上约 D 处设置棱镜。

⑤ 照准棱镜，可得棱镜点实际位置与待测设点理论位置在 x、y 方向上的差值。

⑥ 按提示移动棱镜，重复第⑤步操作，直至棱镜点实际位置与待测点理论位置在 x、y 方向上的差值满足限差要求位置为止。

⑦ 重复第③～⑥步，测设出其他所有的曲线点。

⑧ 用钢尺检核相邻点间距是否合格。

3. 限差要求

对于平原或微丘地区的高速公路，一、二级公路，中桩位置的测设点位误差$\leqslant\pm 5$ cm，重丘或山岭地区可放宽至 10 cm。

五、注意事项

(1) 注意曲线的转向，以便选取正确的符号函数。
(2) 在某个主点上完成曲线中线桩的测设后，应在其他主点上进行检验。

六、成果上交

完成曲线测设，并完成表 2-41、表 2-42。

已知数据：$JD_{里程}=$________；路线转角 $\alpha=$________；圆曲线半径 $R=$________；路线转向＝________(左、右)。

表 2-41　曲线测设元素及主点里程桩号计算表

$T=$	$ZY_{里程}=JD_{里程}-T=$	草图
$L=$	$YZ_{里程}=ZY_{里程}+L=$	
$E=$	$QZ_{里程}=YZ_{里程}-L/2=$	
$D=$	$JD_{里程}=QZ_{里程}+D/2$	
$L/2$	$(180°-\alpha)/2=$	

表 2-42　主点坐标

主点	X/m	Y/m
ZY		
YZ		
QZ		

任务 6　缓和曲线测设

一、任务目的与要求

1. 掌握缓和曲线偏角法放样。
2. 掌握缓和曲线极坐标法放样。

二、任务内容

1. 掌握缓和曲线测设方法。
2. 掌握缓和曲线放样元素计算方法。
3. 4 人一组进行分组实验，1 人操作仪器，1 人记录，2 人分别定向和标定曲线放样元素，进行组内轮换练习。

三、任务仪器及工具

全站仪 1 台，棱镜对中杆 1 组，卷尺 1 把，锤子 1 把，木桩若干，钉子若干，测钎若干。

四、任务步骤安排

1. 偏角法放样缓和曲线

(1) 缓和曲线段放样

偏角法测设缓和曲线如图 2-37 所示。

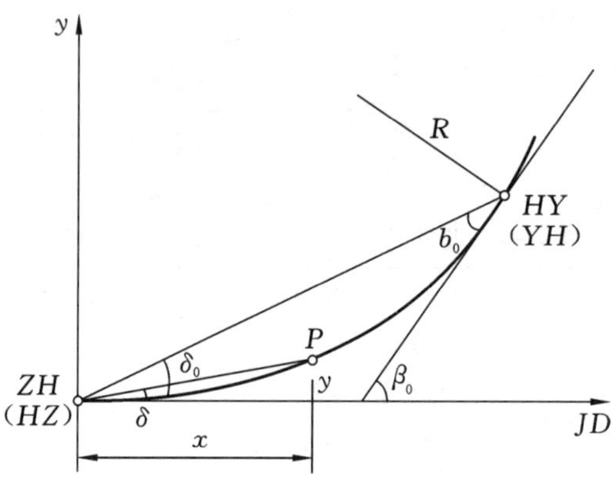

图 2-37 偏角法测设缓和曲线

对任意给定的缓和曲线长度 l,可以按照公式计算偏离直缓点 ZH 至交点 JD 方向线的偏角 δ。

$$\delta=\frac{l^2}{6Rl_S} \tag{2-43}$$

对应的弦长 c 按照下式计算:

$$c=l-\frac{l^5}{90R2l_S^2} \tag{2-44}$$

缓圆点 HY 偏角 δ_0 按照下面公式计算:

$$\delta_0=\frac{1}{3}\beta_0 \tag{2-45}$$

即缓圆点对应的偏角为缓和曲线角的 1/3。

(2) 圆曲线段的放样数据计算

圆曲线部分测设如图 2-38 所示。

圆曲线上点相对于坐标原点为 ZH 点或 HZ 点,则圆曲线上点的坐标为

$$\left.\begin{aligned} x&=R\sin\varphi+q \\ y&=R(1-\cos\varphi)+p \end{aligned}\right\} \tag{2-46}$$

其中,q 为切向增长值,p 为内移值,$\varphi=\frac{1}{R}-\beta_0=\frac{2l-l_S}{2R}$,$l$ 为 ZH 的曲线长,包括缓和曲线 l_S 和圆曲线部分。

偏角计算公式为

$$\delta=\arctan\left(\frac{y}{x}\right) \tag{2-47}$$

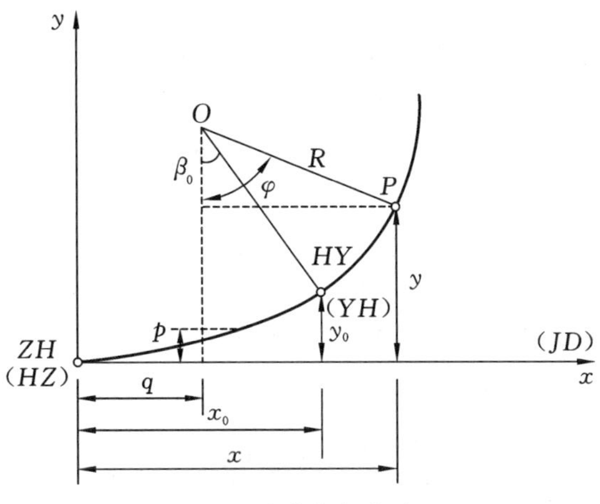

图 2-38　圆曲线部分测设

弦长 c 的计算公式为：

$$c=\sqrt{x^2+y^2} \tag{2-48}$$

(3) 放样过程

① 安置仪器于 ZH 点或 HZ 点上，照准 JD 方向，水平度盘置 0°00′00″。

② 按照表格中偏角 δ 和弦长 c，依次放样缓和曲线上各点。如果旋转水平度盘，水平角由 360°逐渐减小，则利用 360°$-c$ 进行偏角放样。

2. 极坐标放样法

(1) 当已知缓和曲线上点的坐标时，才可以采用极坐标放样法。

(2) 坐标计算方法：当以 ZH 点为原点，切线指向 JD 方向为 x 轴正方向，垂直于 x 轴经过 ZH 点指向缓和曲线圆心方向为 y 轴，如图 2-39 所示。

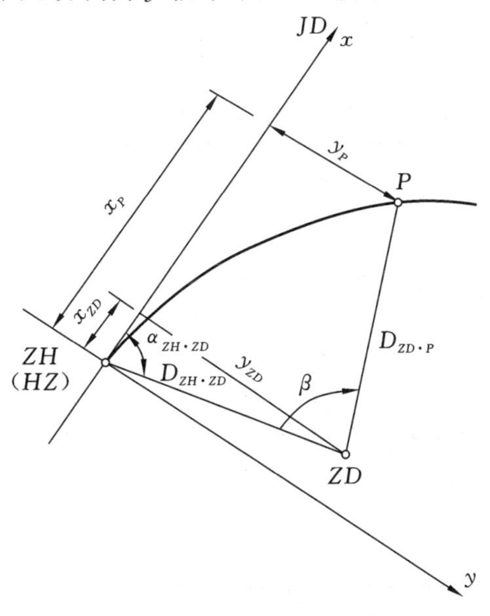

图 2-39　缓和曲线示意图

缓和曲线段坐标

$$\left.\begin{aligned} x &= l - \frac{l^5}{40R^2 l_S^2} \\ y &= \frac{l^3}{6Rl_S} \end{aligned}\right\} \tag{2-49}$$

圆曲线段坐标计算方法同前。

(3) 具体放样参数计算过程

坐标系设定与图 2-39 相同，在 $ZH(HZ)$设站，选择一临时转点 ZD，测量 ZD 的坐标如下：

$$\left.\begin{aligned} x_{ZD} &= D_{ZH \cdot ZD}\cos\alpha_{ZH \cdot ZD} \\ y_{ZD} &= D_{ZH \cdot ZD}\sin\alpha_{ZH \cdot ZD} \end{aligned}\right\} \tag{2-50}$$

然后计算 ZD 至 $ZH(HZ)$的坐标方位角，如下所示：

$$\alpha_{ZD \cdot ZH} = \alpha_{ZH \cdot ZD} \pm 180^\circ \tag{2-51}$$

对于曲线上的任意点 P，通过坐标计算 ZD 至该点的坐标方位角，以 $ZH(HZ)$为起始方向，计算水平夹角 $\beta(0^\circ \leqslant \beta \leqslant 360^\circ)$和距离 $D_{ZD \cdot P}$。

将仪器置于 ZD 点，以 $ZH(HZ)$为极轴，β 为转角，$D_{ZD \cdot P}$ 为极半径，放样 P 点于实地上。实际点位用木桩铁钉标记清楚。

五、注意事项

(1) 计算放样数据时，需要精确到 mm。

(2) 放样结束后需要检查起始方位是否有变化，变化范围是否符合规范要求。

六、成果上交

每组完成曲线放样，并完成表 2-43、表 2-44。

表 2-43　缓和曲线偏角法放样参数计算表

点号	l	δ	c	$360^\circ - c$	备注
					缓和曲线段
					圆曲线段

注：表格不够可以加行。

表 2-44　缓和曲线极坐标法放样参数计算表

<table>
<tr><td rowspan="3">方向
ZH(HZ)</td><td>点号</td><td></td><td rowspan="3">转点
(ZD)</td><td>点号</td><td></td></tr>
<tr><td>x</td><td></td><td>x</td><td></td></tr>
<tr><td>y</td><td></td><td>y</td><td></td></tr>
<tr><td colspan="3">坐标方位角 α_1　ZD→ZH(HZ)</td><td colspan="3"></td></tr>
<tr><td>点号</td><td>x</td><td>y</td><td>坐标方位角 α_2
ZD→P_i</td><td>夹角 β
$\alpha_2-\alpha_1$</td><td>水平距离 D</td></tr>
<tr><td></td><td></td><td></td><td></td><td></td><td></td></tr>
<tr><td></td><td></td><td></td><td></td><td></td><td></td></tr>
<tr><td></td><td></td><td></td><td></td><td></td><td></td></tr>
<tr><td></td><td></td><td></td><td></td><td></td><td></td></tr>
</table>

任务7　全站仪坐标放样

一、任务目的与要求

1. 掌握用全站仪进行极坐标放样的方法。

2. 掌握用全站仪进行坐标放样的方法。

3. 实验中每组 4～6 人。

二、任务内容

1. 掌握全站仪坐标放样方法。

2. 4 人一组进行分组实验，1 人操作仪器，1 人记录，2 人分别定向和标定放样元素，进行组内轮换练习。

三、任务仪器及工具

全站仪 1 台(索佳 SET210K)，反射棱镜 2 套，测伞 1 把，放样数据 1 套，铅笔 1 支，计算器 1 台。

四、任务步骤安排

1. 极坐标法放样

设 A、B 为控制点，P 为欲放样点，已知 AB 与 AP 的水平夹角 $\beta=45°30'30''$，A 点与 P 点的水平距离 $D_{AP}=18.18$ m，实地放样 P 点。

(1) 将仪器置于 A 点，开机、自检，照准另一已知点 B，使水平度盘置零。

(2) 按“FUNC”翻页键，翻到测量模式第三页菜单下，按“放样”键进入放样测量屏幕。

(3) 在“模式”键下选取“距离放样”模式，按“模式”键直至屏幕显示“放样测量 平距”，输入平距 D_{AP}、角度 β，并按“OK”键确认。

(4) 转动照准部，使显示的“水平角差”值为 0，指挥棱镜立到仪器照准方向上。

(5) 照准棱镜后按“观测”键，进行距离测量，使棱镜在照准方向上移动(“＋”表示向测站移动，“－”表示远离测站移动)，直至“放样平距”差值为 0。

(6) 按“ESC”键，返回放样测量屏幕。

2. 坐标法放样

假设 A、B 为控制点，P 为欲放样点，其坐标分别为 $x_A=500.000$ m，$y_A=500.000$ m；$x_B=530.000$ m，$y_B=530.000$ m；$x_P=525.320$ m，$y_P=515.120$ m。

现根据其坐标将 P 点放样到地面上，其放样步骤如下：

(1) 将全站仪安置于测站点 A 上，照准后视方向 B，开机。

(2) 按“FUNC”翻页键，翻到测量模式第三页菜单，按“放样”键进入放样测量屏幕。

(3) 选取测站定向后按“↵”键，选取测站坐标按“↵”键，输入测站数据。

(4) 选取测站定向后按“↵”键，选取后视定向按“↵”键，选取角度定向按“↵”键，输入后视方向的方位角。

(5) 按“ESC”键退回到放样测量屏幕，选取“放样数据”按“↵”键，再按“模式”键直至显示出“放样测量 坐标”，输入放样点 P 的坐标。

(6) 按“模式”键，仪器可根据输入的坐标放样值自动计算出相应的平距和水平角放样值，并按“OK”键确认。

(7) 转动照准部，使显示的“水平角差”值为 0，指挥棱镜立到仪器照准方向上。

(8) 照准棱镜后按“观测”键，进行放样测量，使棱镜在照准方向上移动，直至“放样平距”差值为 0。

(9) 按“ESC”键，返回放样测量屏幕。

五、注意事项

(1) 安置仪器，整平对中后，需要检查后视 B 点的方位、距离是否正确。

(2) P 点放样后，立即重测 P 点坐标，与放样数据比对不得超限±10 mm(限差根据放样内容是不同的，实验中暂定±10 mm)。

六、成果上交

每小组完成放样后，提交一份放样成果报告。

任务 8　纵断面测量

一、任务目的与要求

1. 掌握纵断面测量的基本方法和数据记录格式。

2. 学会绘制纵断面图。

二、任务内容

采用分组的方式进行纵断面测量，每组 5 人，其中 1 人操作仪器，1 人记录，3 人分别定向、标定中线桩，组内轮换进行练习。

三、任务仪器及工具

全站仪，对讲机 3 台，fx-4800P 计算器，记录板及记录纸，测钎，木桩。

四、任务步骤安排

(1) 在实习场地内选定测设线路。

(2) 用全站仪放样出线路的起点、转点和终点，并测定其高程；再将全站仪搬站到起点设站，定线，沿线路中心测量距离和高程，认真记录并存储，在百米桩处要设桩，依次测取各段数据。

(3) 用方格网纸绘制线路的纵断面图。

(4) 用计算机软件绘制线路的纵断面图。

五、注意事项

(1) 记录员要记录准确，避免出错。

(2) 严格遵循测量仪器的操作规则。

六、上交资料

(1) 每个小组提交一份纵断面测量资料。

(2) 每个小组成员提交一份纵断面图(纵向比例 1∶2000，高程比例 1∶200)。

任务 9　横断面测量

一、任务目的与要求

1. 掌握横断面测量的基本方法和数据记录格式。

2. 学会绘制横断面图。

二、任务内容

采用分组的方式进行横断面测量，每组 5 人，其中 1 人操作仪器，1 人记录，3 人分别定向、标定横断面方向和横断面变坡点，组内轮换进行练习。

三、任务仪器及工具

全站仪 1 套，对讲机，记录板 1 块，横断面记录纸。

四、任务步骤安排

横断面测量一般是与纵断面测量同时开展的，横断面测量的方法有花杆加皮尺法、水准仪法、经纬仪法、全站仪法、GNSS-RTK 法等，这里选用全站仪法。

其具体步骤如下：

(1) 将全站仪安置在易于观测的点上进行测站设置，并利用角度定出横断面方向，用全站仪的折线测量程序功能，直接从中桩处沿横断面指向方向，先左后右地测量横断面上的各个变坡点，宽度要大于给定边距。

(2) 依次按同样方法测量其余横断面。

(3) 如果是在曲线上，横断面定向要在法线方向上，测定方法相同。

(4) 根据横断面测量数据绘制横断面图。

五、注意事项

(1) 每个小组成员之间要团结协作，提高工作效率。

(2) 严格遵循测量仪器的操作规则。

六、上交资料

(1) 每个小组提交一份横断面测量资料。

(2) 每个小组成员提交一份横断面图(比例 1∶200)。

任务 10　沉 降 观 测

一、任务目的与要求

1. 了解沉降观测需要提交的观测报表格式。

2. 掌握用二等水准测量对建筑物进行沉降观测的基本方法和记录计算。

二、任务内容

采用二等水准测量进行沉降观测，采用分组的方式进行，每组 4 人，其中 1 人操作仪器，1 人记录，2 人立尺，轮换练习。

三、任务仪器及工具

DS_1 型水准仪，铟钢水准尺，尺垫，测杆，皮尺，计算器，记录板，记录纸。

四、任务步骤安排

(1) 巡视踏勘，选定观测路线，在所要观测的建筑物上的观测点和基点之间用皮尺量距，确定测站位置，视线长度不大于 35 m，前后视距差小于 0.3 m。

(2) 在无风处检验水准尺垂直时气泡是否居中。

(3) 在选好的各测站上架设水准仪，确定观测顺序后，在基点和观测点上立尺，各段之间尽量采用偶数站，以消除两根水准尺的零点差，采用后—前—前—后的顺序，进行二等水准测量。

(4) 对所观测附合水准路线或闭合水准路线的高差不符值进行计算，如果在限差 $f_h < |\pm 0.4\sqrt{n}|$ 内进行平差，分配不符值，然后计算各测站点的高程；如果限差超限，进行分析判断后重测。

(5) 数据合格后，结合前一次观测数据，计算并编制沉降观测数据报表，计算本次沉降量和累计沉降量。

(6) 绘制沉降观测点分布略图、时序曲线图、建筑物累计沉降量空间分布图。

五、注意事项

(1) DS_1 型水准仪是精密仪器，一定要按操作规程进行操作，杜绝事故发生。

(2) 扶尺员要将铟钢水准尺用撑杆立直立稳，保证尺子上的圆水准器气泡居中，尽可能减小误差。

(3) 记录员在记录时一定要回报数据并确认，仔细标明测站、前视、后视和转点，避免记录错误。

六、成果上交

每个小组提交一份沉降观测水准测量资料。

模块五　摄影测量学实习

任务1　航片的立体观察

一、任务目的和要求

了解用航片进行立体观察的条件，掌握用立体镜进行立体观察的方法，初步掌握野外进行航片判读的要领。

二、任务内容

1. 选取一对航片在室内利用立体镜进行立体观察。
2. 携带航片到室外进行实地判读与调绘。

三、任务仪器及工具

反光立体镜，立体像对，放大镜，像片夹，图纸，记录板。

四、任务步骤安排

(1) 在一对航片上标出像片主点，并互相转判，用铅笔连线可得像片基线。

(2) 在一张 50 cm×25 cm 图纸上画一直线，然后将左、右像片放在上面，使影像区重叠向内，像片基线与图上直线重合，移动两像片，使其主点相距约 260 mm。

(3) 在像片上方安置立体镜，移动立体镜，使眼基线与像片基线平行。

(4) 通过目镜观察像对，调整左、右像片间距，使双眼同时凝视影像，影像重合得正立体效应。

(5) 将左、右像片位置互换，重叠区向外，同法得反立体效应。

(6) 在立体观察的基础上，携带立体像对进行实地判读。对照实地找出站立点在像片上的位置，并进行像片定向。

(7) 根据成像规律与影像特征，对站立点地物进行判读，从形状、大小、色调、阴影与相关地物着手，重点判读房屋、道路、水系等，并进行调绘。

五、注意事项

(1) 实习过程中不能用手摸立体镜玻璃和透镜，不能折叠、暴晒、雨淋或污损像片。

(2) 判读时应注意像片的航摄季节及比例尺，分析某一地物特征应综合考虑与周围地物的关系。

六、成果上交

每人提交一份实习报告。

任务2　像片控制点的布测

一、任务目的和要求

1. 掌握像控点布设的基本原理。
2. 熟悉室内选点和野外验证的一般要求。
3. 了解像控点测量的方法。

二、任务内容

每个小组独立完成一个像对的选点工作，包括室内设计、野外核查和测量。实习完成后提交像控点分布图、选点资料及刺点资料。

三、任务仪器及工具

立体像对，GPS 接收机。

四、任务步骤安排

1. 室内布点

像控点的布测应事先在室内布点，其布设应遵循以下原则：

(1) 像控点距离像片边缘大于 1.5 cm，距像片上的各类标志(摄影框标、摄影编号、气泡影像和压平线等)应大于 1 cm；航线两端各对控制点，宜布设在偏离像主点不大于 1.5 cm 处，上下两个点间左右偏离应不大于半条基线。

(2) 每个单像对宜布设 4 个平高点，一般分布于像片重叠区的四角。

(3) 像控点的编号应为五位数字，前两位为航带号，后两位为本航带中的像控点序号，序号的编号应遵循奇偶与像片的上下对应的原则。

2. 像控点的施测

根据室内布点方案，在实地上找到像控点的位置，根据影像的特点和形状绘制草图，草图绘制完成后应由另一人现场校核，刺点后，做好点之标记。

在室外选择像控点应注意避免尴尬位置，所谓尴尬位置，就是高差很大的位置，如房顶、塘梗等地，因其侧面在照片上很有可能与平面混淆，造成内业困难；此外，野外选点应在像片重叠区内选择影像清晰的点。

像控点的控制测量最好使用四台以上的 GPS 接收机施测，其中两台 GPS 接收机作为基站使用，另外两台在像控点观测，这两台 GPS 接收机任意时刻的观测均构成一个三角形，使最终的控制网成为一个向量三角锁，在其中所有的点具有多余观测量，避免基线解算失败时需要返工或者基线解算错误引起点位偏离。也可使用动态 GPS 测量，但应增加点数。现在野外作业最好用静态加动态的方式启动基站，这样可以使流动站作业机动灵活。

五、注意事项

(1) GPS 接收机在使用过程中，力求轻拿轻放，勿磕勿碰，确保仪器使用安全。

(2) 基准站应架设在地势较高的地段，平静的水面、灌木丛都会吸收信号，架设仪器时，周围障碍物等干扰因素越少越好。

(3) 在中午气温较高的情况下，应关闭接收机和电台，不能使其长时间在太阳下暴晒。

(4) 避免在强电磁干扰的环境中使用GPS接收机，以免影响观测精度或损坏仪器的电子器件。

六、成果上交

每个小组提交像控点选点图、GPS观测记录、GPS平差成果各一份。

任务3 像片调绘

一、任务目的和要求

1. 掌握航空像片调绘的基本原理和方法。
2. 掌握航空像片判读中判读标志的建立方法。
3. 掌握航空像片调绘的步骤。

二、任务内容

每个小组独立完成一个片区的调绘工作。内容包括：区域的判读标志建立表，室内解译图（调绘底图），野外调查资料，调绘成果图（清绘）。

三、任务仪器及工具

立体像对、放大镜、透明纸、绘图工具。

四、任务步骤安排

本次航空像片调绘采用室内与野外结合的调绘方法。具体实习步骤一般可分为准备工作（准备阶段）、室内判读与描图、野外工作（野外调查、量测等）、室内清绘和整理。

1. 准备工作

包括工具准备和资料准备。

2. 室内判读与描图

在室内首先应建立航片判读的标志，即根据对研究区域的了解，识别像片上目标的位置、形状、大小及其性质，其依据主要是独立地物、居民地、道路、水系和植被等判读的内容，进行判读标志的建立（表2-45）。在建立判读标志的基础上，利用目视和放大镜进行室内判读。进行室内判读的原则是从整体到局部、从已知到未知、从宏观到微观。根据这样的原则，进行室内判读的顺序是由水系入手，根据水系的位置和流向确定分水岭和流域范围，从而判读区域内的高低地势。之后进行平原和山地，以及林地和农田的划分，从而划分出大的地貌单元。然后进行居民点和道路的判读，将自然景观和人文景观划分开。

表 2-45　航空像片的判读标志

类型	形状	色调	阴影	图形	纹理	备注

在室内判读时，将透明纸固定在像片上，按照室内判读结果，判读地物类型，勾绘地物边界，形成调查底图（注意标注室内判读难点和疑点），并拟定野外核查的路线。

3. 野外工作

在实地调查各种地理名称（江河名、街道名、居民地名等），量测必要的比高及其他说明，将其标注在野外调查底图上，并在野外调查底图上补测航摄后的新增地物和像片上影像不清晰的地物。对比实地，核查室内判读正误，尤其注意室内判读中难点和疑点的实地核对。

4. 室内清绘和整理

在室内按照制图规范（字体、大小、线型、图例等），完成调查底图的清绘工作，整理野外调查资料和图件等工作。

五、注意事项

（1）正确掌握综合取舍的原则，综合合理，取舍恰当。

(2) 掌握地物地貌属性、数量特征和分布情况，依据图式的说明和规定，正确运用统一的符号、注记描绘在像片上。

六、成果上交

每个小组提交一份室内判读标志建立资料、野外调查资料、清绘后的调绘图。

任务4　数字线划地图生产

一、任务目的和要求

基于 Map Matrix 数字摄影测量系统生产数字测绘产品实习的目的是深入掌握摄影测量学的基础理论以及全数字摄影测图过程，包括掌握 Map Matrix 数字摄影测量系统主要模块的功能、数字高程模型(DEM)、数字正射影像(DOM)和数字线划地图(DLG)的制作工艺与流程。

二、任务内容

每人独立完成两个像对的数字产品生产，提交实习成果。

三、任务仪器及工具

计算机、Map Matrix 数字摄影测量系统、数字正射影像、调绘资料。

四、任务步骤安排

1. 建立测区和模型操作过程

新建工程，进行参数检查及设置：选择“工程名”节点，在右方的属性窗口设定工程相关参数。新建航带：如果测区中有多条航带，选择“影像”节点，点击鼠标右键，在弹出的菜单中选择“新建航带”菜单项，可新建航带。还可新建影像列表、控制点文件、相机文件。

2. 模型定向

(1) 内定向：选择影像文件名，点击“内定向”按钮，程序即开始内定向，同时进入内定向编辑界面。

(2) 创建立体像对：选择“工程名”节点，在右键菜单中选择“创建立体像对”菜单，即可生成立体像对。

(3) 相对定向：选择需要处理的立体像对，点击“相对定向”按钮，即进入相对定向界面。

(4) 绝对定向：添加控制点，在相对定向界面中，找到该模型对应的控制点点位图，在影像窗口中找到与控制片对应的某控制点大致位置后，单击鼠标左键确认，然后在控制点左右微调窗口调整测标对准控制点，为了保证添加的控制点更加精确，选择左微调窗口的按钮，在立体模式下戴上立体眼镜调节控制点，调整完毕后，在左微调窗口上方的编辑栏中输入相应的控制点名，点击按钮，即将此控制点添加到立体模型中，按照同样方法可加入其他控制点。添加至少三个控制点后，点击“绝对定向”按钮，即可做绝对定向处理。

3. 核线影像生成

在相对定向界面中，将影像设定为全局显示模式(使用按钮切换)，然后选择按钮，在影像上用鼠标拉框定义核线影像的采集范围，或者选择让程序自动定义最大核线范围(若用户没有定义核线范围，退出相对定向界面时，程序自动按照最大重叠区生成最大核线范围)；定义完成后，存盘退出相对定向界面，在工程视图中选择需要采集核线影像的模型，点击按钮，即可完成核线影像重采样。

4. 影像匹配

在工程视图中选择需要匹配的模型，点击影像匹配按钮，即可完成影像自动匹配。

5. DEM 生成

创建 DEM 工程，进行参数设置。鼠标左键单击选择相应的 DEM 模型文件名，点击 DEM 生成按钮，即可完成 DEM 的自动生成。

6. DOM 生成

新建 DOM，鼠标右键点击工程名节点，选择创建 DOM 产品，设置 DOM 参数，鼠标左键单击选择 DOM 节点，在右边的属性窗口中设置 DOM 的 x、y 方向间距，鼠标右键点击 DOM 文件名，选择生成。

6. 立体测图

工作内容包括新建 DLG 文件，进行参数设置，进行精度检测，确定最佳测图区，进行立体采集，编辑绘图等。

7. 数据输出

数据采集完毕后，要导入到第三方软件中进行后期处理，然后输出数据。

五、注意事项

(1) 采集道路信息时，脚盘不要大幅度调整高程。

(2) 平行线平移时，尽量不要动脚盘。

(3) 节点不要过于密集，拐弯处可适当多一些，使其圆滑。

六、成果上交

每人提交一份数字产品生产实习成果。

模块六　GNSS 测量实习

任务 1　GNSS 接收机的认识

一、任务目的与要求

1. 认识南方测绘银河 6 型 GNSS 接收机的构造及配件。
2. 学会南方测绘银河 6 型 GNSS 接收机和配套手簿的使用方法。
3. 掌握 GNSS 接收机对中整平的方法。

二、任务内容

1. 认识南方测绘银河 6 型双频 GNSS 接收机的各个部件。
2. 掌握 GNSS 接收机各个部件之间的连接方法。
3. 熟悉 GNSS 接收机前面板各个按键的功能。
4. 熟悉 GNSS 接收机后面板各个接口的作用。
5. 学会查看 GNSS 接收机的工作状态、PDOP 值、测站经纬度和大地高程。
6. 学会使用 GNSS 接收机采集数据。
7. 学会 GNSS 接收机中测站名、天线高和有关控制参数的输入方法。
8. 初步学会配套 X3 手簿的使用方法。

三、任务仪器及工具

南方测绘银河 6 型测量系统 1 套、测量天线高用的钢卷尺 1 把、脚架 1 个、带光学对中器的基座 1 个。

四、任务步骤安排

(1) 银河 6 型测量系统主要由主机、手簿、配件三大部分组成，如图 2-40、图 2-41 所示。

(2) 银河 6 型 GNSS 接收机主机如图 2-42 至图 2-44 所示。银河 6 型 GNSS 接收机主机呈圆柱状，直径 152 mm、高 137 mm，使用镁合金作为机身主体材料，整体美观大方、坚固耐用，采用液晶屏和按键的组合设计，操作更为简单。机身侧面与底部具备常用的接口，方便使用。具体介绍如下：

① UHF 天线接口：安装 UHF 电台天线。

② SIM 卡卡槽：在使用 GSM/CDMA/3G 等网络时，芯片面向上插入手机卡。

③ GPRS 接口：安装网络信号天线。

④ 五针外接电源口、差分数据口：作为电源接口使用，可外接移动电源、大电瓶等供电设备；作为串口输出接口使用，可以通过串口软件查看主机输出数据、调试主机。

⑤ 七针数据口：USB 传输接口，具备 OTG 功能，可外接 U 盘。

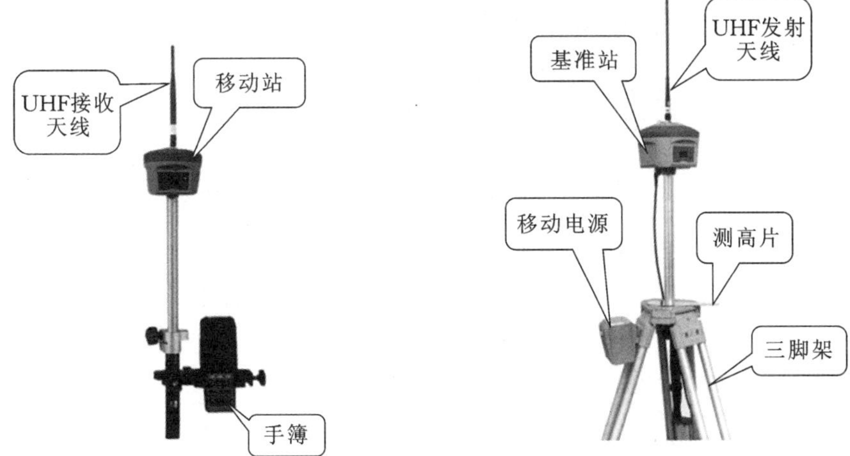

图 2-40　银河 6 型测量系统

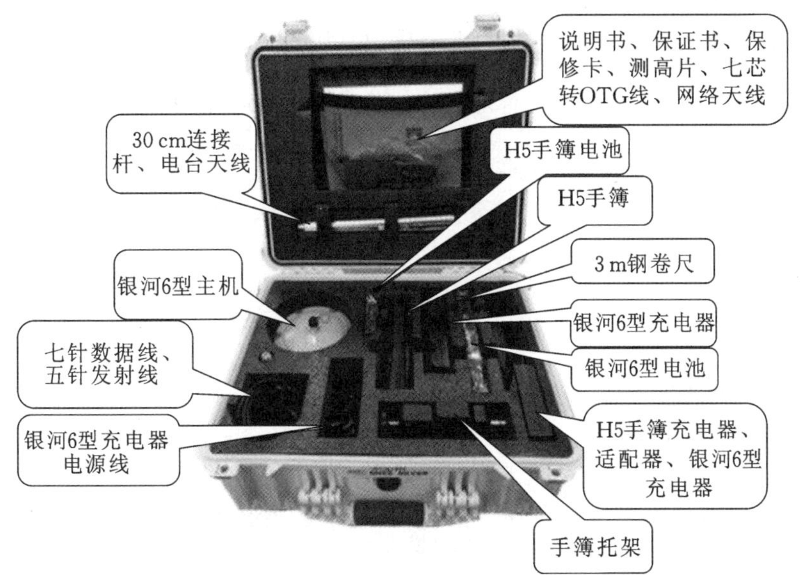

图 2-41　银河 6 型测量系统装箱图

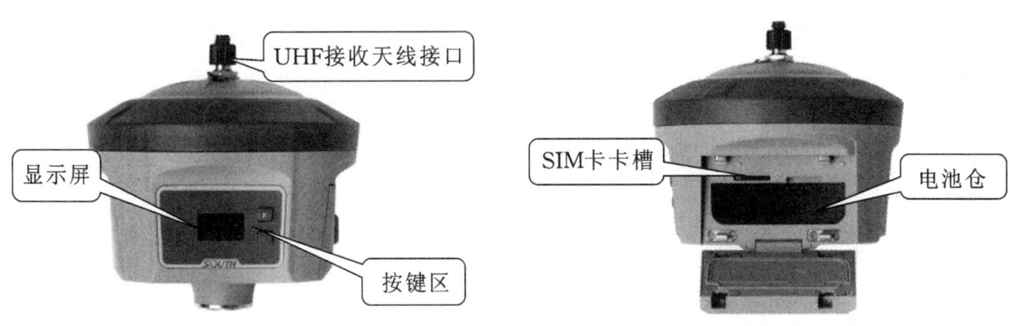

图 2-42　GNSS 接收机主机正面　　　图 2-43　GNSS 接收机主机背面

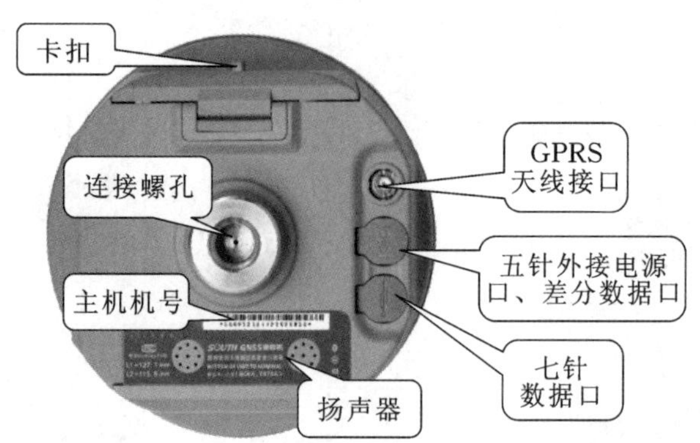

图 2-44　GNSS 接收机主机底面

⑥ 连接螺孔：用于固定主机于基座或对中杆。

⑦ 主机机号：用于申请注册码和手簿蓝牙识别主机及对应连接。

指示灯位于液晶屏的左侧，从上至下依次为蓝牙灯、数据存储指示灯、数据发射/接收灯、电源指示灯。按键位于液晶屏的右侧，具体信息如表 2-46 所示。

表 2-46　GNSS 接收机主机按键功能操作说明

项目	功能	作用或状态
⏻	开关机，确定，修改	开机，关机，确定修改项目，选择修改内容
F	翻页，返回	一般为选择修改项目，返回上级接口
蓝牙图标	蓝牙灯	蓝牙接通时蓝牙灯长亮
存储图标	静态存储灯	按采样间隔闪烁
数据图标	数据指示灯	电台模式：按接收间隔或发射间隔闪烁 网络模式： ① 网络拨号、WiFi 连接时快闪(10 Hz) ② 拨号成功后按接收间隔或发射间隔闪烁
电源图标	电源指示灯	电量充足时常亮；电量不足时闪烁(关机前 5 min 开始闪烁)

(3) 开机后进行工作模式和相关参数的设置，如图 2-45 所示。

(4) GNSS 接收机的对中和整平。

外业测量工作中一般将 GNSS 接收机安置在三脚架上，测量工作开始前要进行仪器的对中整平。对中整平包括两个部分：对中——使仪器的中心和测站点的标志中心在同一铅垂线上；整平——使仪器的竖轴竖直，水平度盘水平。

用光学对中器进行对中和整平的步骤如下：

① 粗对中——固定三脚架一条腿，移动两条腿；

② 精对中——调脚螺旋；

③ 粗平——升降三脚架，使圆水准器气泡居中；

④ 精平——调脚螺旋（首先旋转水准管至平行于两个脚螺旋方向，调节这两个脚螺旋，使水准管气泡居中，然后旋转 90°使水准管垂直于这两个脚螺旋方向，调节第三个脚螺旋，使水准管气泡居中，最后检查任何方向水准管气泡是否都居中）；

⑤ 检查对中，如不对中，则平移基座至对中。

反复进行上述操作，直到对中和整平都满足要求为止。

（5）天线高的量取。

采用倾斜测量方法，从脚架互成 120°的 3 个空档测量天线挂钩至中心标志面的距离，互差小于 3 mm，取平均值。天线高量取方式如图 2-46 所示。

图 2-45　GNSS 接收机工作模式设置界面

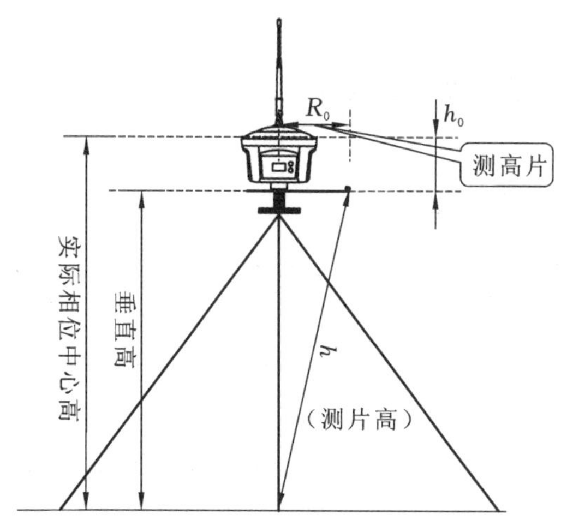

图 2-46　天线高量取方式

五、注意事项

南方测绘银河 6 型 GNSS 接收机是目前国内技术比较先进、价格也较昂贵的测量仪器，因此，在安置和使用时必须严格遵守精密仪器操作规程，要注意爱护仪器。

六、成果上交

每组提交一份 GNSS 静态测量天线高记录表，见表 2-47。

表 2-47　GNSS 静态测量天线高记录表

天线高/m	1	2	3	平均值

任务2　GNSS静态作业实验与数据传输

一、任务目的与要求

1. 掌握GNSS静态相对定位测量的原理、方法和步骤。
2. 了解GNSS控制网的布网方式，理解同步环、异步环和重复基线等基本概念。
3. 掌握GNSS静态测量数据传输、命名的方法。

二、任务内容

在校内选定的GNSS实验场地内，每批6组学生，按规定时间同步采集3～4个时段的数据。

三、任务仪器及工具

南方测绘银河6型测量系统1套、测量天线高用的钢卷尺1把、三脚架1个、基座1个、记录表格1份。

四、任务步骤安排

(1) 按实验要求，在规定的实验场地做好数据采集的准备工作，安置好GNSS接收机，量测出天线高度。

(2) 开机搜索GNSS卫星信号，直到GNSS接收机解算出测站点的近似大地坐标(B，L，H)为止，并注意观察$PDOP$值的大小。

(3) 在GNSS接收机主机中输入测站名和天线高，并进行数据采集前的GNSS接收机参数设置(如采样间隔5 s，卫星截止高度角15°，最小卫星数4颗)，6个小组的GNSS接收机参数设置要一致。

(4) 数据采集条件满足后，6个小组约定第一时段同步数据采集的起、止时间，数据采集开始。

(5) 做好观测期间的GNSS数据记录工作。

(6) 第一时段的数据采集工作结束后，先关闭GNSS接收机，需要搬站的小组则要小心地将仪器装箱，搬到下一点上进行第二时段的数据采集工作。

(7) 所有时段观测完毕，关机，将GNSS主机连接电脑，导出静态测量数据，并按照规则命名。

五、注意事项

(1) 南方测绘银河6型双频GNSS接收机是目前国内技术比较先进、价格也较昂贵的测量仪器，因此，在安置和使用时必须严格遵守精密仪器操作规程，要注意爱护仪器。

(2) 搬站时要将仪器装箱。

六、成果上交

(1) 每组上交静态数据文件。

(2) 每组上交一份静态测量观测记录表,见表 2-48。

表 2-48　静态测量观测记录表

<table>
<tr><td colspan="2">观测小组:____________　　日期:________年________月________日
测站点名:____________　　时段号:____________　　天气状况:____________</td></tr>
<tr><td>测站近似坐标:
经度:E________°________′
纬度:N________°________′
高程:______________________</td><td>本测站为
□ 已知点
□ 未知点</td></tr>
<tr><td colspan="2">记录时间:开始时间____________　　结束时间____________</td></tr>
<tr><td colspan="2">接收机号________________
天线高:
1.________　2.________　3.________　平均值____________</td></tr>
<tr><td colspan="2">观测状况记录:
采样间隔:____________
接收卫星数量:________　PDOP 值:________　记录时间:____________
接收卫星数量:________　PDOP 值:________　记录时间:____________
接收卫星数量:________　PDOP 值:________　记录时间:____________</td></tr>
<tr><td colspan="2">特殊情况备注:

</td></tr>
</table>

任务 3　GNSS 静态作业数据处理

一、任务目的与要求

1. 通过实验认识 GNSS 数据处理软件并学会使用。

2. 通过实验加深理解 GNSS 测量的原理和方法,GNSS 网的布设形式,同步环、异步环和重复基线等基本概念，掌握 GNSS 基线向量解算的基本步骤。

3. 掌握 GNSS 数据处理软件中 GNSS 网平差的基本方法和基本步骤。

二、任务内容

对任务 2 中采集的静态数据进行处理。

三、任务仪器及工具

安装有南方测绘 GNSS 数据处理软件的计算机。

四、任务步骤安排

（1）点击“南方测绘 GNSS 数据处理”桌面快捷方式，进入基线处理软件。软件界面如图 2-47 所示。

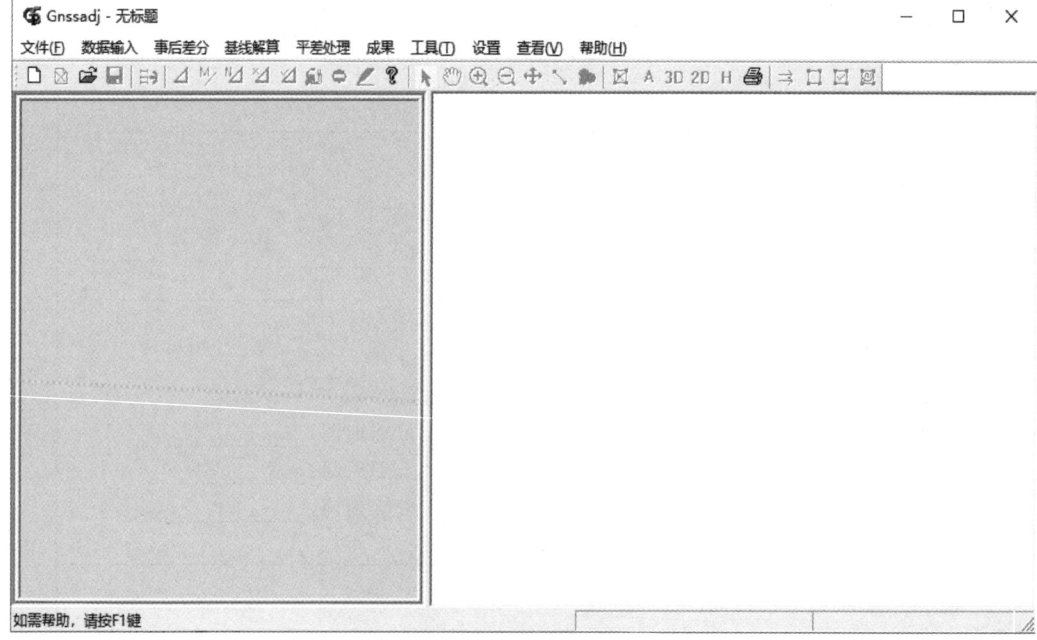

图 2-47　软件界面

（2）点击“文件”，选择“新建”，输入相关信息，点击“确定”。建立项目如图 2-48 所示。

（3）增加观测数据文件。

将野外采集数据调入软件，可以用鼠标左键点击文件，逐个单选，也可“全选”所有文件，如图 2-49 所示。

点击“确定”，然后稍等片刻，调入完毕后，软件会显示 GNSS 网图，如图 2-50 所示。

（4）解算基线。

点击“基线解算”，选择全部解算。基线处理完全结束后，网图如图 2-51 所示，颜色已由原来的绿色变成红色或灰色。

基线双差固定解方差比大于 3 的基线颜色变成红色(软件默认值 3),小于 3 的基线颜色变成灰色。灰色基线方差比过低,可以进行重解。例如对于基线“Q009-Q007”,用鼠标左键直接在网图上双击该基线,选中基线由实线变成虚线后弹出基线解算对话框,在对话框的显示项目中可以对基线解算进行必要的设置,如图 2-52 所示。

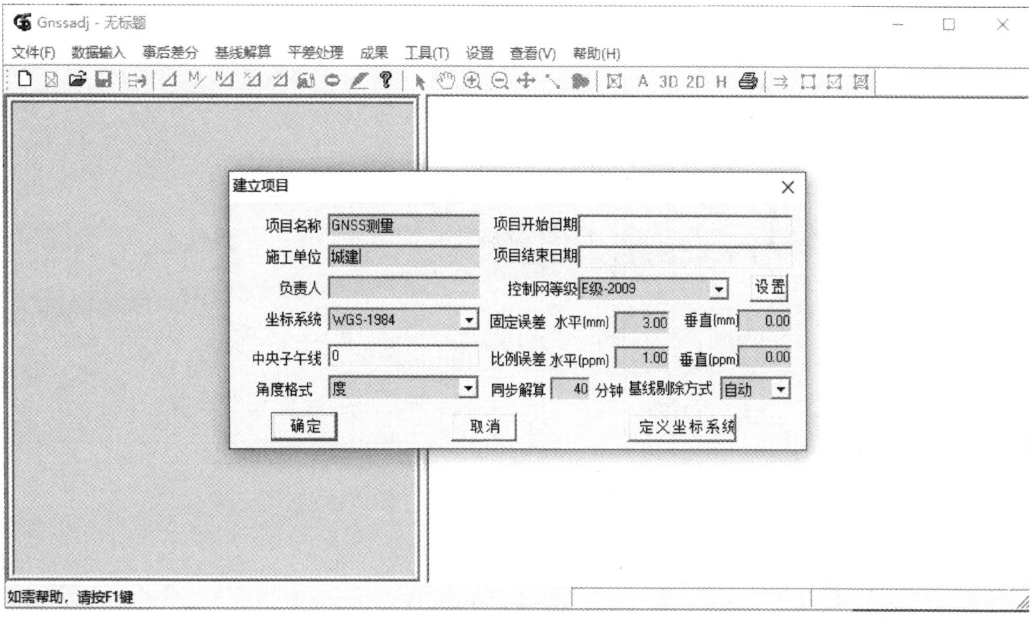

图 2-48　建立项目

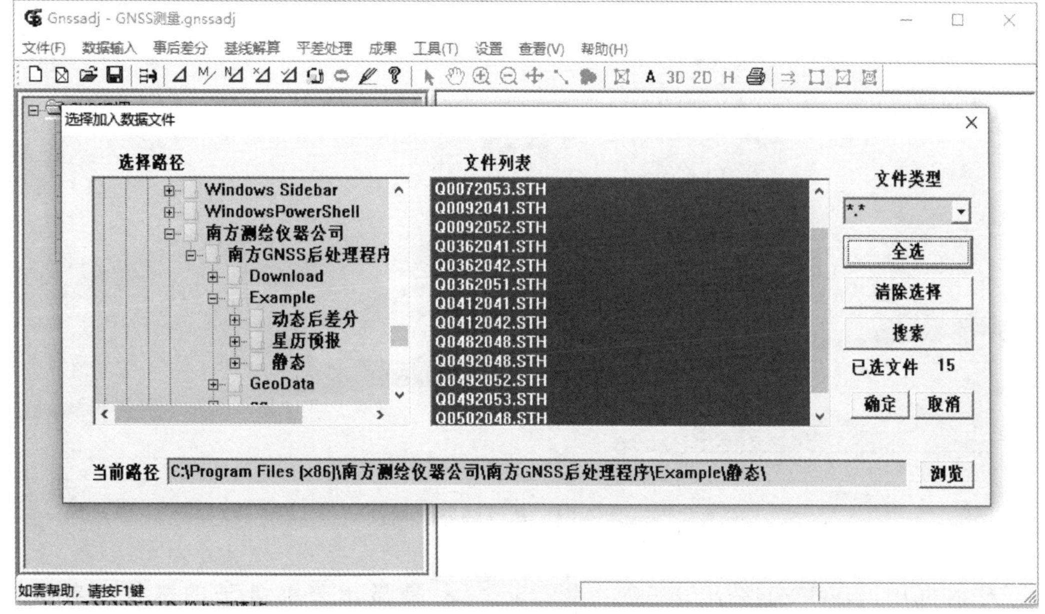

图 2-49　选择加入数据文件

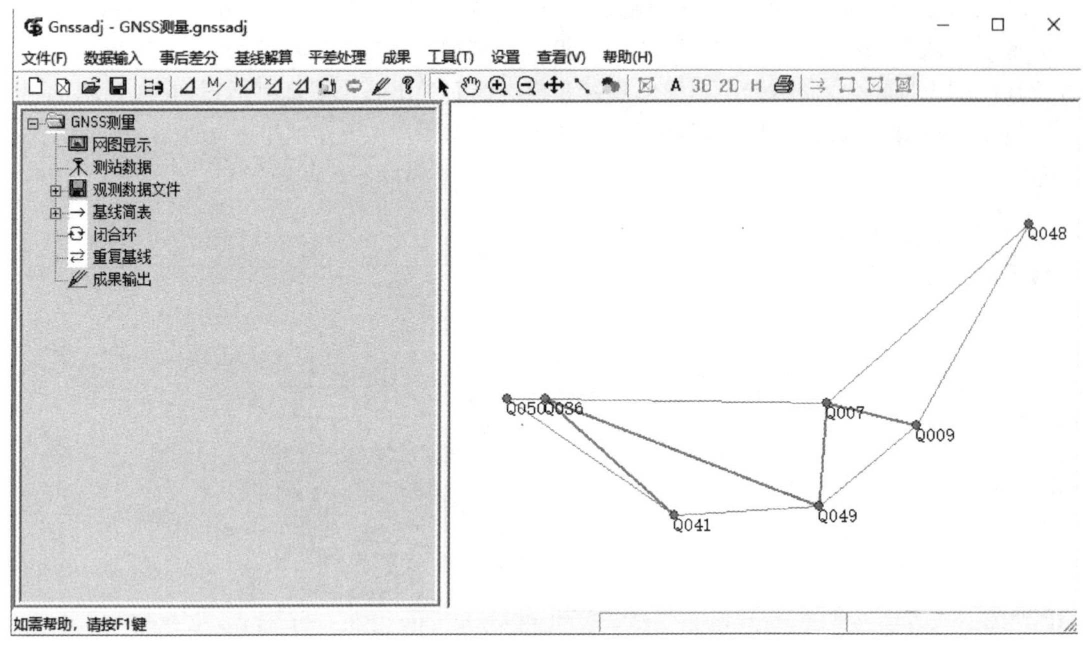

图 2-50 网图显示

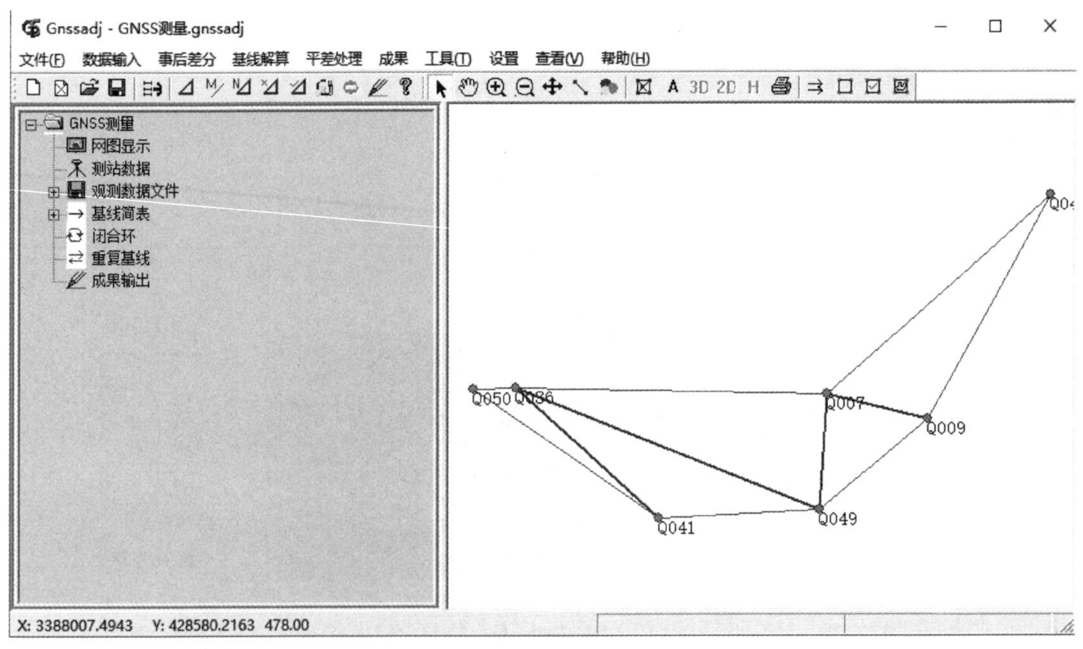

图 2-51 基线解算

对话框中，Q0092041-Q0072041 是显示当前处理的基线。当基线“Q009-Q007”中存在重复基线时，可点击右端的小三角框选择要修改的重复基线。基线选择如图 2-53 所示。

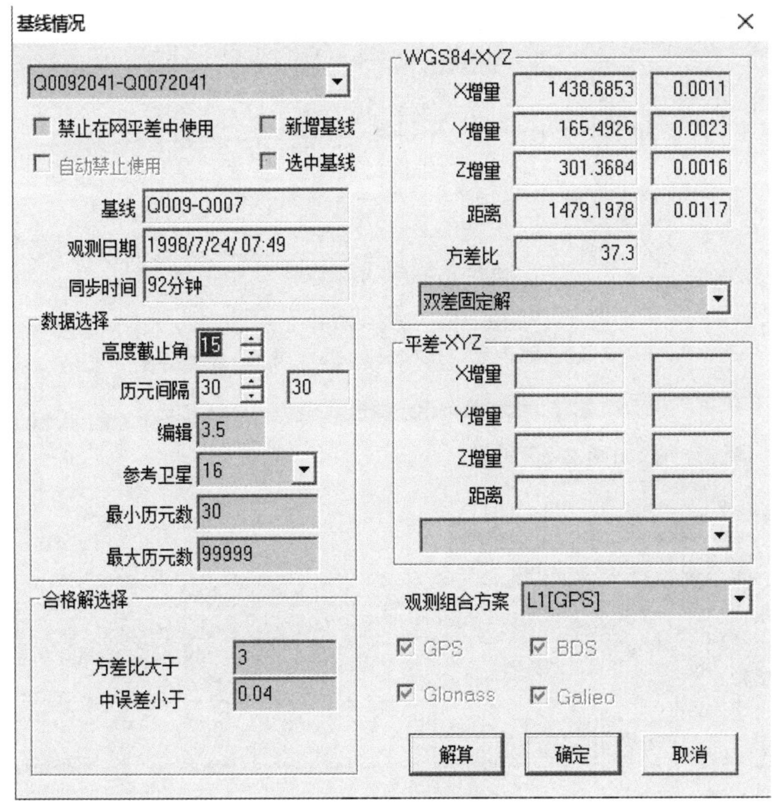

图 2-52　基线情况

图 2-53　基线选择

文件“Q0092041”中“Q009”表示点名，“204”表示测量日期是 1 年 365 天中的第 204 天，“1”表示时段数。

“数据选择”系列中的条件是对基线进行重解的重要条件，数据选择如图 2-54 所示。可以对高度截止角和历元间隔进行组合设置来完成基线的重新解算，以提高基线的方差比。历元间隔中的左边第一个数字历元项为解算历元，第二项为数据采集历元。当解算历元小于采集历元时，软件解算采用采集历元；反之，则选用设置的解算历元。“编辑”中的数字表示误差放大系数。

“合格解选择”为设置基线解的方法，分别有“双差固定解”“双差浮点解”“三差解”三种，默认设置为双差固定解。

在反复组合高度截止角和历元间隔进行解算仍不合格的情况下，可点击状态栏基线简表查看该条基线详表。点击左边状态栏中“基线简表”，点击基线“Q0092041-Q0072041”，显

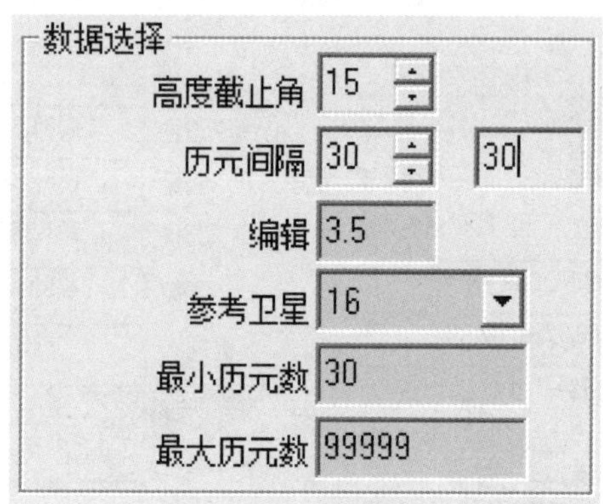

图 2-54　数据选择

示栏中会显示基线详情，如图 2-55 所示。

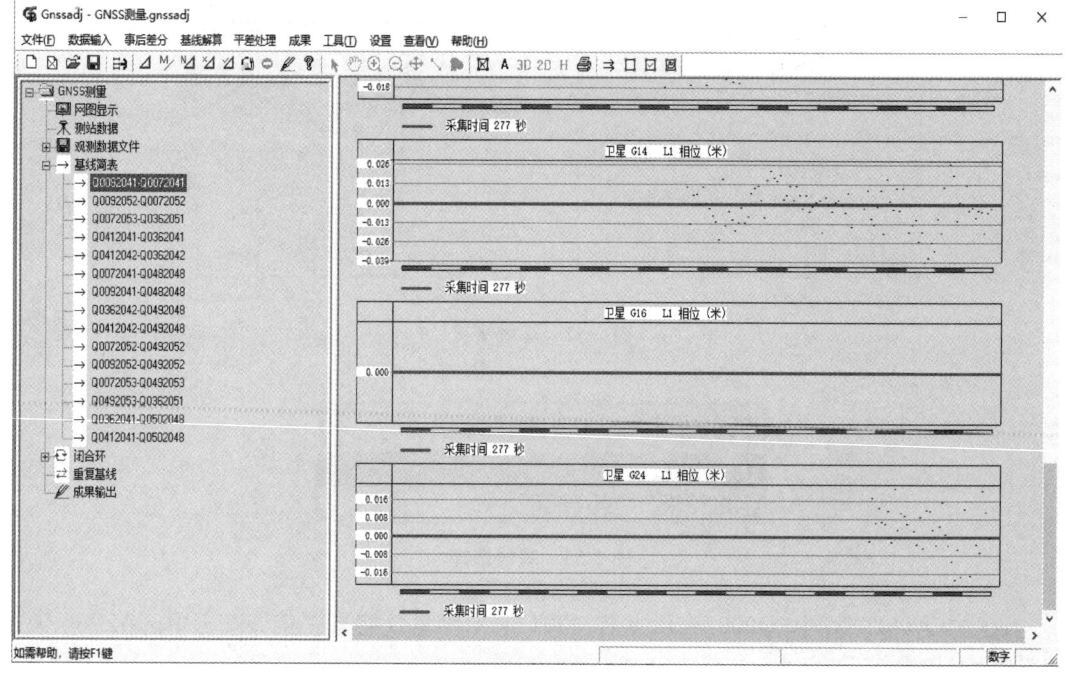

图 2-55　基线详情

图中详细列出了每条基线的测站、星历情况，以及基线解算处理中周跳、剔除、精度分析等处理情况。在基线简表窗口中将显示基线处理的情况，先解算三差解，最后解算出双差解，点击该基线可查看三差解、双差浮动解、双差固定解的详细情况。无效历元过多可在左边状态栏中“观测数据文件”下剔除，例如在“Q0072041.STH”数据双击鼠标左键，弹出数据编辑框，如图 2-56 所示。点击 键，然后按住鼠标左键拖拉圈住图中历元中断的地方即可剔除无效历元，点击 键可恢复剔除的历元。在删除了无效历元后重解基线，若基线仍不合格，就应该考虑对不合格的基线进行重测。

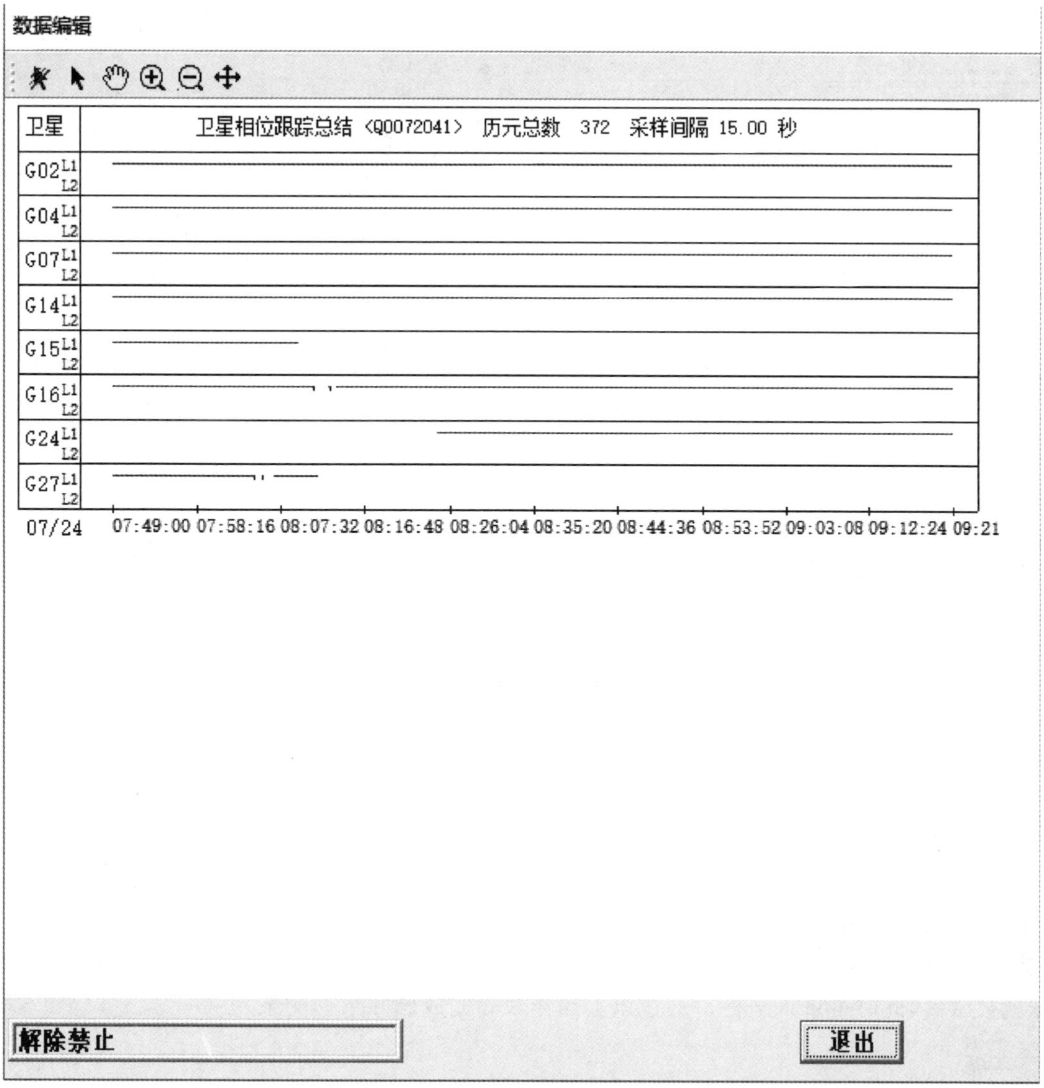

图 2-56　数据编辑

(5) 检查闭合环和重复基线。

待基线解算合格后(少数几条解算基线不合格可不参与平差),在“闭合环”窗口中进行闭合差计算。首先,对同步时段任一三边同步环的坐标分量闭合差和全长相对闭合差按独立环闭合差要求进行同步环检核,然后计算异步环。程序将自动搜索所有的同步环、异步环。

有关同步环、异步环、重复基线的要求可查看使用提示“外业成果质量检核标准”,或者参照有关国家规范。

搜索闭合环,点击左边状态栏中闭合环,会显示闭合差。闭合环详情如图 2-57 所示。

闭合差如果超限,那么必须剔除粗差基线。点击“基线简表”状态栏重新解算。根据基线解算以及闭合差计算的具体情况,对一些基线进行重新解算,具有多次观测基线的情况下

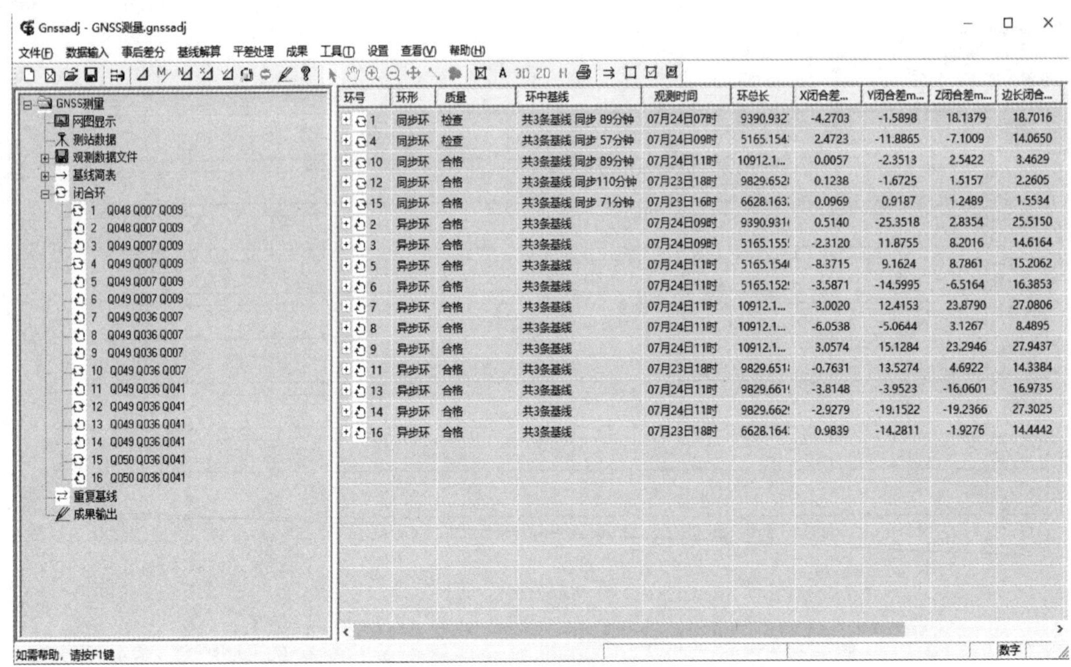

环号	环形	质量	环中基线	观测时间	环总长	X闭合差...	Y闭合差m...	Z闭合差m...	边长闭合...
1	同步环	检查	共3条基线 同步 89分钟	07月24日07时	9390.932	-4.2703	-1.5898	18.1379	18.7016
4	同步环	检查	共3条基线 同步 57分钟	07月24日09时	5165.154	2.4723	-11.8865	-7.1009	14.0650
10	同步环	合格	共3条基线 同步 89分钟	07月24日11时	10912.1...	0.0057	-2.3513	2.5422	3.4629
12	同步环	合格	共3条基线 同步110分钟	07月23日18时	9829.652	0.1238	-1.6725	1.5157	2.2605
15	同步环	合格	共3条基线 同步 71分钟	07月23日16时	6628.163	0.0969	0.9187	1.2489	1.5534
2	异步环	合格	共3条基线	07月24日09时	9390.931	0.5140	-25.3518	2.8354	25.5150
3	异步环	合格	共3条基线	07月24日09时	5165.155	-2.3120	11.8755	8.2016	14.6164
5	异步环	合格	共3条基线	07月24日11时	5165.154	-8.3715	9.1624	8.7861	15.2062
6	异步环	合格	共3条基线	07月24日11时	5165.152	-3.5871	-14.5995	-6.5164	16.3853
7	异步环	合格	共3条基线	07月24日11时	10912.1...	-3.0020	12.4153	23.8790	27.0806
8	异步环	合格	共3条基线	07月24日11时	10912.1...	-6.0538	-5.0644	3.1267	8.4895
9	异步环	合格	共3条基线	07月24日11时	10912.1...	3.0574	15.1284	23.2946	27.9437
11	异步环	合格	共3条基线	07月23日18时	9829.651	-0.7631	13.5274	4.6922	14.3384
13	异步环	合格	共3条基线	07月24日11时	9829.661	-3.8148	-3.9523	-16.0601	16.9735
14	异步环	合格	共3条基线	07月24日11时	9829.662	-2.9279	-19.1522	-19.2366	27.3025
16	异步环	合格	共3条基线	07月23日18时	6628.164	0.9839	-14.2811	-1.9276	14.4442

图 2-57　闭合环详情

可以不使用或者删除该基线。当出现孤点(即该点仅有一条合格基线相连)的情况下，必须在野外重测该基线或者闭合环。

(6) 网平差和高程拟合。

在“数据输入”菜单栏下，选择“坐标数据录入”，输入已知点坐标，给定约束条件。

本示例控制网中 Q007、Q049 为已知约束点，点击“数据输入”菜单中的“坐标数据录入”，弹出对话框如图 2-58 所示，选中“Q007”，单击“Q007”对应的“北向 X”的空白框后，空白框就被激活，此时可录入坐标。通过以上操作最终完成已知数据的录入。

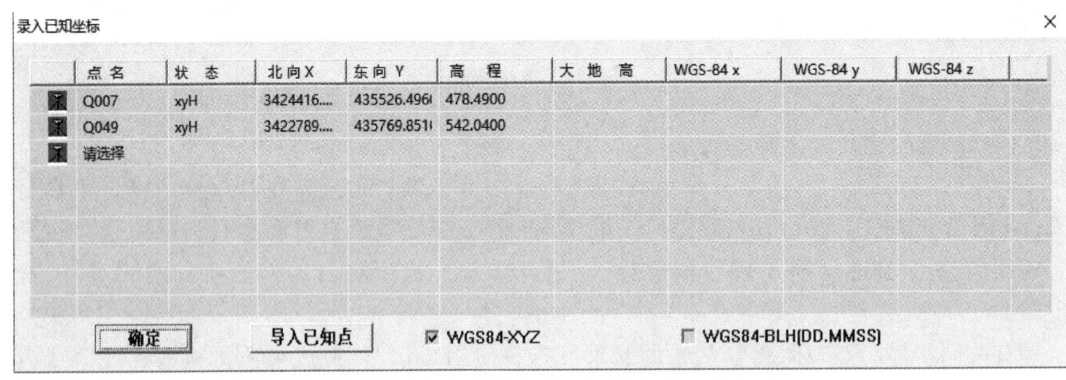

点名	状态	北向X	东向Y	高程	大地高	WGS-84 x	WGS-84 y	WGS-84 z
Q007	xyH	3424416....	435526.496	478.4900				
Q049	xyH	3422789....	435769.851	542.0400				
请选择								

图 2-58　录入已知坐标

平差处理要进行整网无约束平差和已知点联合平差，根据以下步骤依次处理：

① 自动处理：基线处理完后点击此菜单，软件将会自动选择合格基线组网，检查环闭合差。

② 三维平差：进行 WGS-84 坐标系下的自由网平差。

③ 二维平差：把已知点坐标带入网中进行整网约束二维平差。但要注意的是，当已知点的点位误差太大时，软件会提示，如图 2-59 所示。在此时点击“二维平差”是不能进行计算的，用户需要对已知数据进行拟合。

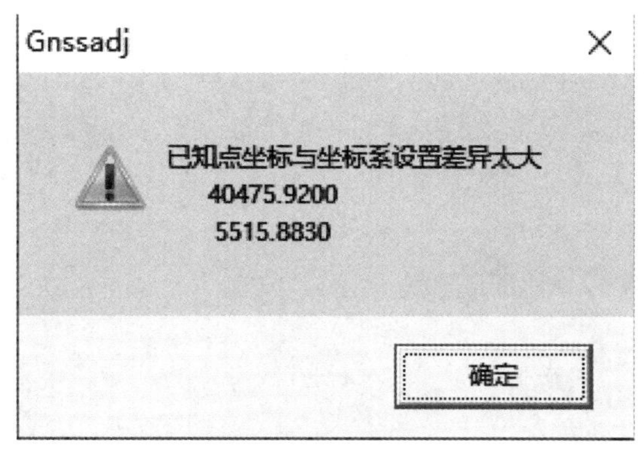

图 2-59　错误提示

④ 高程拟合：根据“平差参数设置”中的高程拟合方案对观测点进行高程计算。

注意，“网平差计算”功能可以一次完成以上几个步骤。

(7) 平差报告输出。

在“成果”菜单栏下选择“平差报告打印”，可以设置平差报告生成内容，如图 2-60 所示。

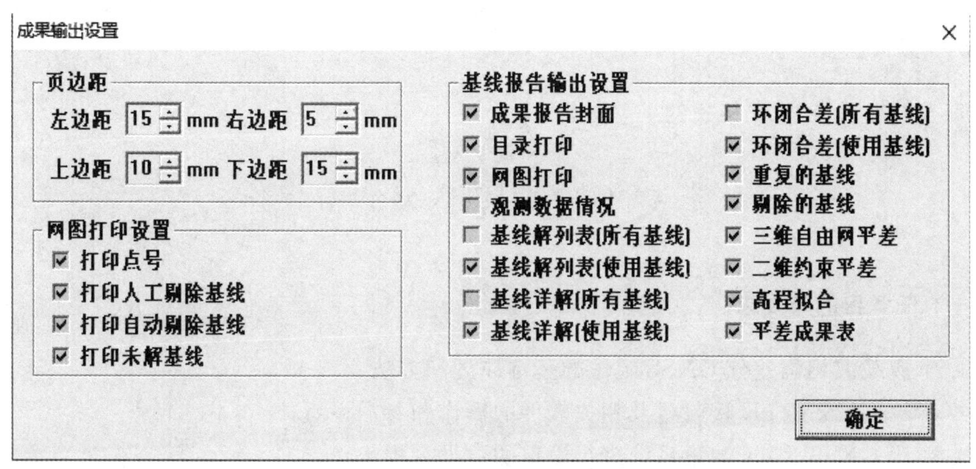

图 2-60　成果输出设置

点击“确定”，输出 PDF 平差报告。

打印设置如图 2-61 所示。

五、注意事项

(1) 注意机房的上机秩序，爱护电脑。

(2) 增加观测数据文件之前，要根据观测记录对文件名进行修改。

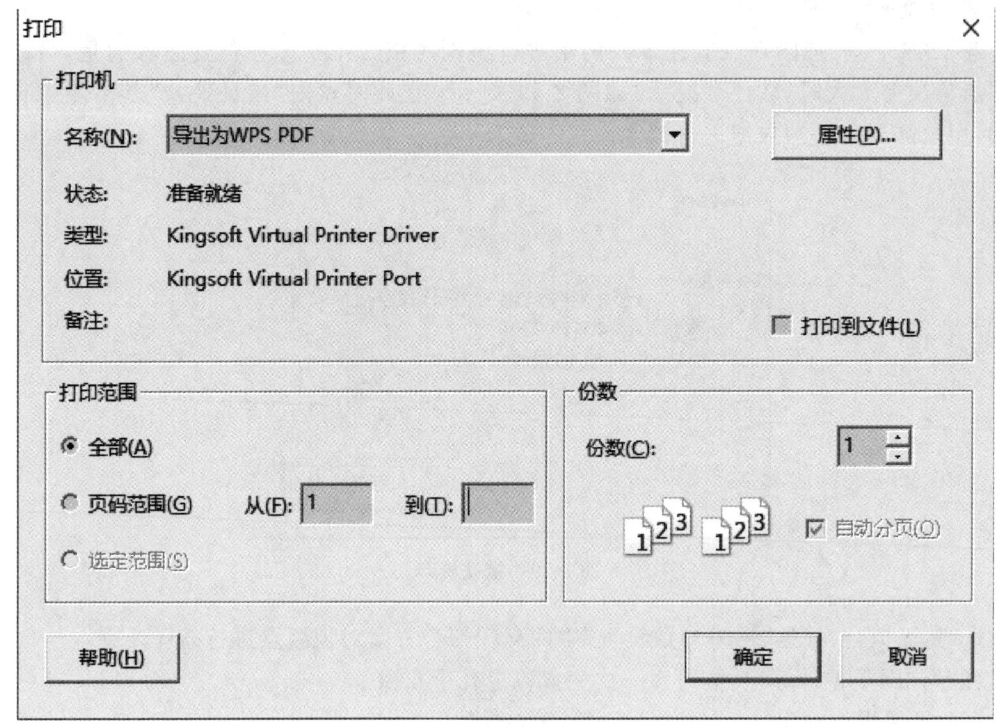

图 2-61　成果报告打印设置

六、成果上交

每人提交一份 PDF 格式的平差报告。

任务 4　GNSS-RTK 认识与操作

一、任务目的与要求

1. 掌握载波相位差分 GNSS 定位的基本原理和方法。
2. 了解 GNSS-RTK 接收机及相关软件的操作和参数设置。
3. 能用 GNSS-RTK 测量系统进行简单的数据采集工作。

二、任务内容

完成指定测区内地物坐标信息的采集。

三、任务仪器及工具

南方测绘银河 6 型测量系统 1 套，GNSS 对中杆 1 个。

四、任务步骤安排

1. 网络 CORS 模式

网络 CORS 模式的优势就是可以不用架设基站，当地如果已建成 CORS 网，通过向 CORS 管理中心申请账号，在 CORS 网覆盖范围内，用户只需单移动站即可作业。具体操作步骤如下：

(1) 手簿与“工程之星”软件连接。

(2) 点击配置→仪器设置→工作模式设置，将主机工作模式切换为移动站。

(3) 数据链：接收机移动网络(主机插 SIM 卡)，接收机 WiFi(主机连接 WiFi)。

(4) 网络设置如下：

① 点击“增加”。

② 名称：“自己命名”。

③ IP：客户提供。

④ port：客户提供。

⑤ 账户：客户提供。

⑥ 密码：客户提供。

⑦ 模式：NTRIP。

⑧ 接入点：客户提供(也可以获取)。

⑨ APN：默认即可。

点击“确定”，返回模板参数管理页面，选择新增加的网络模板，点击“连接”，登录服务器成功后即可完成移动站配置，点击“确定”，然后返回到主界面等待固定解。

第一次登录成功后，以后作业如果不改变配置可直接打开移动站，主机即可得到固定解。

2. 基准站电台模式

(1) 架设基准站

基准站要架设在视野比较开阔、周围环境比较空旷、地势比较高的地方，避免架设在高压输变电设备附近、无线电通信设备收发天线旁边、树荫下以及水边，这些都对 GNSS 信号的接收以及无线电信号的发射产生不同程度的影响。基准站电台模式如图 2-62 所示。

打开 GNSS 接收机，将接收机设置为基准站内置电台模式，并设置好电台通道号。

(2) 架设移动站

确认基准站发射并设置成功后，即可开始移动站的架设。步骤如下：

① 将接收机设置为移动站电台模式；

② 打开移动站主机，将其固定在碳纤对中杆上面，拧上 UHF 发射天线；

③ 安装好手簿托架和手簿。

移动站电台模式如图 2-63 所示。

(3) 设置移动站

移动站架设好后需要对移动站进行设置才能达到固定解状态，步骤如下：

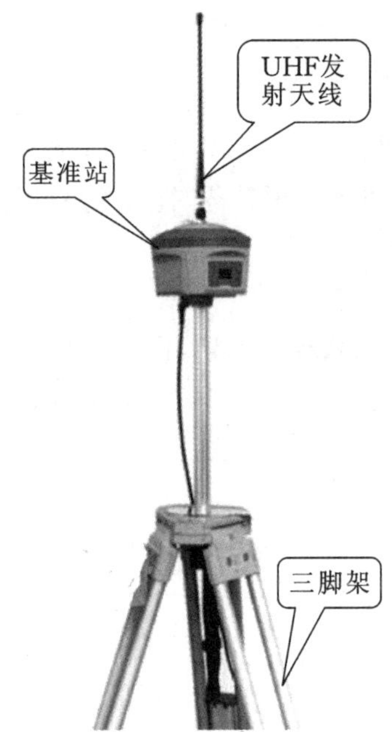

图 2-62 基准站电台模式

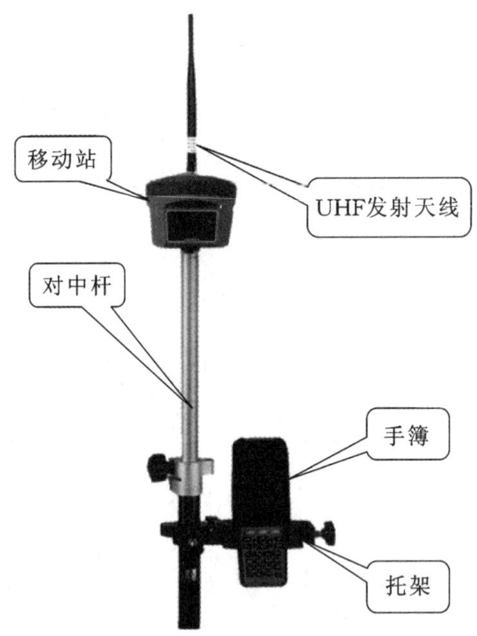

图 2-63 移动站电台模式

① 手簿与“工程之星”软件连接。

② 点击“配置”→“仪器设置”→“移动站设置”。点击“移动站设置”，则默认将主机工作模式切换为移动站。

③ 数据链设置为内置电台模式。

④ 电台设置：

通道设置——与基站通道一致；

功率挡位——有“HIGH”和“LOW”两种功率；

空中波特率——有“9600”和“19200”两种(建议 9600)。

(4) 新建项目

基准站和移动站设置好之后,可以在“工程之星”软件中新建工程项目,然后进行坐标系统的设置,填写椭球名称和中央子午线。

(5) 求取转换参数

利用至少三个已知控制点进行控制点联测,使用“求转换参数菜单”求得 WGS-84 至国家或独立坐标系的转换参数;利用求得的转换参数,在已知控制点上进行检验,查看转换后的已知坐标是否正确,若不正确则须重新进行控制点联测和参数求解。

(6) 开始 RTK 测量

若坐标检核无误,则进行 RTK 数据采集操作。

3. 基准站网络模式

RTK 基准站网络模式与电台模式的主要区别是采用网络方式传输差分数据,在架设上与电台模式类似,在“工程之星”软件的设置上区别较大,下面分别予以介绍。

(1) 架设基准站和移动站

RTK 基准站网络模式与电台模式只是传输方式上不同,架设方式类似,区别在于:

① 网络模式下基准站设置为基准站网络模式。

② 网络模式下移动站设置为移动站网络模式。

(2) 设置基准站

第一次启动基准站时,需要对启动参数进行设置,设置步骤如下:

① 点击“配置”→“仪器设置”→“基准站设置”,点击“基准站设置”,则默认将主机工作模式切换为基准站。

② 差分格式,一般都使用国际通用的 RTCM32 差分格式。

③ 发射间隔,可以选择 1 s 或者 2 s 发射一次差分数据。

④ 网络设置:

a. 点击“增加”。

b. 名称:“自己命名”。

c. IP:39.152.6.203。

d. 端口:2014。

e. 账户:为机身号后六位(避免重复输入)。

f. 密码:可任意输入。

g. 接入点:机身编号。

h. APN:默认即可。

点击“确定”,返回模板参数管理页面,选择新增加的网络模板,点击“连接”,登录服务器成功后即可完成网络基准站配置，点击“确定”返回基准站设置页面，点击“启动”即可发射。

注意，网络模式下基准站主机需要插入 SIM 卡。

(3) 设置移动站

移动站架设好后需要对移动站进行设置才能达到固定解状态，步骤如下：

① 手簿与“工程之星”软件连接。

② 点击“配置”→“仪器设置”→“移动站设置”，点击“移动站设置”则默认将主机工作模式切换为移动站。

③ 数据链：接收机移动网络(主机插 SIM 卡)，接收机 WiFi(主机连接 WiFi)。

④ 网络设置：

a. 点击“增加”。

b. 名称：“自己命名”。

c. IP：与基准站一致。

d. 端口：2014。

e. 账户：为机身号后六位(避免重复输入)。

f. 密码：可任意输入。

g. 模式：NTRIP。

h. 接入点：与基准站一致(也可以获取)。

i. APN：默认即可。

点击“确定”，返回模板参数管理页面，选择新增加的网络模板，点击“连接”，登录服务器成功后即可完成移动站配置，点击“确定”，然后返回到主界面等待固定解。

(4) 新建项目

基准站和移动站设置好之后，可以在“工程之星”软件中新建工程项目，然后进行坐标系统的设置，填写椭球名称和中央子午线。

(5) 求取转换参数

利用至少三个已知控制点进行控制点联测，使用“求转换参数菜单”求得 WGS-84 至国家或独立坐标系的转换参数；利用求得的转换参数，在已知控制点上进行检验，查看转换后的已知坐标是否正确，若不正确则须重新进行控制点联测和参数求解。

(6) 开始 RTK 测量

若坐标检核无误，则进行 RTK 数据采集操作。

五、注意事项

(1) 南方测绘银河 6 型双频 GNSS 接收机是目前国内技术比较先进、价格也较昂贵的测量仪器，因此在安置和使用时必须严格遵守精密仪器操作规程，要注意爱护仪器。

(2) 组装仪器时要注意，不要用力，以免损坏电池、天线等配件。

六、成果上交

每人上交 GNSS-RTK 动态测量记录表格(网络 CORS 模式)、GNSS-RTK 动态测量记录表格(基准站电台模式)、GNSS-RTK 动态测量记录表格(基准站网络模式)各一份,见表 2-49 至表 2-51。

表 2-49　GNSS-RTK **动态测量记录表格(网络** CORS **模式)**

点类型	点名	编码	东坐标 E	北坐标 N	高程/m
控制点	1				
控制点	2				
路灯	3				
井	4				
房角	5				
零星树木	6				
监控	7				

表 2-50　GNSS-RTK **动态测量记录表格(基准站电台模式)**

点类型	点名	编码	东坐标 E	北坐标 N	高程/m
控制点	1				
控制点	2				
路灯	3				
井	4				
房角	5				
零星树木	6				
监控	7				

表 2-51　GNSS-RTK **动态测量记录表格(基准站网络模式)**

点类型	点名	编码	东坐标 E	北坐标 N	高程/m
控制点	1				
控制点	2				
路灯	3				
井	4				
房角	5				
零星树木	6				
监控	7				

模块七　地理信息系统原理实习

任务1　ArcGIS软件基本操作

一、任务目的与要求

1. 认识ArcMap图形用户界面。
2. 了解地理数据是如何进行组织及基于“图层”进行显示的。
3. 通过浏览与地理要素关联的数据表，了解地理数据是如何与其属性信息进行连接的。
4. 掌握GIS两种基本查询操作，加深对其实现原理的理解。
5. 初步了解设置图层显示方式——图例的使用。

二、任务内容

1. 熟悉ArcMap的菜单和工具。
2. 学习地图文档的创建、打开与保存。
3. 学习地图模板的使用。
4. 学习图层的添加和基本设置。

三、任务仪器及工具

1. 软件准备：ArcGIS 10.0版本以上。

2. 数据准备：某地区矢量数据（包括行政区界、河流、公路、铁路等多个矢量图层），如“huadong.mxd”“shenghui.shp”等。

四、任务步骤安排

1. 启动ArcMap

执行菜单命令：“开始”→“所有程序”→“ArcGIS”→“ArcMap”。当出现“ArcMap”对话框时，点击“A new empty map”单选按钮，然后点击“OK”确定。

ArcMap对话框如图2-64所示。ArcMap界面如图2-65所示。

加载已有地图文件，执行菜单命令“File”→“Open”。浏览练习数据的文件夹，然后点击“huadong.mxd”，点击“打开”按钮。mxd文件视图如图2-66所示。

ArcMap窗口的左边区域称为图层控制面板（TOC），它显示的是图层列表。窗口的右边区域显示的是图层控制面板中各图层的图形内容。ArcMap窗口布局如图2-67所示。

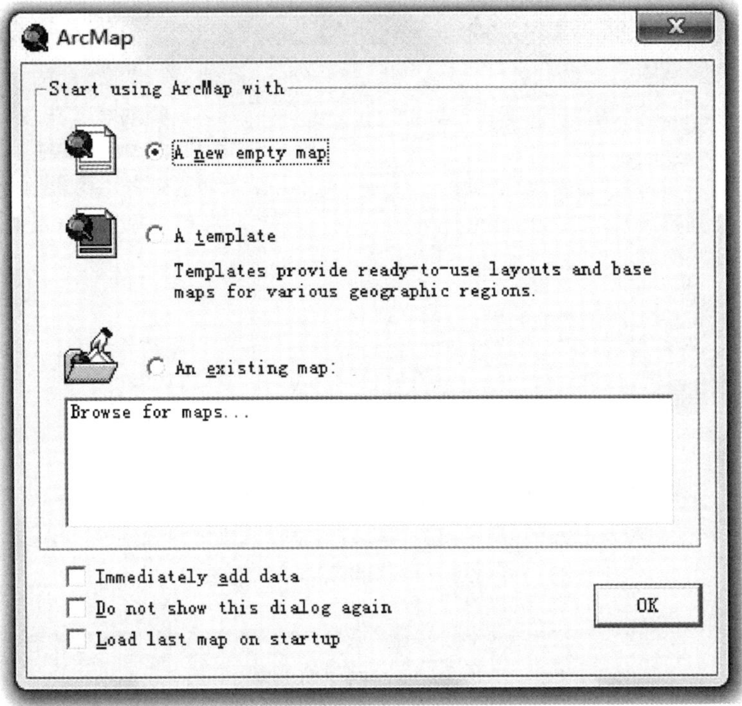

图 2-64　ArcMap 对话框

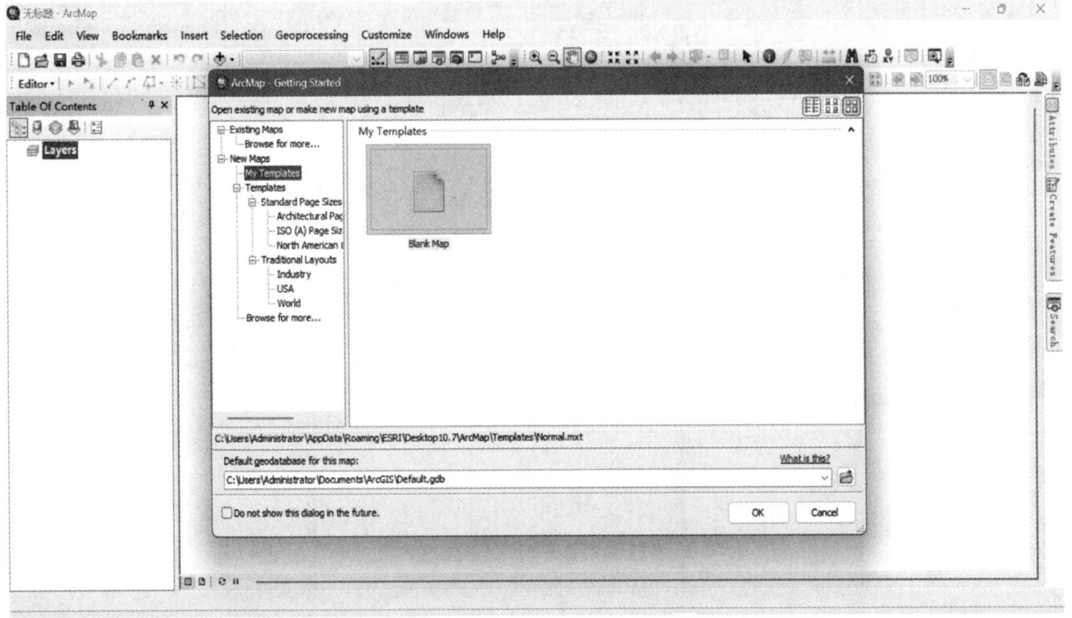

图 2-65　ArcMap 界面

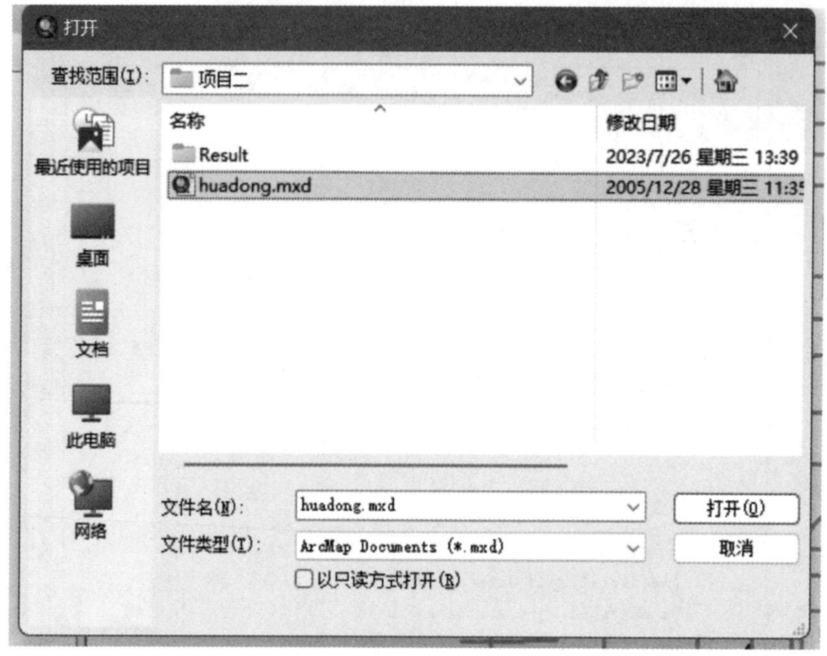

图 2-66 mxd 文件视图

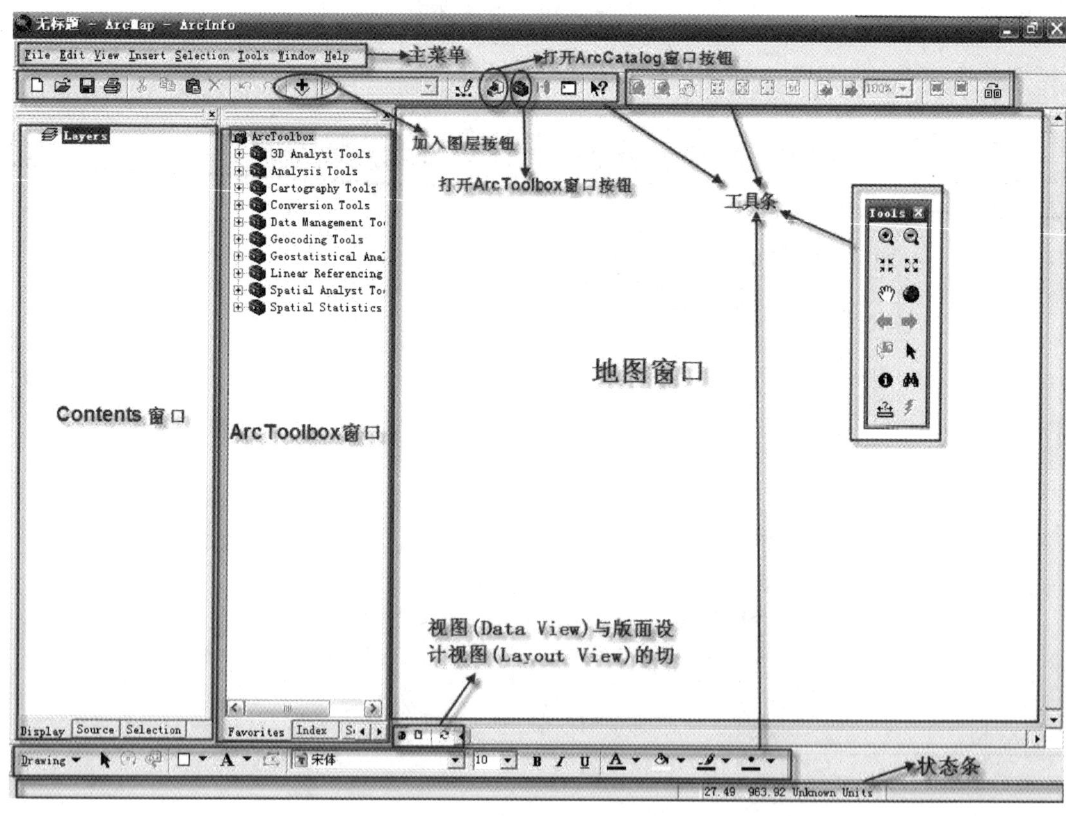

图 2-67 ArcMap 窗口布局

2. 图层的添加和基本设置

(1) 命令加载图层

在 ArcMap 主菜单栏中，选择“File”→“Add Data”命令，打开“Add Data”对话框。Add Data 命令如图 2-68 所示。

图 2-68　Add Data **命令**

在“Add Data”对话框中，通过“Look in”下拉列表框确定加载数据，如“street_arc”。数据文件加载对话框如图 2-69 所示。

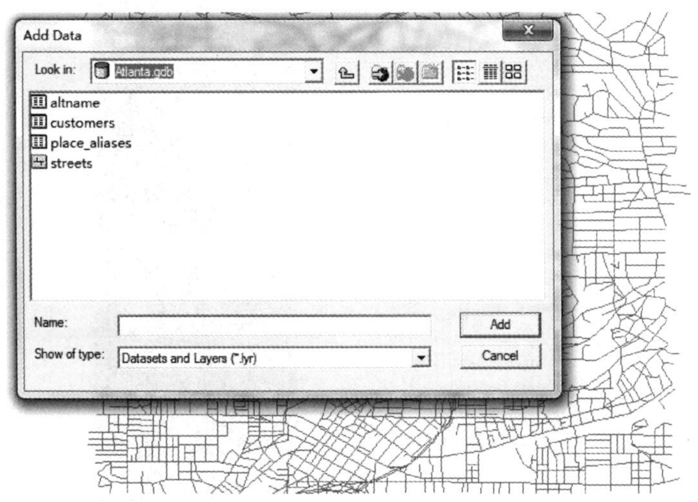

图 2-69　数据文件加载对话框

在“Name”文本框中出现“Transportation”提示，单击“Add”按钮，“street_arc”数据层被加载到新地图中。同样，可以利用上述步骤加载其他相关数据，这样需要显示的数据就可以在地图窗口看到了。数据视图窗口如图 2-70 所示。

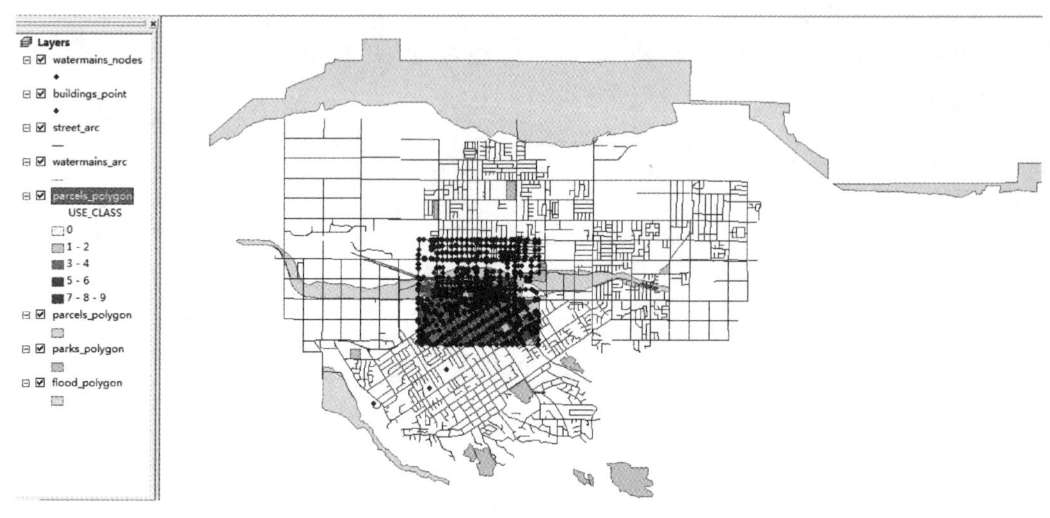

图 2-70 数据视图窗口

(2) 通过 ArcCatalog 加载图层

启动"ArcCatalog",启动项如图 2-71 所示。

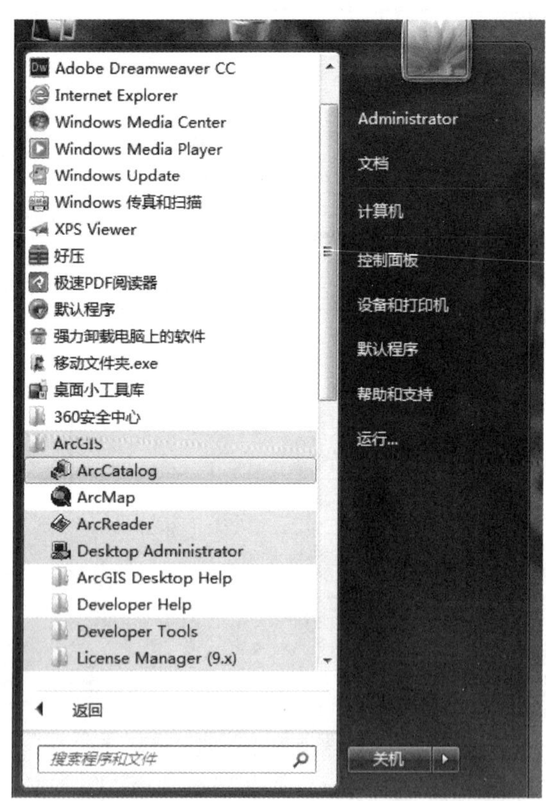

图 2-71 启动项

确定需要加载的数据层，ArcCatalog 界面如图 2-72 所示。

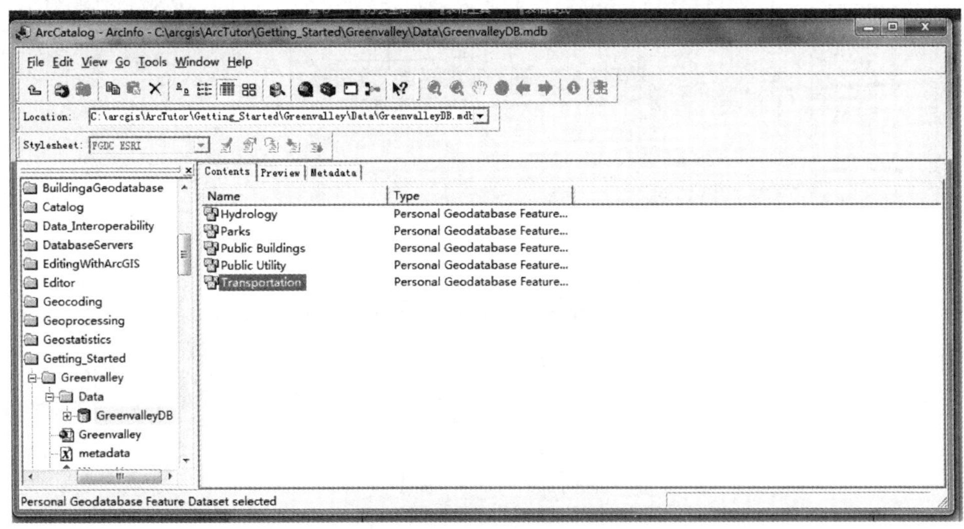

图 2-72　ArcCatalog 界面

通过拖动操作来加载数据，数据视图窗口如图 2-73 所示。

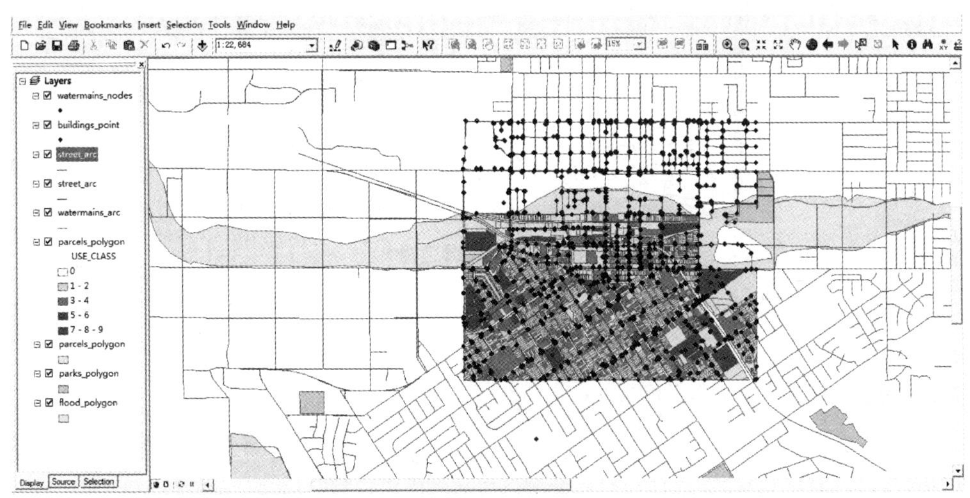

图 2-73　数据视图窗口

(3) 通过已有地图加载数据层

另外启动一个“ArcMap”窗口，在“Start using ArcMap with”对话框中选择“An existing map”，然后打开文件已有地图。

选择保存数据层，在“Name”文本框中确定图层保存命名。保存对话框如图 2-74 所示。

(4) 加载其他数据层

打开“add data”对话框，数据选择如图 2-75 所示，CAD 数据 ArcMap 视图如图 2-76 所示，栅格数据 ArcMap 视图如图 2-77 所示，图片栅格数据 ArcMap 视图如图 2-78 所示，坐标数据 ArcMap 对话框如图 2-79 所示。

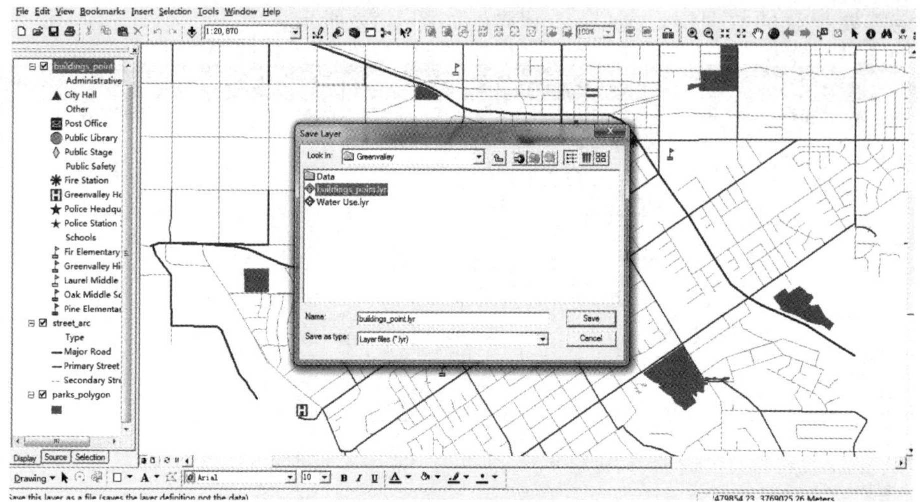

图 2-74　保存对话框

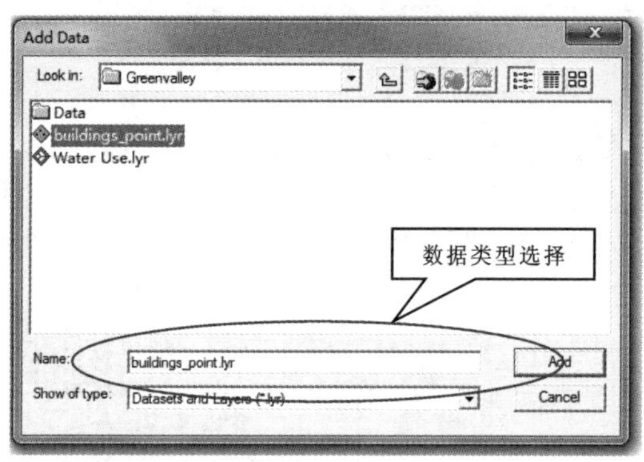

图 2-75　数据选择

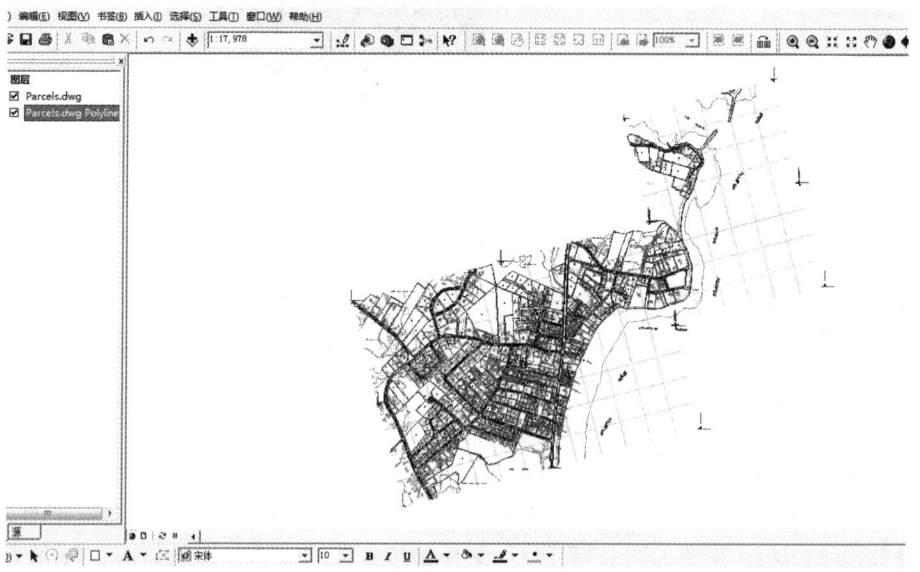

图 2-76　CAD 数据 ArcMap 视图

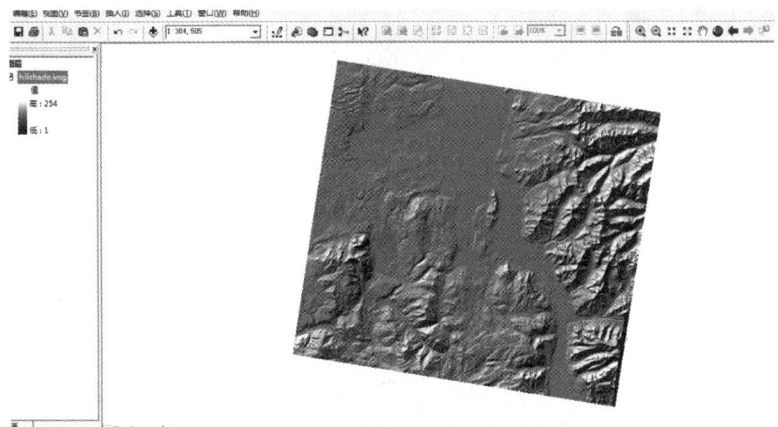

图 2-77　栅格数据 ArcMap 视图

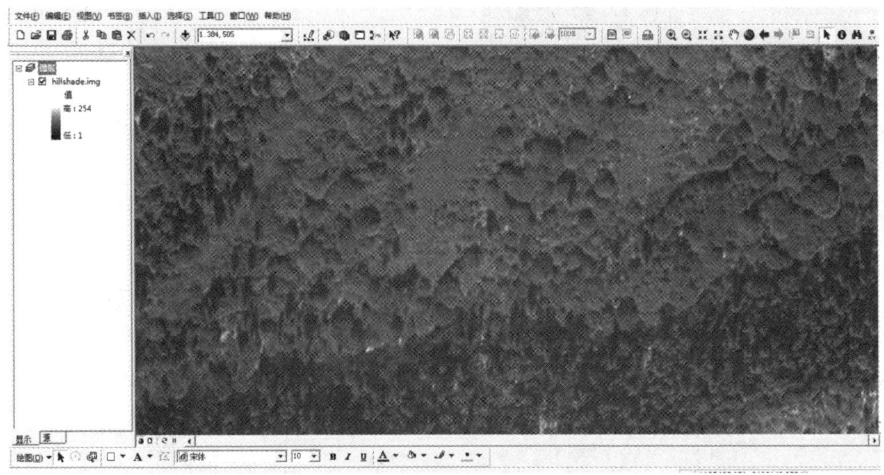

图 2-78　图片栅格数据 ArcMap 视图

Add XY Data

A table containing X and Y coordinate data can be added to the map as a layer

Choose a table from the map or browse for another table:

Specify the fields for the X, Y and Z coordinates:

X Field:

Y Field:

Z Field:

Coordinate System of Input Coordinates

Description:

Unknown Coordinate System

Show Details

Edit...

Warn me if the resulting layer will have restricted functionality

About adding XY data

OK

Cancel

图 2-79　坐标数据 ArcMap 对话框

3. 图形属性查询及编辑

ArcGIS 提供了多种图形编辑工具，具有很多与 AutoCAD 类似的工具，可以帮助用户快速、方便地绘制地图。

基本编辑："Editor"→"Start Editing"。

包括：要素复制(Cope Parallel、buffer、Mirror Features)、合并(Merge、Union)、任意点分割( )、按长度分割(Split)、布点分割(Divide)、多边形分割(Cut Polygon Features)、变形(Reshape Feature)、缩放( )与节点编辑。

"Start Editing"对话框如图 2-80 所示。

也可鼠标右键点击工具条空白处，调用Customize...进行工具条的自定义。

编辑工具条如图 2-81 所示。工具条的自定义如图 2-82 所示。

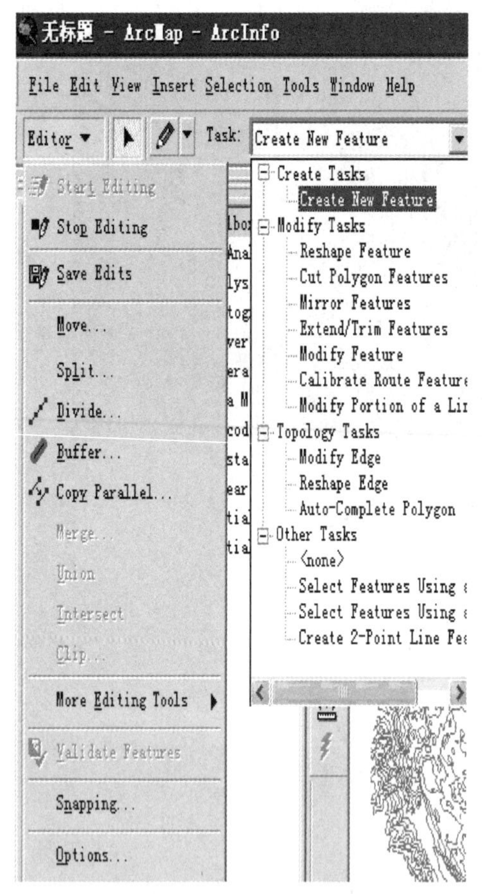

图 2-80 "Start Editing"对话框

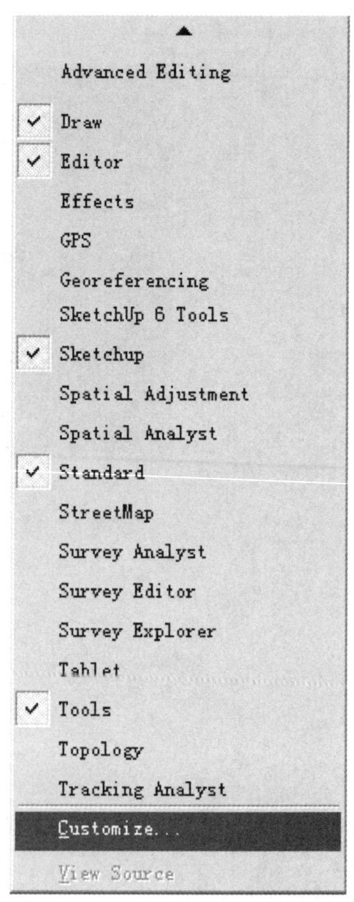

图 2-81 编辑工具条

借助 ArcMap 编辑工具，可对单要素或多要素属性进行添加、删除、修改、复制和粘贴等多种编辑操作，而应用数据层属性表，可以实现更多的编辑操作。可通过以下三种方式：

① 单击 键，在图形窗口选择需要编辑的要素(可多选)，单击鼠标右键选择"Attributes”,打开“Attributes”对话框,如图 2-83 所示。左窗口显示被选择的要素,右窗口显示其属性字段及属性值。左窗口上鼠标右键单击“要素”,包含“Highlight”“Zoom To”“Copy”“Paste”“Unselect”“Delete”等命令。

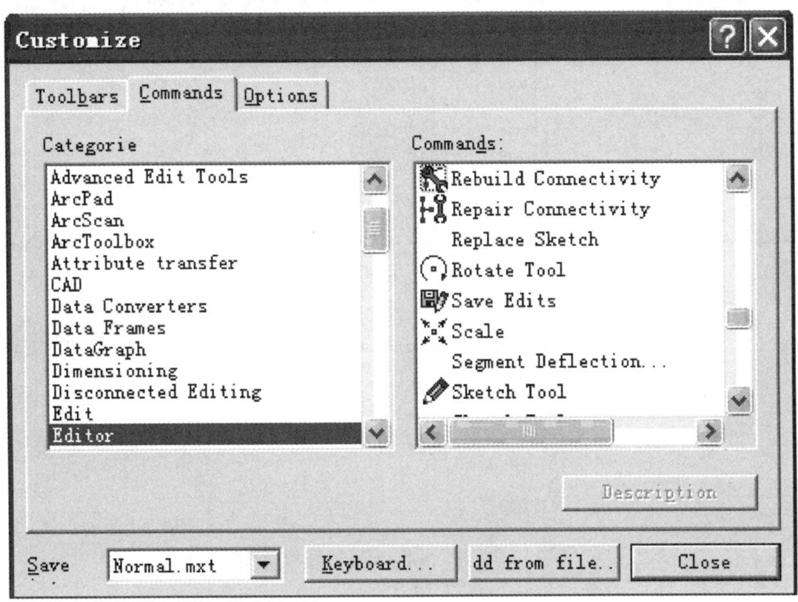

图 2-82　工具条的自定义

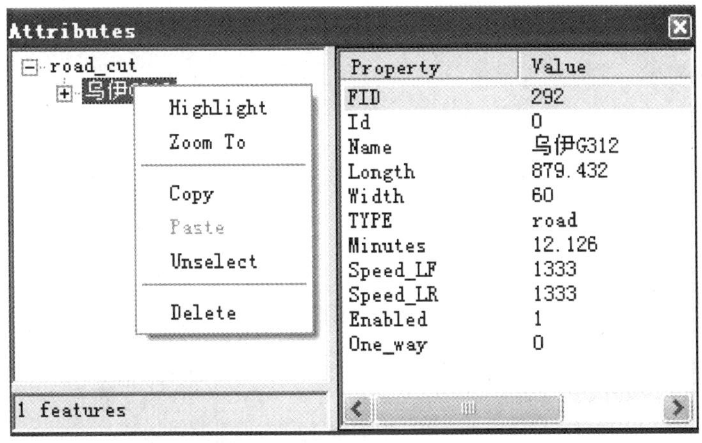

图 2-83　图层鼠标右键选择

② 可通过数据显示工具条 按钮,打开查询窗口,即“Identify Results”对话框,浏览和编辑属性数据,如图 2-84 所示。

③ 鼠标右键单击图层,选择“Open Attribute Table”命令(图 2-85),打开“图层属性表”,即“Attributes Table”对话框 (图 2-86),单击“Options”按钮,可以进行属性查询、增加字段、关联表、创建图表、属性表导出、属性表外观设置等操作。

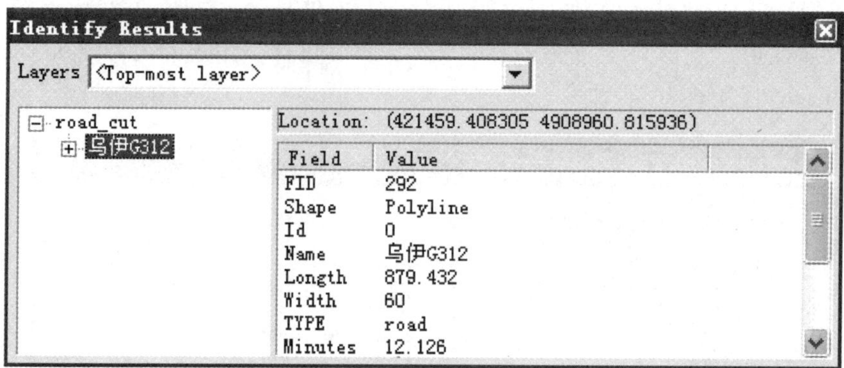

图 2-84 查询窗口

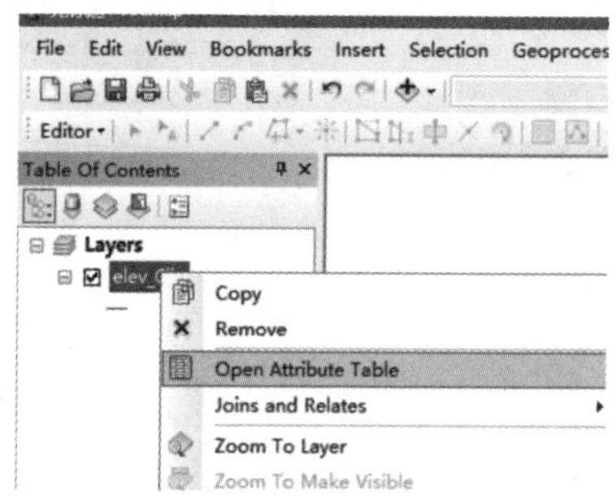

图 2-85 "Open Attribute Table"命令

Attributes of elev_Clip

FID	Shape*	FNODE_	TNODE_	LPOL	RPOL	LENGTH	GB	ELEV
0	Polyline	27763	27763	2	2	422.0182	71010	3100
1	Polyline	27831	27831	2	2	762.8611	71010	3100
2	Polyline	27875	27875	2	2	865.7990	71010	2800
3	Polyline	27933	26644	2	2	29574.65	71010	2300
4	Polyline	27980	27980	2	2	321.1574	71010	3200
5	Polyline	27981	27981	2	2	3346.521	71010	3200
6	Polyline	27993	27993	2	2	1102.484	71010	3100
7	Polyline	27998	27998	2	2	943.1687	71010	2800
8	Polyline	28020	28020	2	2	9104.684	71010	3100
9	Polyline	28029	28029	2	2	400.5556	71010	3100
10	Polyline	27843	28038	2	2	41071.95	71010	2000
11	Polyline	26260	28053	2	2	39120.99	71010	2600
12	Polyline	28061	28061	2	2	531.7671	71010	2600
13	Polyline	26535	28064	2	2	33072.03	71010	2700
14	Polyline	27465	27226	2	2	52939.40	71010	3000
15	Polyline	28085	27333	2	2	27605.73	71010	2100
16	Polyline	28103	28103	2	2	500.9686	71010	3000

Find & Replace...
Select By Attributes
Select All
Clear Selection
Switch Selection
Add Field...
Related Tables
Create Graph...
Add Table to Layout
Reload Cache
Export...
Appearance...

Record: 1 Show: All Selected Records (0 out of 659 Selected.) Options

图 2-86 "Attributes Table"对话框

4. 要素选择

(1) 根据属性选择要素

执行菜单命令“Selection”→“Select by Attributes”。

如图 2-87 所示，在属性选择对话框中构造查询条件。通过构造表达式选择实体，选中的实体将会在属性表及地图中高亮显示，如图 2-88 所示。

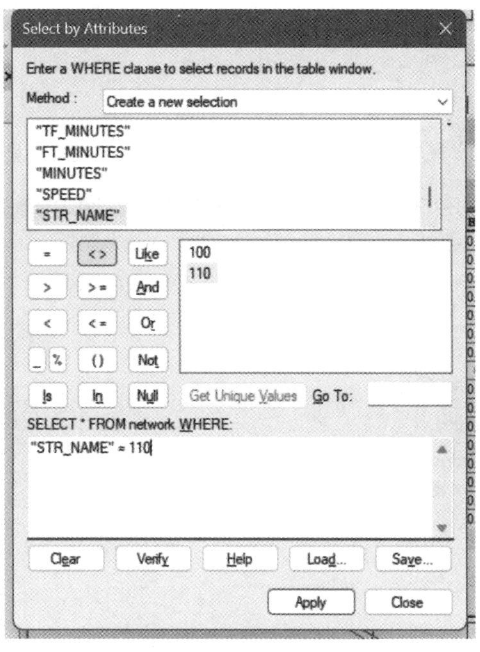

图 2-87　属性选择对话框

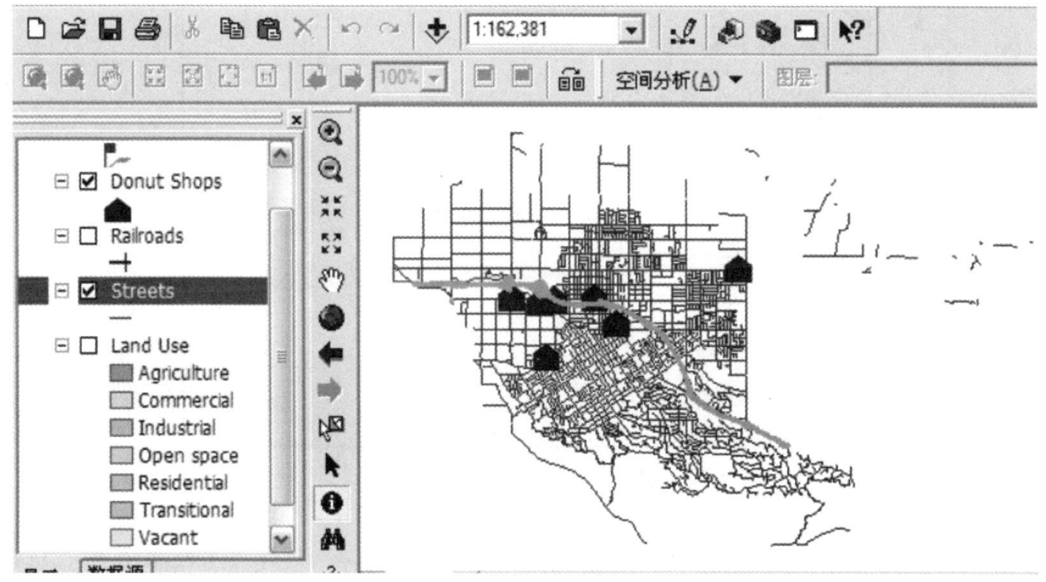

图 2-88　选择视图

操作如下：

如图 2-87 所示，在图层下拉列表中选择“Streets”。在“Method”下拉列表中，确定“Create a new selection”被选中。在字段列表中，调整滚动条，双击“STR_NAME”，然后点击“=”按钮，再点击“Get Unique Value”按钮，在唯一值列表框中，找到“110”后双击，点击“Apply”按钮。

(2) 使用空间关系选择地理要素

执行菜单命令“Selection”→“Select By Location”。

操作如下：

如图 2-89 所示，选中检查框“Apply a search distance”，缓冲距离设为 1000 m。

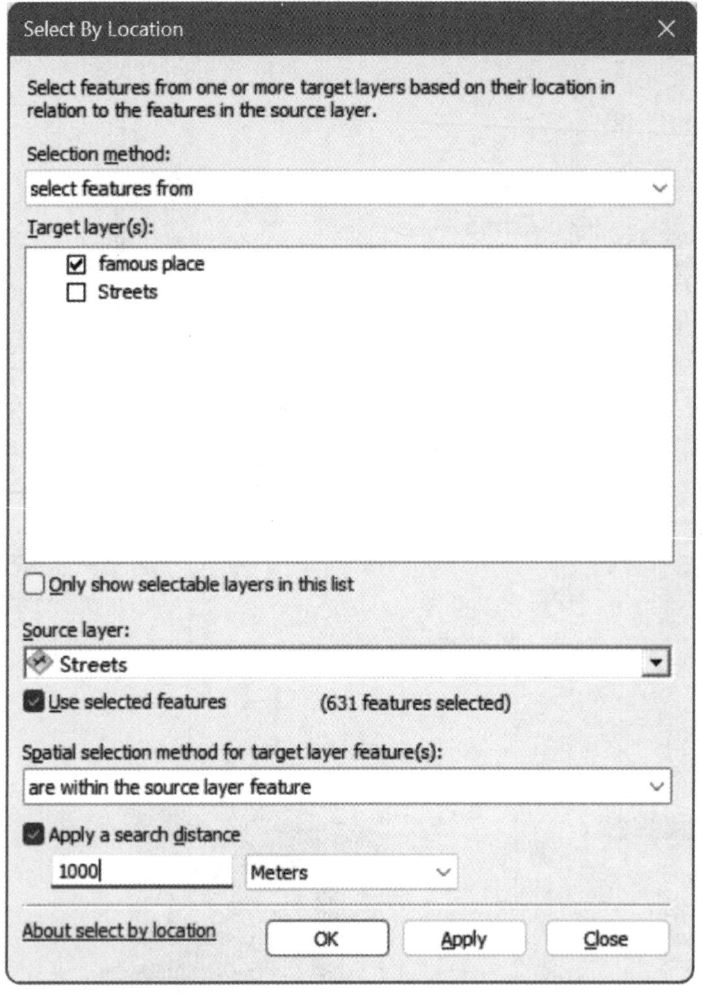

图 2-89 位置选择对话框

在“图层列表”(TOC)中，鼠标右键点击图层“Donut Shops”，打开属性表，图层中被选中的那些实体就会被高亮显示出来，如图 2-90 所示。

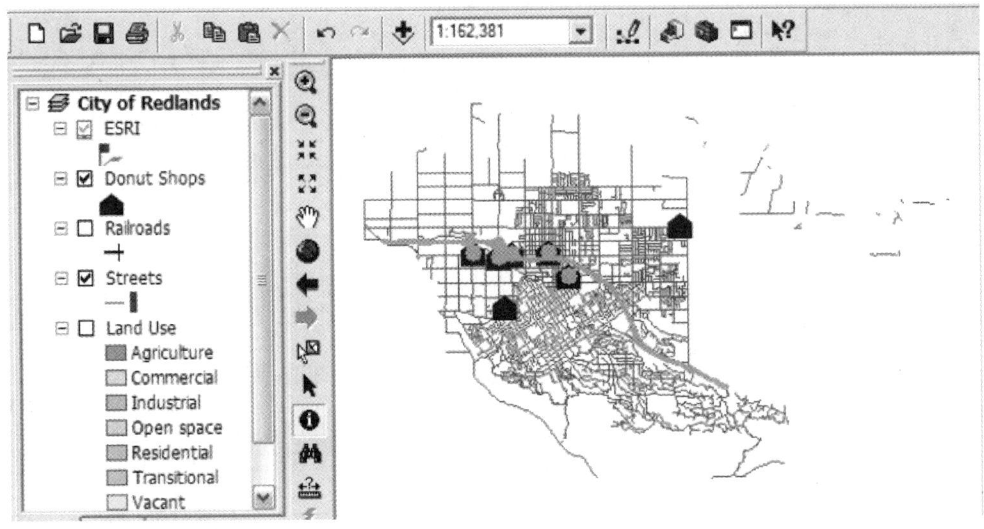

图 2-90　图层实体显示

五、注意事项

(1) 文件保存路径自行选定，尽量不改动。
(2) 操作过程多加练习。
(3) 熟悉并掌握 ArcMap 界面各功能。

六、成果上交

(1) 根据实习模板要求，提交一份实习报告。
(2) 实习数据以压缩文件形式提交。

任务2　空间数据采集(扫描矢量化)

一、任务目的与要求

1. 利用影像配准(Georeferencing)工具进行影像数据的地理配准。
2. 掌握矢量数据相关操作命令的含义与应用，并对矢量数据的类型有一定的理解。
3. 掌握空间数据拓扑创建多种方法的操作与应用，加深对空间拓扑的理解。

二、任务内容

1. 某地区影像数据的地理配准。
2. 分图层矢量化(屏幕数字化)：①新建图层；②要素编辑。
3. 创建拓扑。
4. 属性录入。

三、任务仪器及工具

1. 软件准备：ArcGIS 10.0 版本以上。

2. 数据准备：栅格数据——＊＊＊.img；矢量数据——＊＊＊.shp。

四、任务步骤安排

1. 影像配准

（1）加载数据和影像配准工具

所有图件扫描后都必须经过图像配准，对扫描后的栅格图进行检查，以确保矢量化工作顺利进行。

打开“ArcMap”，调出影像配准工具条“Georeferencing”，如图 2-91 所示。

图 2-91 Georeferencing **工具条**

把需要进行配准的影像“org.img”添加到“ArcMap”中，会发现“影像配准”工具栏中的工具被激活。加载影像数据如图 2-92 所示。

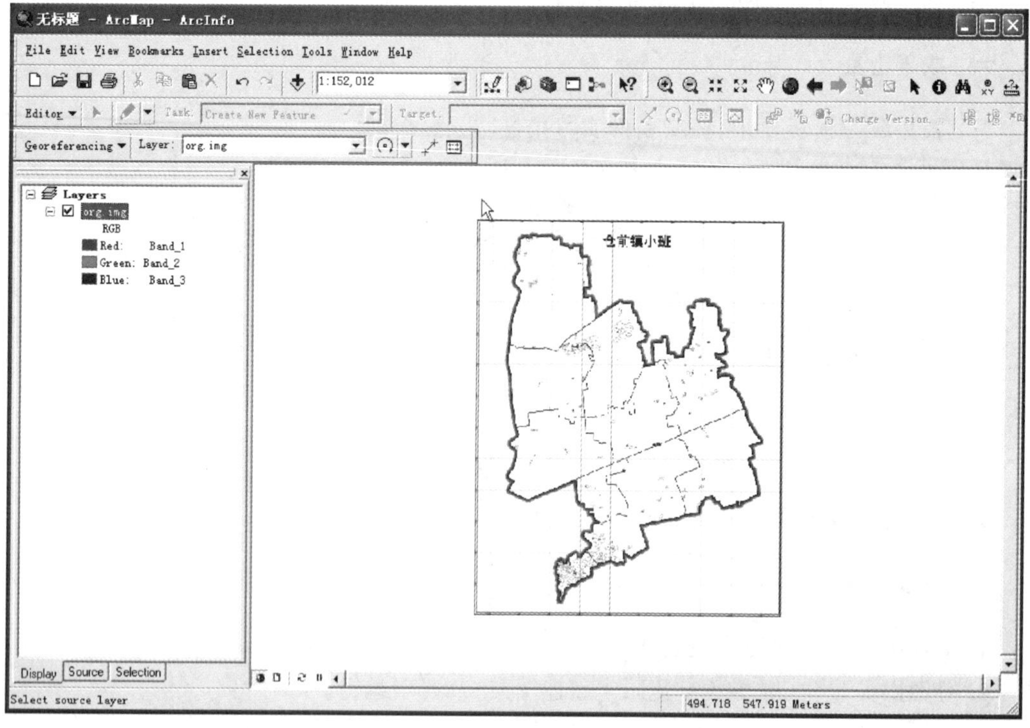

图 2-92 加载影像数据

(2) 输入控制点

控制点应该选择已知的准确实际地理坐标的点，如经纬线交点或公里网格交点。选取控制点时，应尽量将图片放大后选取，以尽量减小误差，如图 2-93 所示。

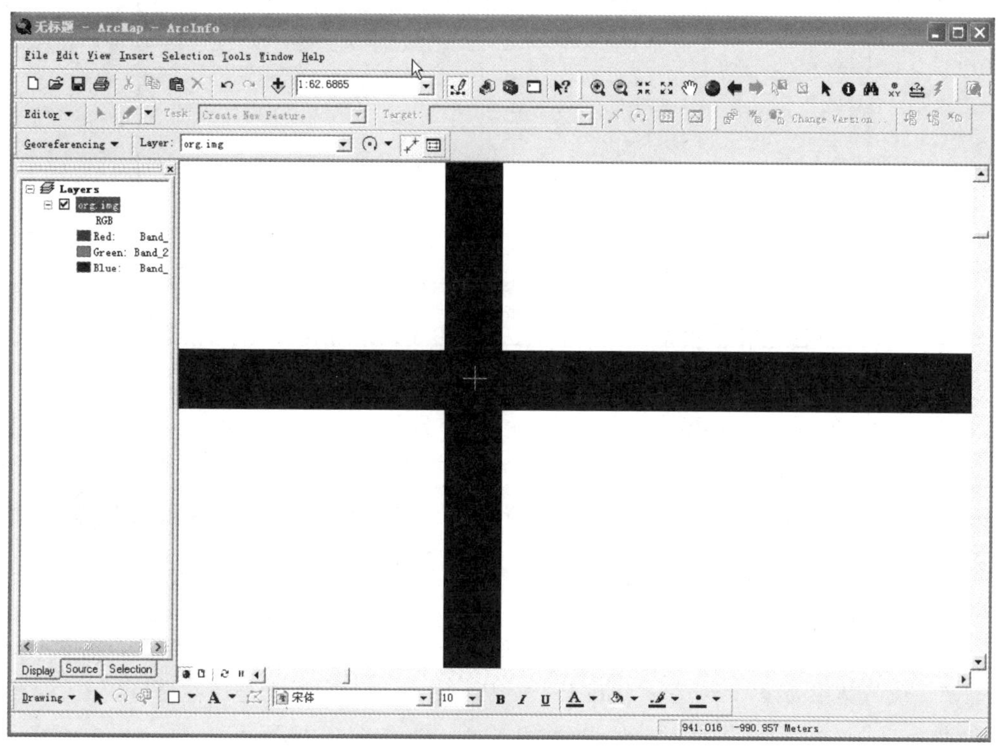

图 2-93　选取控制点

在“影像配准”工具栏上，点击“添加控制点”按钮，使用该工具在图上精确地找一个控制点后点击，然后鼠标右键选择“Input X and Y…”，调出“Enter Coordinates”对话框，输入其实际坐标，如图 2-94 所示。

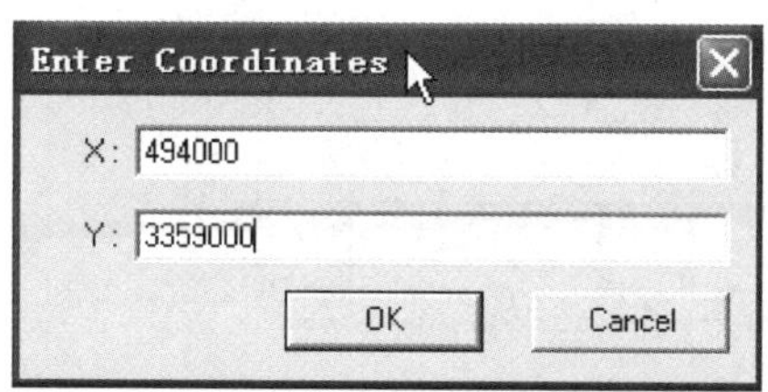

图 2-94　输入实际坐标

用相同的方法，在影像上增加多个控制点(≥4 个)，输入它们的实际坐标。点击“影像配准”工具栏上的“查看链接表”按钮。

注意：在链接表对话框中点击“Save”按钮，可将当前的控制点保存为磁盘上的文件以备使用，如图 2-95 所示。

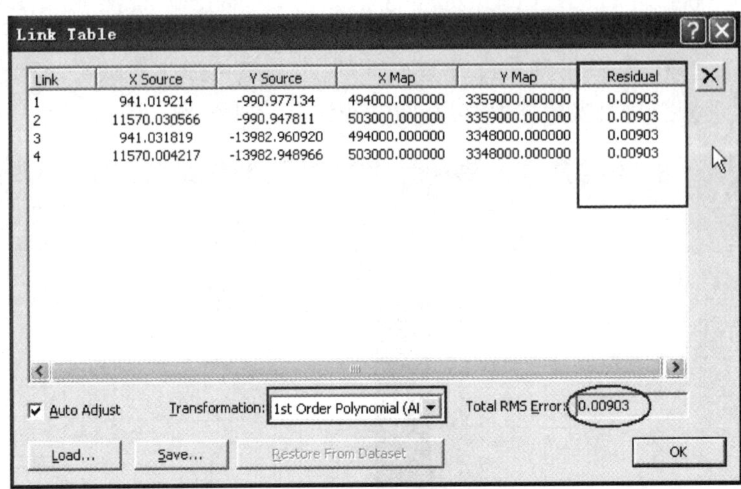

图 2-95　查看链接表

检查控制点的残差(residual error)和总的均方根误差(RMS error)。残差表示单个控制点坐标转换的误差,均方根误差表示所有控制点的总误差。均方根误差较小,说明控制点的选取是比较准确的。对于残差特别大的控制点,可选中后点击右侧删除按钮 将其删除,然后添加新的控制点。转换方式设定为“一次多项式”。

(3) 设定数据框的属性

增加所有控制点,并检查均方根误差(RMS error)后,在“影像配准”菜单下,点击“Update Display”。执行菜单命令“View”→“Data Frame Properties”,弹出数据框属性窗口。

在“General”选项页,将显示单位设置为“Meters”,如图 2-96 所示。

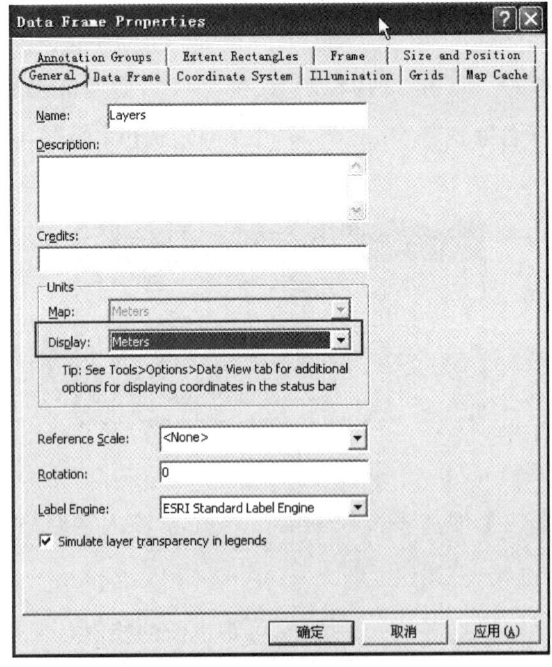

图 2-96　设置地图显示单位

在"Coordinate System"选项页，导入坐标系统，点击图 2-97 中"Import"按钮，弹出选择数据源窗口，如图 2-98 所示，选择"仓前镇镇驻地 Copy.shp"。

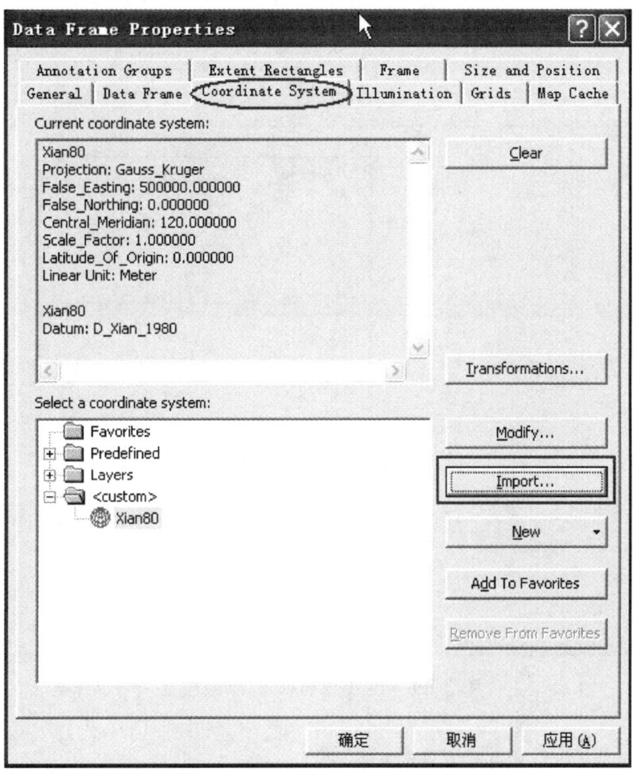

图 2-97 导入坐标系统

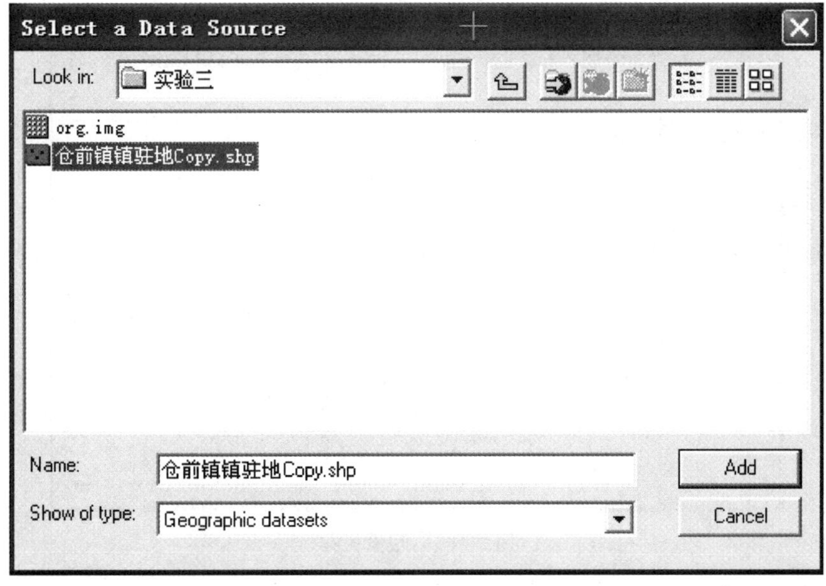

图 2-98 选择数据源窗口

更新显示后，影像就变成了真实的坐标，如图 2-99 所示。

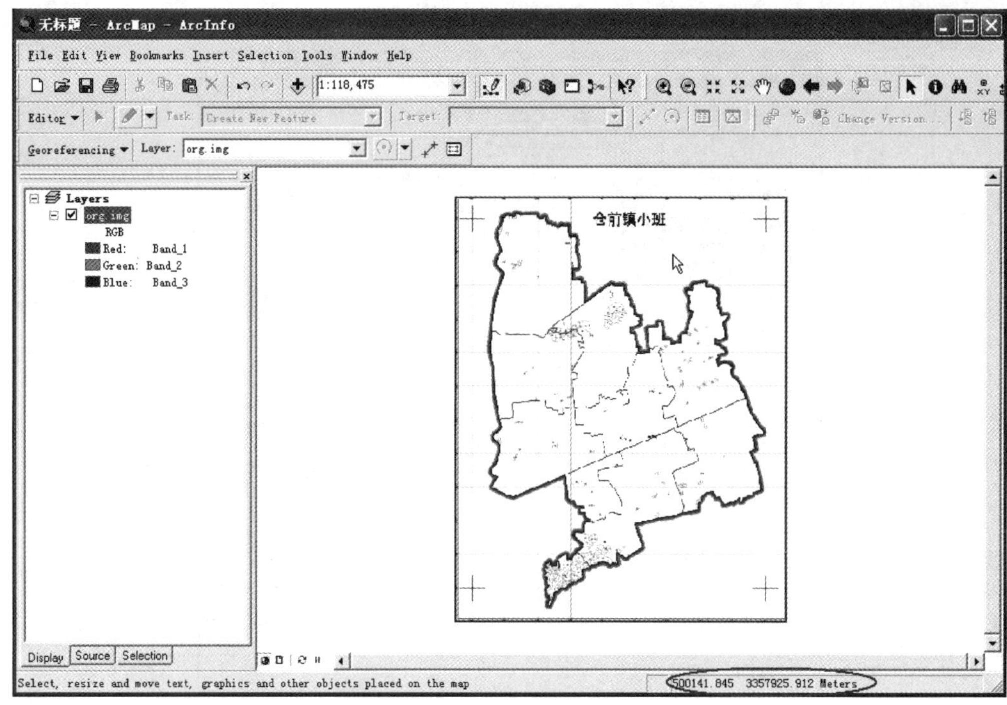

图 2-99　设置单位和坐标系统后

（4）矫正并重采样栅格生成新的栅格文件

在影像配准菜单下，点击“矫正”(rectify)，对配准的影像根据设定的变换公式重新采样，另存为“org1.img”，如图 2-100 所示。

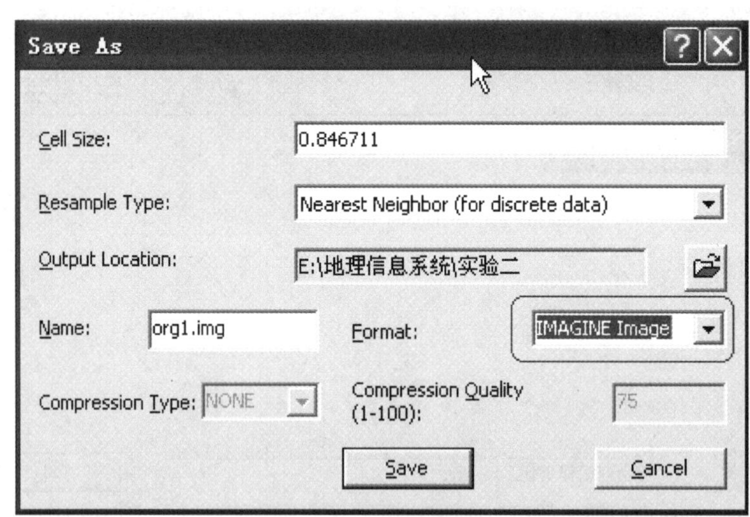

图 2-100　图像另存

将原始的栅格文件“org.img”从“ArcMap”中移除，并加载“org1.img”和“仓前镇镇驻地

Copy.shp”，查看两图层中的仓前镇镇驻地是否重合，若能够重合，说明配准的准确度较高，如图 2-101 所示。

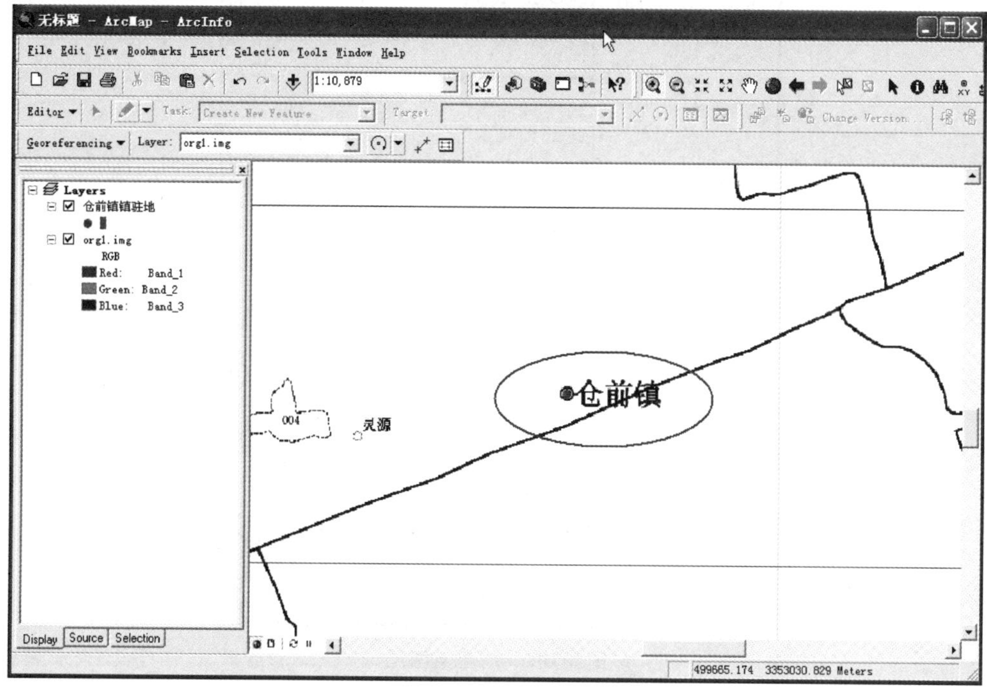

图 2-101　查看配准结果

通过上面的操作已经完成了配准工作，下面将以“orgl.img”为底图，分别对仓前镇的村政府（点）、乡村（面）、小班（面）进行输入，所有图层的投影坐标系应与仓前镇驻地图层的投影坐标系一致。

2. 分图层矢量化（屏幕数字化）

(1) 分图层矢量化——村政府图层

① 新建村政府图层

在“ArcCatalog”中新建点图层。在左侧的“Catalog Tree”中选中文件夹“实验三”，点击鼠标右键→“New”→“Shapefile”，弹出新建文件窗口，如图 2-102 所示。

填写名称“3095431_村政府”，实体类型“Point”。

设置投影坐标系。点击右下角“Edit”按钮，弹出“空间参考属性窗口”，如图 2-103 所示，可以选择、导入或新建坐标系。本实验中所有图层的坐标系应该与仓前镇镇驻地图层的相同，所以使用导入方式较好。点击“Import”按钮，弹出窗口如图 2-104 所示，选择“仓前镇镇驻地.shp”，然后点击“Add”按钮，图 2-103 中会显示出当前坐标系的详细参数。

添加字段。在“Catalog Tree”中选中新建的图层，在鼠标右键菜单中选择“属性”，弹出属性窗口，如图 2-105 所示。“XY Coordinate”选项页同图 2-103，也可在此处设置投影坐标系。“Fields”选项页，显示当前图层的属性字段名称及数据类型。添加字段“Name”，只需选中空白行，输入“Name”，选择数据类型“Text”即可；点击“应用”或“确定”后，新添加的字段不可以再修改，若想删除，可以点击左侧凸出的小方块，选中该行，然后按“Del”键。

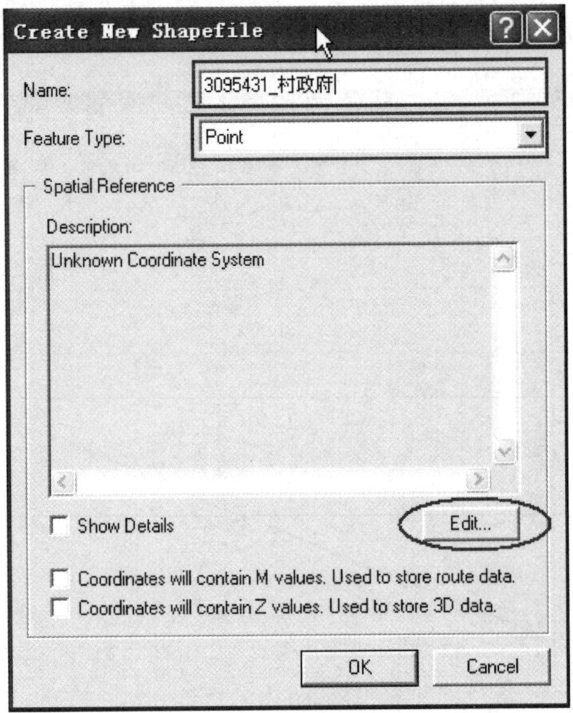

图 2-102　新建点图层

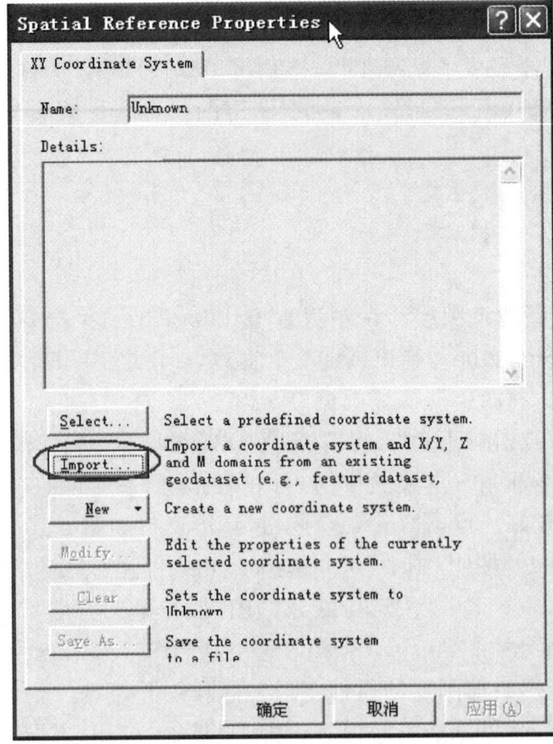

图 2-103　空间参考属性窗口

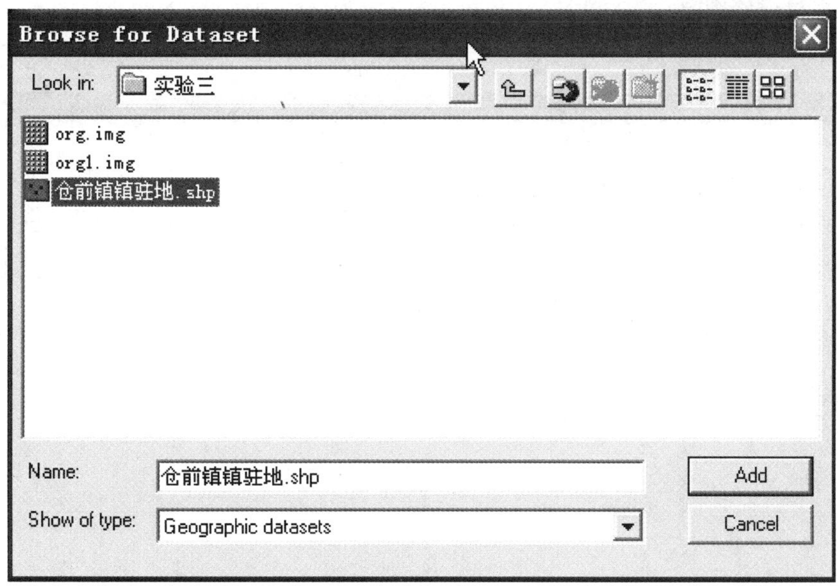

图 2-104　导入空间参考

Shapefile Properties

General | XY Coordinate System | Fields | Indexes

Field Name	Data Type
FID	Object ID
Shape	Geometry
Id	Long Integer
Name	Text

Short Integer
Long Integer
Float
Double
Text
Date

Click any field to see its properties.

Field Properties

Length	50

Import...

To add a new field, type the name into an empty row in the Field Name column, click in the Data Type column to choose the data type, then edit the Field Properties.

确定　取消　应用(A)

图 2-105　添加字段

② 添加村政府图层

在“ArcMap”中添加新建的村政府图层，并且调出“Editor”工具条，如图 2-106 所示。

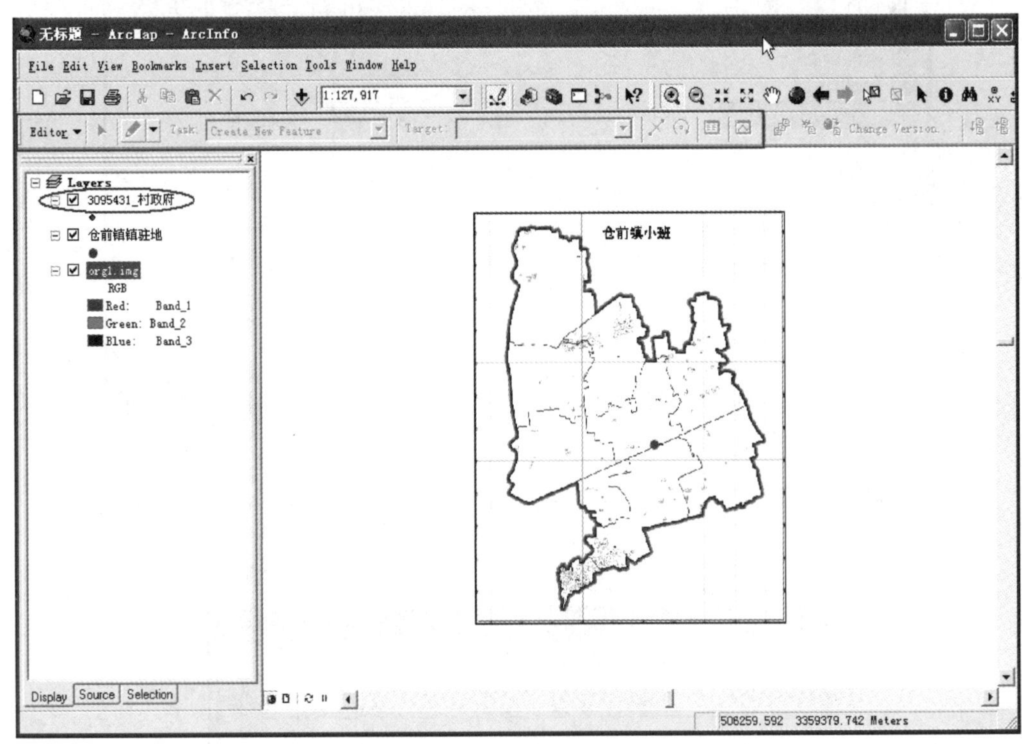

图 2-106　添加村政府图层

③ 编辑村政府图层

开始编辑，点击编辑工具条中的编辑按钮 Editor ▾，在下拉菜单中选择“Start Editing”，激活编辑工具；任务选择“Create New Feature”；目标选择“3095431_村政府”，如图 2-107 所示。

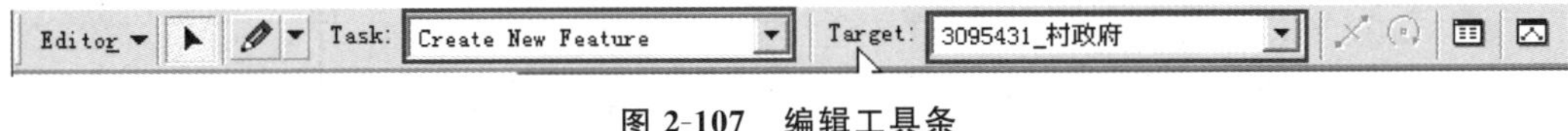

图 2-107　编辑工具条

输入第一个点——连县塘村政府(左上角)，使用 放大其所在区域，然后按下编辑工具栏中的 按钮，对准地图中的连县塘圆圈正中心，单击鼠标左键，则第一个点输入成功，如图 2-108中圈出的点。

点击编辑工具条中的 按钮，弹出“属性编辑框”，在“Name”中输入“连县塘”。

通过以上操作输入了第一个村政府，点击 ArcMap 工具栏中的全景按钮 ，可将地图恢复到全景显示，然后重复前面的操作，输入其余的 9 个村政府。

若移动或删除已输入点，可按下 按钮，选择要移动或删除的点，直接拖动可改变其位置，按“Del”键可将其删除，鼠标右键菜单可提供复制、粘贴等更多功能。

10 个村政府输入完成以后，点击“Editor”→“Save Edits”，最后“Stop Editing”。

对本图层利用“Name”字段标注。

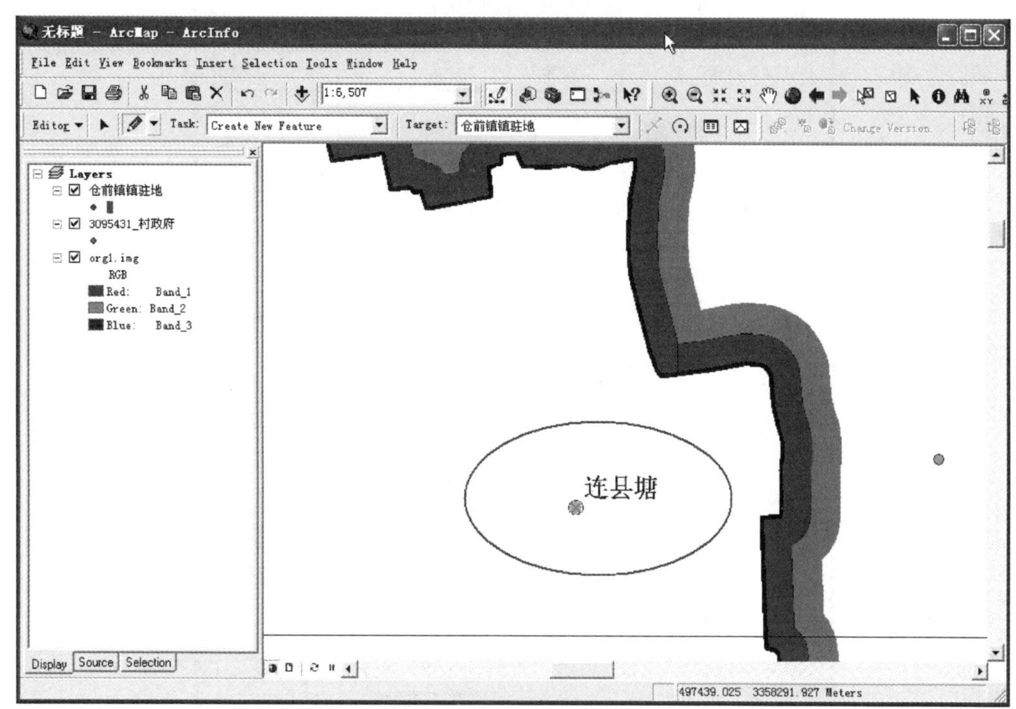

图 2-108　输入点

(2) 分图层矢量化——乡村图层

以乡村和小班为面，对面图元的矢量化有两种方式：一种是直接建立面图层，绘制面；另一种是先建立线图层，绘制边界线，然后通过相应的工具自动生成面图层。本实验中主要练习第二种方法。

① 新建乡村边界图层

在“ArcCatalog”中新建线图层：在左侧的“Catalog Tree”中选中文件夹“实验三”，点击鼠标右键→“New”→“Shapefile”，弹出“Create New Shapefile”窗口，如图 2-109 所示。

填写名称“3095431_乡村边界”，实体类型“Polyline”。

投影坐标系与点图层的设置相同。

② 在“ArcMap”中添加“乡村边界”图层，并进行编辑

将“乡村边界”图层添加到 ArcMap 中，开始编辑。点击编辑工具条中的编辑按钮 Editor ▼，在下拉菜单中选择“Start Editing”，激活编辑工具，任务选择“Create New Feature”，目标选择“乡村边界”图层。

设置捕捉环境“Snapping environment”。当绘制的曲线有公共节点或者有公共线时，为了绘制准确，要用到自动跟踪捕捉功能，则需要设置捕捉环境。点击“Editor”→“Snapping”，可弹出“Snapping environment”设置窗口，如图 2-110 所示。

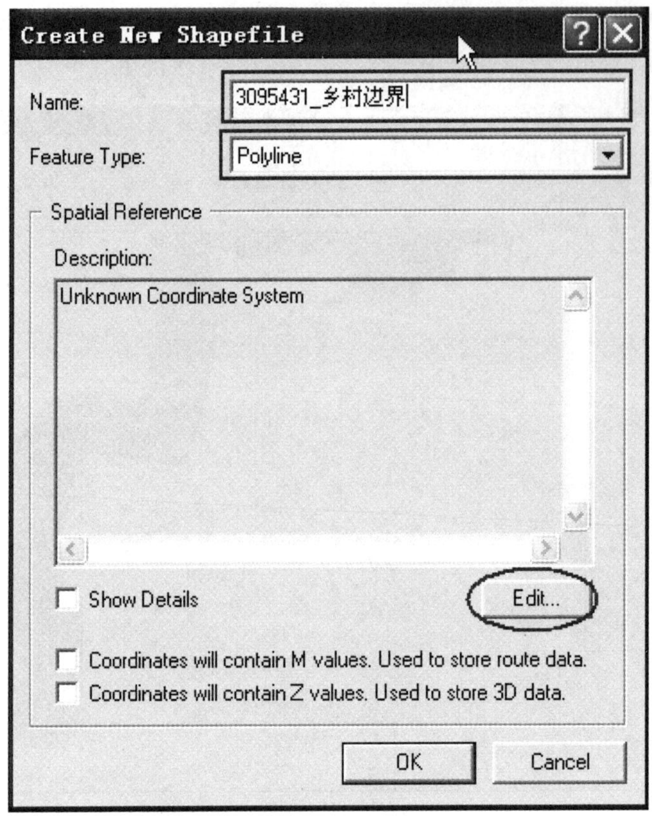

图 2-109　新建线图层

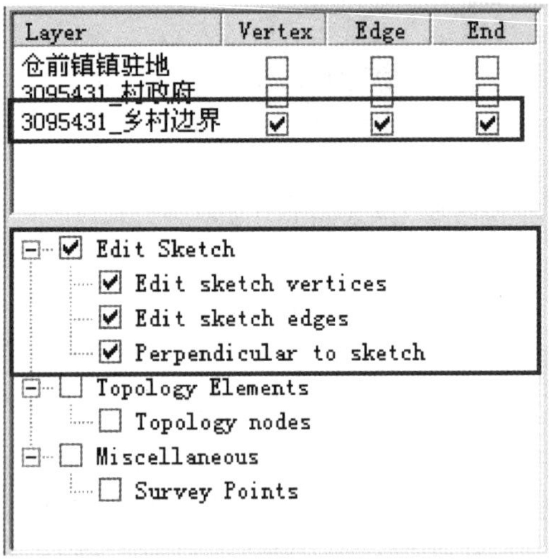

Layer	Vertex	Edge	End
仓前镇镇驻地	☐	☐	☐
3095431_村政府	☐	☐	☐
3095431_乡村边界	☑	☑	☑

- ☑ Edit Sketch
  - ☑ Edit sketch vertices
  - ☑ Edit sketch edges
  - ☑ Perpendicular to sketch
- ☐ Topology Elements
  - ☐ Topology nodes
- ☐ Miscellaneous
  - ☐ Survey Points

图 2-110　设置 Snapping

窗口上半部分选择的是可跟踪的图层和实体，此步骤中选择“乡村边界”图层，可跟踪其“节点”“边”“终点”。下半部分选择“编辑草图”，在绘制图形时可捕捉自己的节点和边。

设置显示“Snap Tips”。点击“Editor”→“Options”，弹出选项窗口，在“General”选项页中勾选“Show snap tips”，如图 2-111 所示。通过设置，在绘制图形时，捕捉到点时会给出提示，效果如图 2-112 所示。

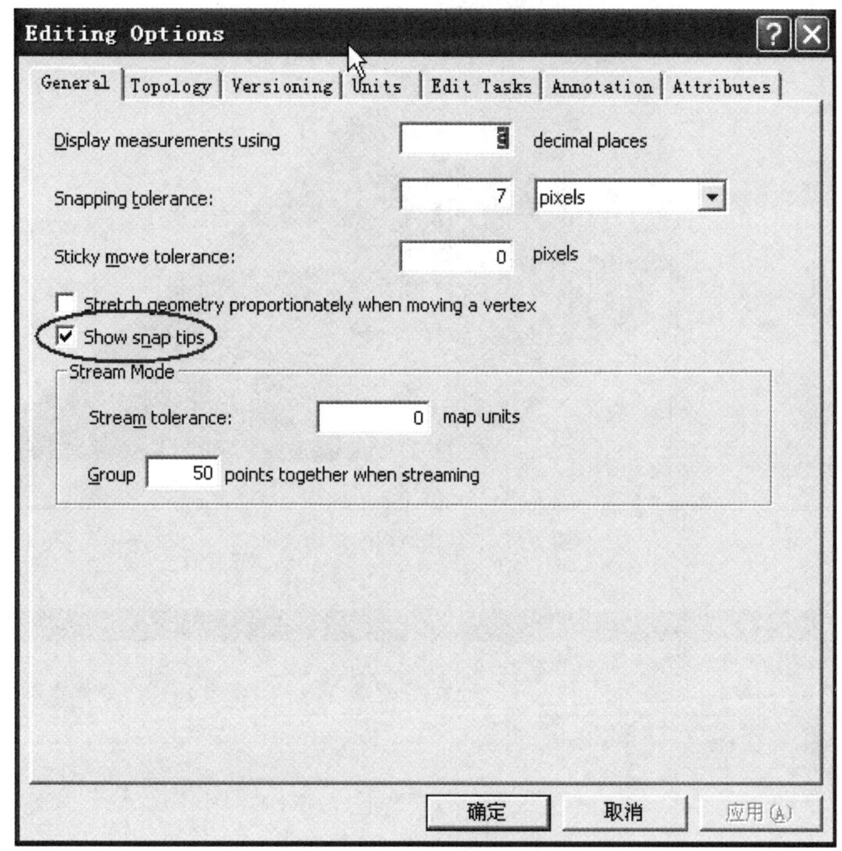

图 2-111　设置捕捉提示

输入第一个村边界——连县塘村边界(地图左上角)。将图像放大到一定比例后，按下，沿着连县塘村边界逐点进行绘制，单击“开始”。

绘制过程中，使用移动地图，然后再按下，可继续绘制。

撤销可用“Ctrl+Z”键。

绘制结束时，需首尾相连，如图 2-112 所示，提示“Edit sketch vertices”表明捕捉到此线上的点(此处是始点)，双击鼠标左键，绘制结束，效果如图 2-113 所示。

绘制其他边界。图中所有线条只需绘制一次，公共边界不需要重绘，每条曲线不需要是闭合线，但需保证最后所有的曲线构成的图形边界是闭合的，不能出现图 2-114 所示的缺口。

绘制完成后，点击“Save Edits”→“Stop Editing”，效果如图 2-115 所示。

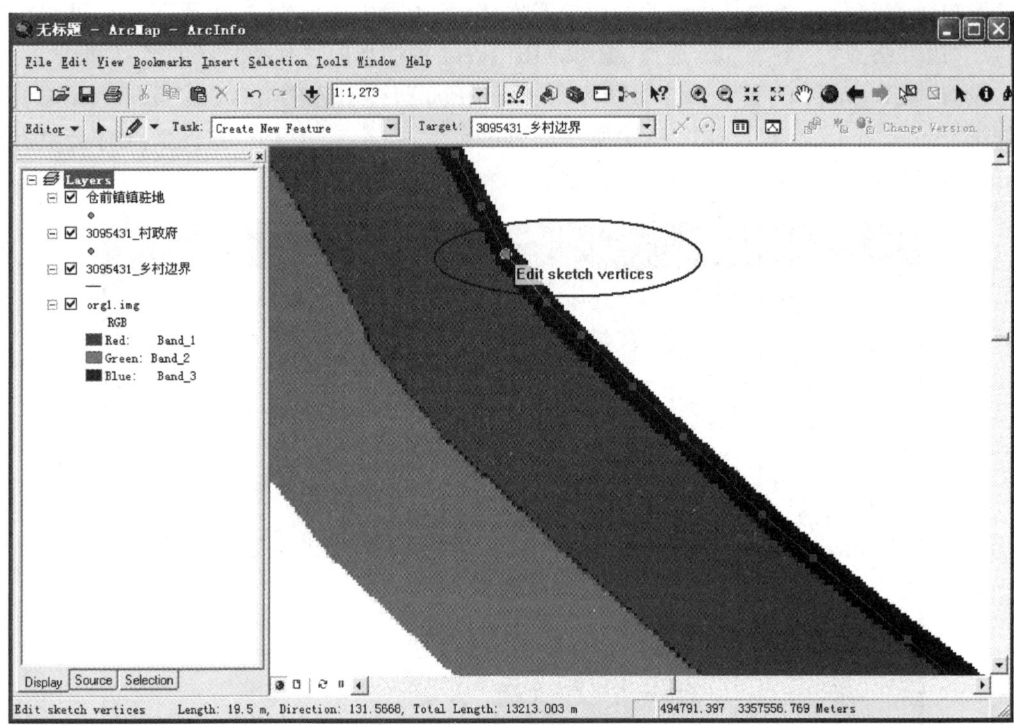

图 2-112　结束时捕捉到始点

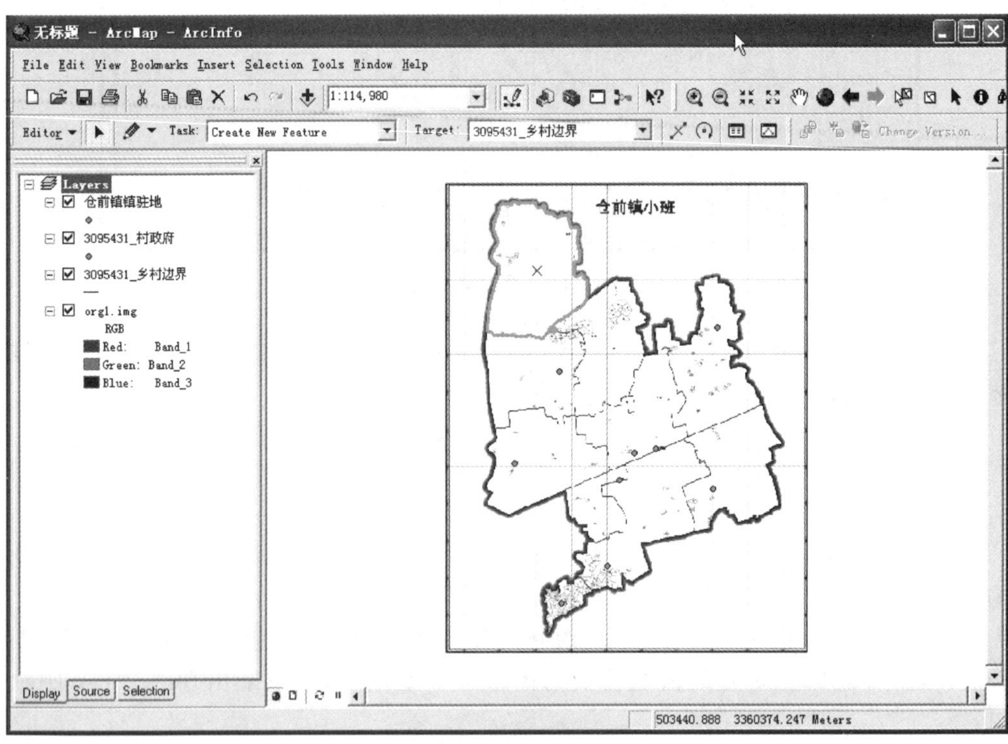

图 2-113　第一个村边界

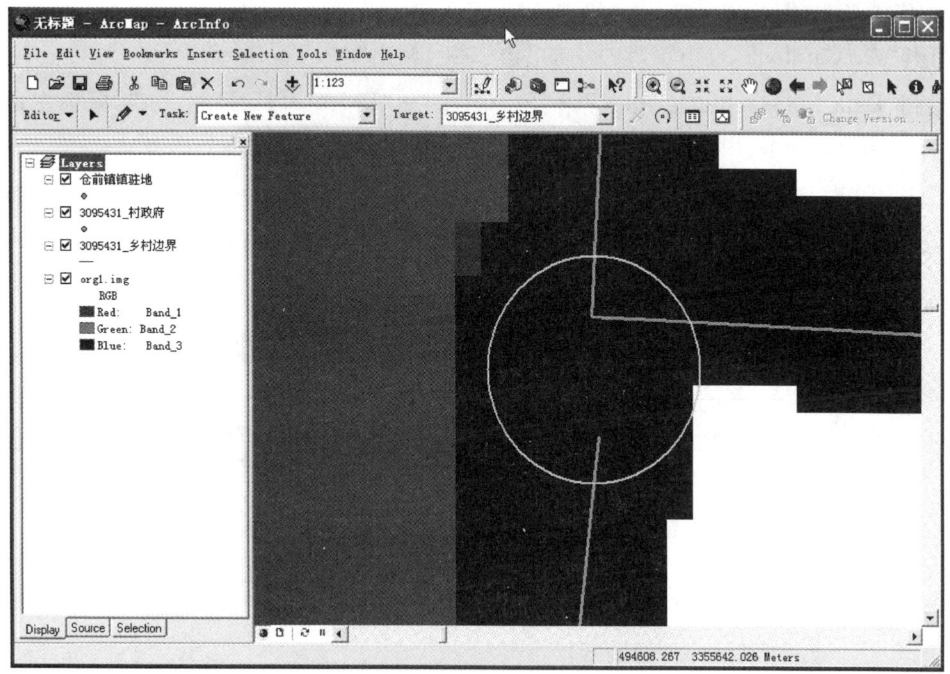

图 2-114　缺口

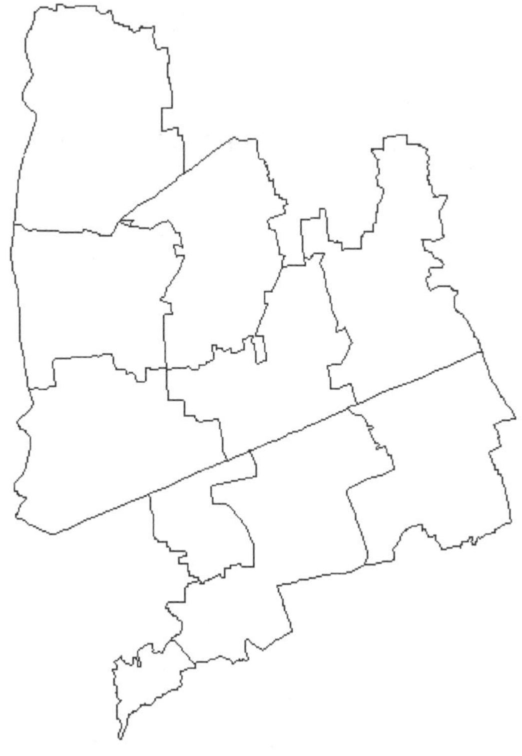

图 2-115　乡村边界效果图

③ 生成乡村图层

打开“ArcCatalog”,点击工具栏中的 按钮,调出“ArcToolbox”。

找到“Data Management Tools”→“Features”→“Feature To Polygon”,鼠标左键双击“Feature To Polygon”,弹出数据转换对话框,如图 2-116 所示。

点击 ,将乡村边界图层添加到“Input Features”中,设置“Output Features”的路径及名称(学号_乡村.shp),点击“OK”即可,生成的面图层如图 2-117 所示。对生成的乡村图层也可以添加属性字段并赋值。

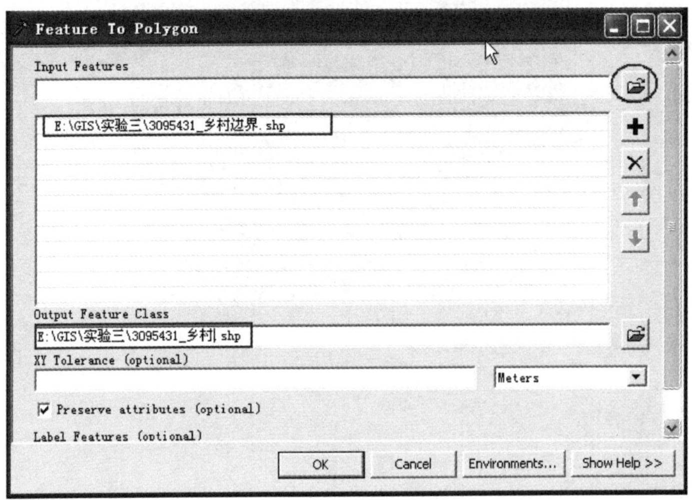

图 2-116 数据转换

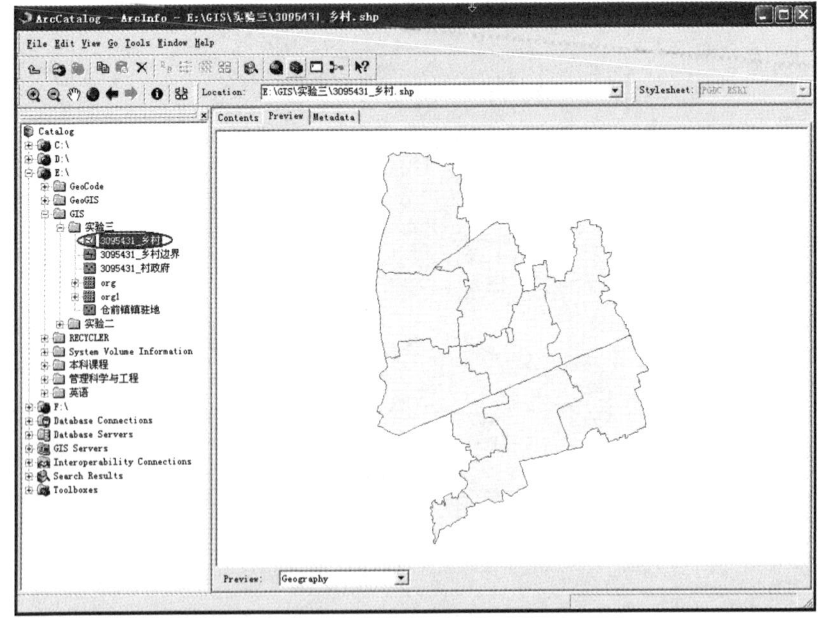

图 2-117 生成的面图层

(3) 分图层矢量化——小班图层

小班图层的矢量化与乡村图层操作基本相同。

① 新建小班边界图层

在“ArcCatalog”中新建一个“Polyline”图层，名称为“3095431_小班边界”，投影坐标系设置与前面的相同。

② 在“ArcMap”中添加“小班边界”图层，并进行编辑

将“小班边界”图层添加到“ArcMap”中，开始编辑。编辑工具条如图 2-118 所示，捕捉环境设置如图 2-119 所示。

图 2-118 编辑小班边界

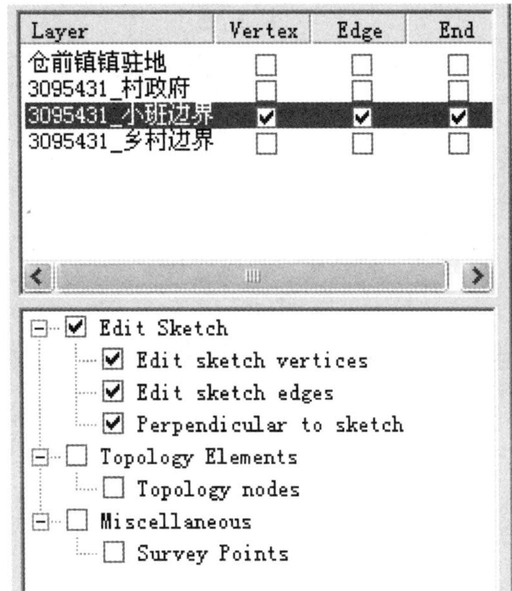

图 2-119 捕捉环境设置

由于小班与乡村有重复边，所以可以先把“乡村边界”拷贝到“小班边界”图层，以省去重复边界的绘制。按下 按钮，拉框全选“乡村边界”图层中的线实体，在空白处单击鼠标右键，选择“Copy”，如图 2-120 所示；再次单击鼠标右键，选择“Paste”，则可将“乡村边界”粘贴到“小班边界”图层，如图 2-121 所示。

在此基础上，继续绘制“小班边界”，同样所有的曲线只需绘制一次，绘制完成后，点击“Save Edits”→“Stop Editing”，效果如图 2-122 所示。

③ 生成小班图层

转换操作与生成“乡村边界”图层相同，输出命名“3095431_小班”，输出效果如图 2-123 所示。

编辑完成后，点击“Save Edits”→“Stop Editing”。

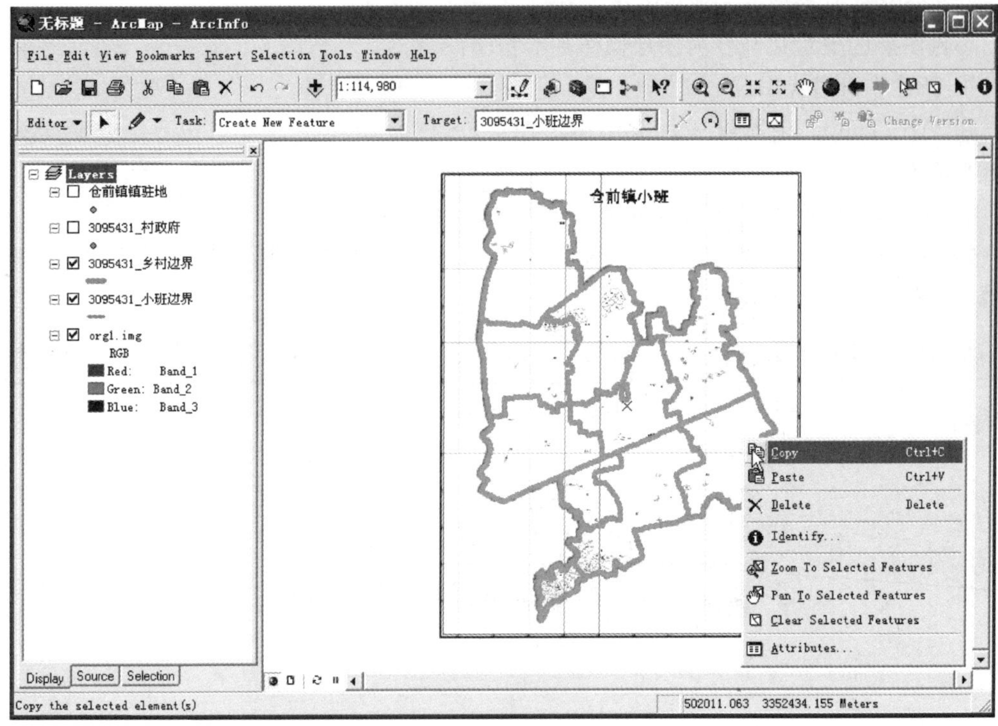

图 2-120 复制乡村边界

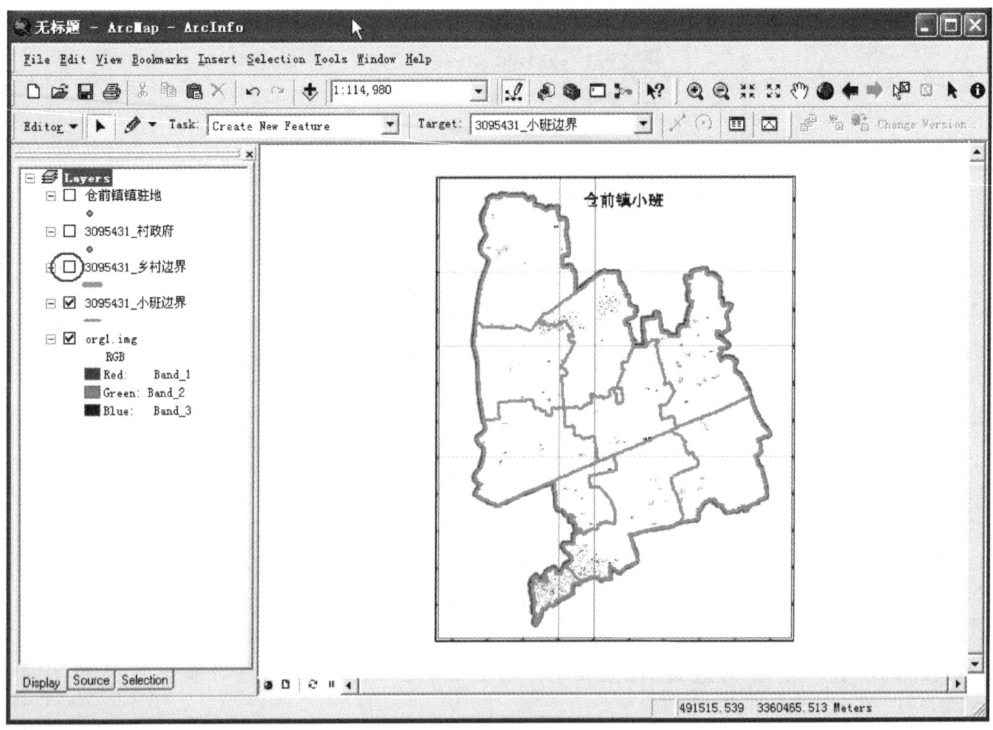

图 2-121 粘贴乡村边界

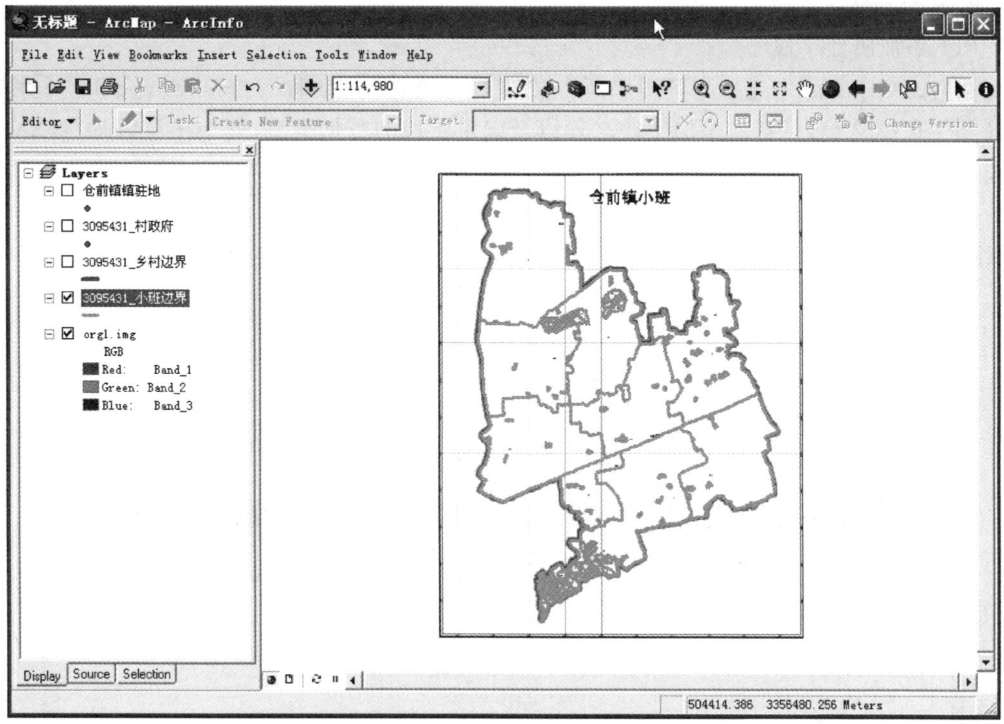

图 2-122　小班边界绘制完成

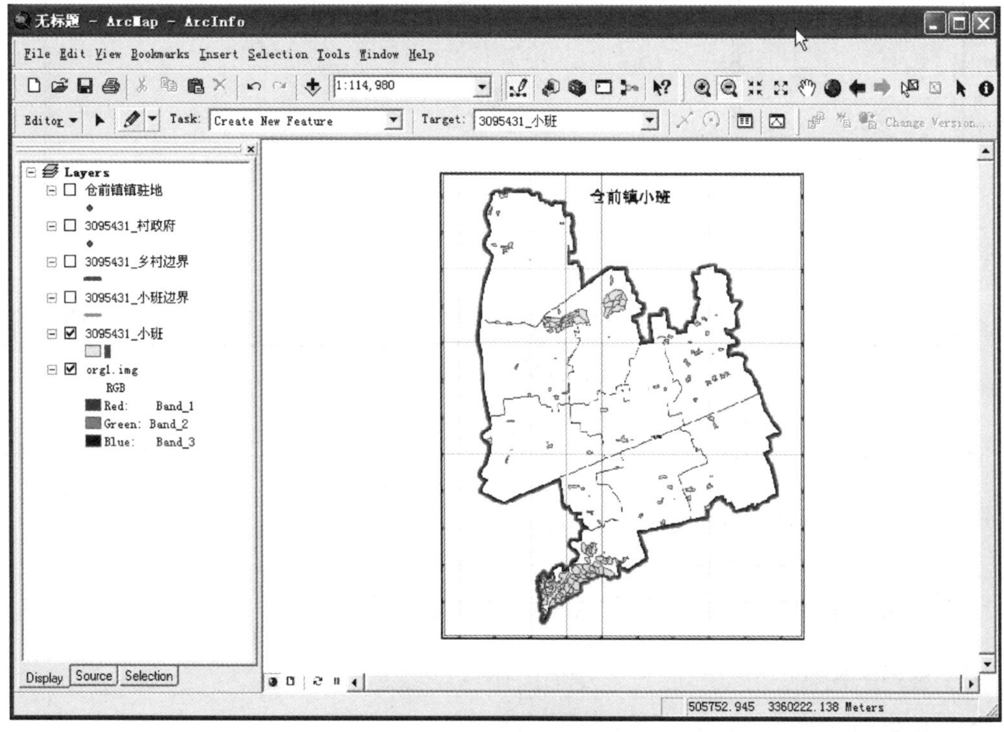

图 2-123　最终小班图层

3. 属性录入

(1) 添加属性字段

在“ArcCatalog”中连接到各图层所在文件夹，双击“图层名称”，打开“Shapefile”属性框。切换到字段标签页，可自由添加字段名称以及确定字段的数据类型，逐个图层添加“NAME”字段。

字段添加完后，用“ArcMap”打开各矢量图层数据，调出“编辑器”工具条。选中“村政府”图层，在编辑器下拉菜单选择“开始编辑”，之后打开“图层属性表”添加属性数据。

“乡村”图层、“小班”图层的属性添加采用同样操作。

(2) 保存工程文件

当前工程中只包含 4 个图层，如图 2-124 所示。

参照实验二中相关操作设置适当的标注。

工程文件命名为“学号.mxd”，设置为保存各图层的相对路径。

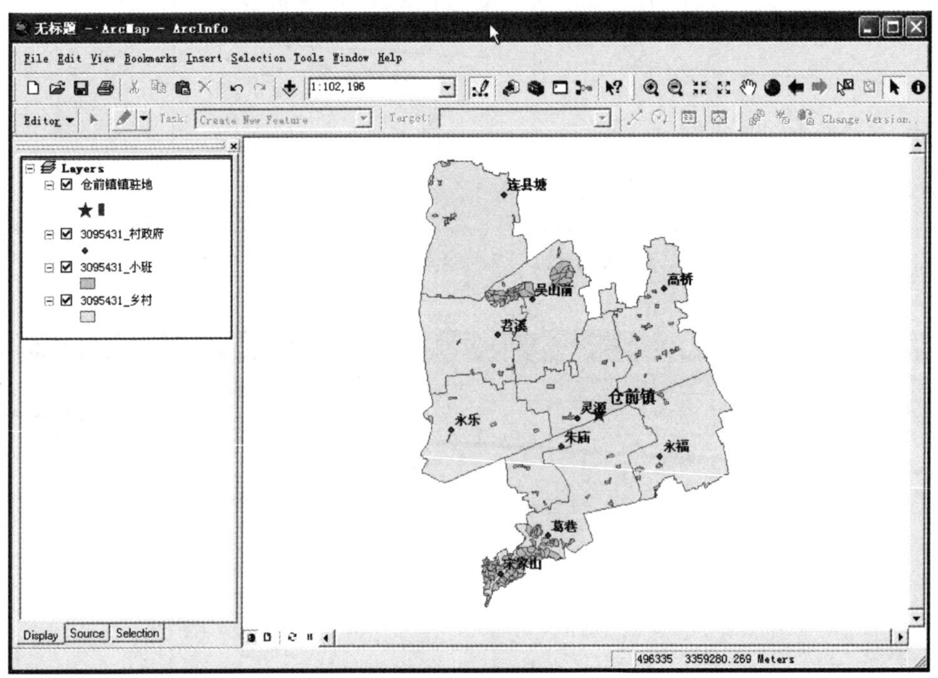

图 2-124　最后效果

五、注意事项

(1) 文件保存路径自行选定，尽量不改动。

(2) 操作过程中多加练习。

(3) 区别“shp 图层”与“shp 文件”含义，不要随意删减原有文件。

六、成果上交

(1) 根据实习模板要求，提交一份实习报告。

(2) 实习数据以压缩文件形式提交,shp 数据需包括“＊.shp”“＊.shx”“＊.dbf”“＊.prj”文件。

任务3　地图符号化

一、任务目的与要求

掌握 ArcMap 环境下各种符号化的方法,理解不同符号化之间的区别与联系。

二、任务内容

1. 学习单一符号化。
2. 学习定性符号。
3. 学习定量符号化。
4. 学习统计图表符号化。
5. 学习组合符号化。

三、任务仪器及工具

1. 软件准备:ArcGIS(汉化)10.0 版本以上。
2. 数据准备:某地区矢量数据。

四、任务步骤安排

1. 单一符号化

打开“ArcMap”,点击鼠标右键,选择“图层属性”,选择“符号系统”中“要素”类的“单一符号”,设置符号的颜色,如图 2-125 所示。

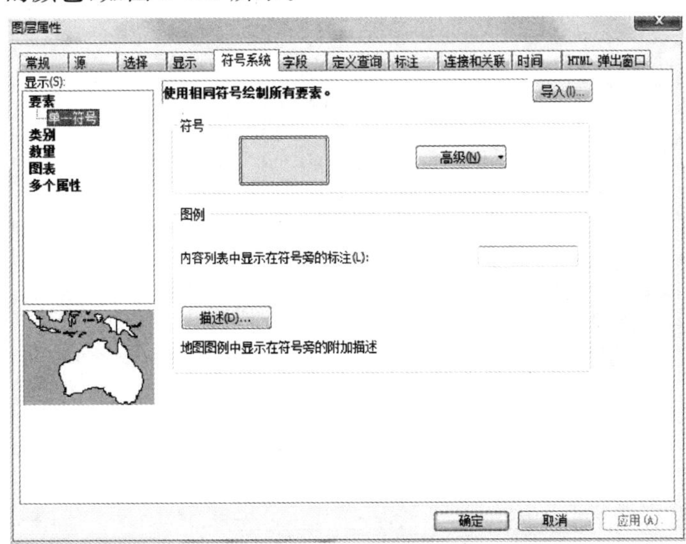

图 2-125　设置单一符号的样式和颜色符号化

单一符号化结果如图 2-126 所示。

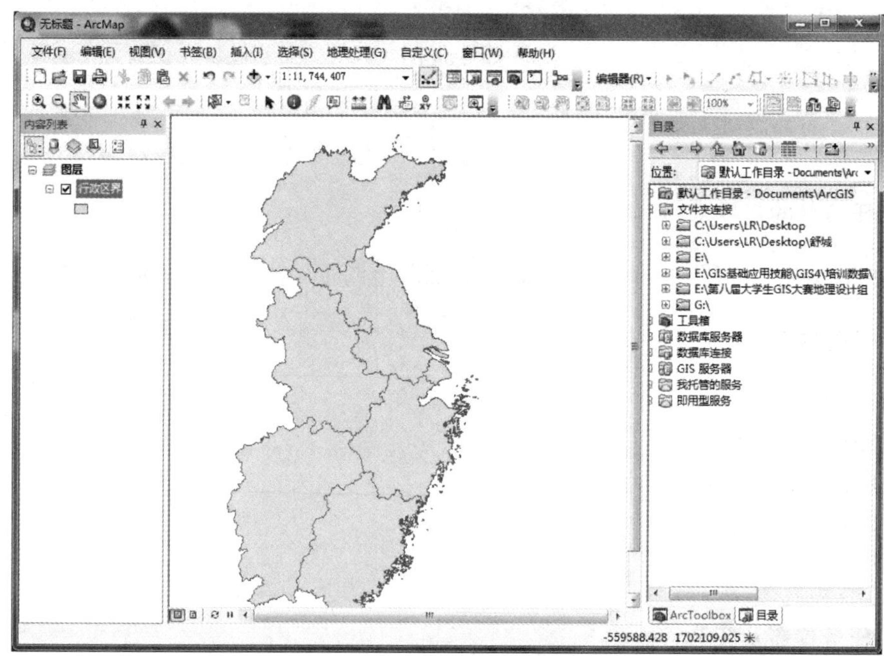

图 2-126 单一符号化结果

2. 定性符号

"唯一值"符号化，在符号系统中选择"类别""唯一值"，选择"值字段"为"NAME"，设置一个预设的颜色带，如图 2-127 所示。

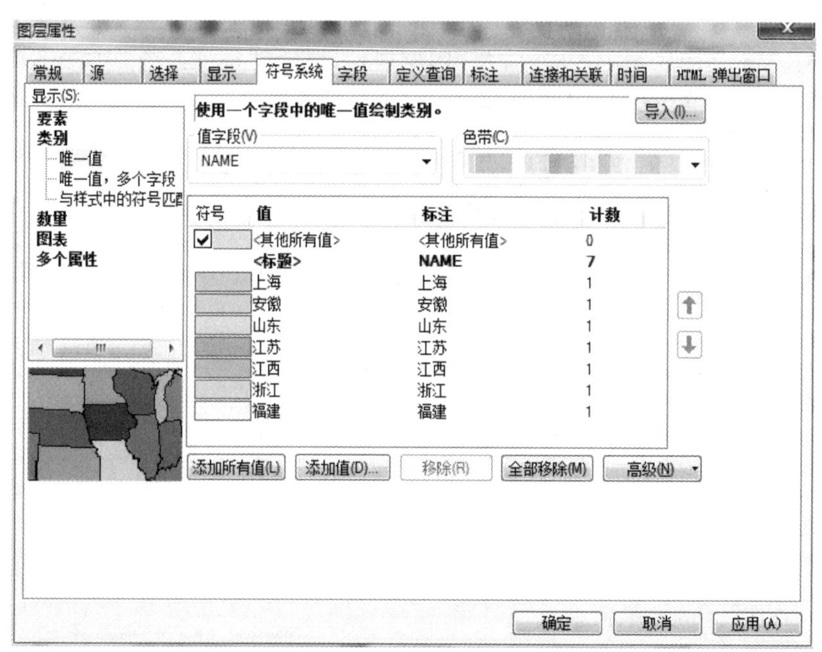

图 2-127 设置唯一值符号化

“多个字段唯一值”与“唯一值”设置参数类似，不同点在于多个字段可以设置 3 个字段来确定符号的唯一值，如图 2-128 所示。

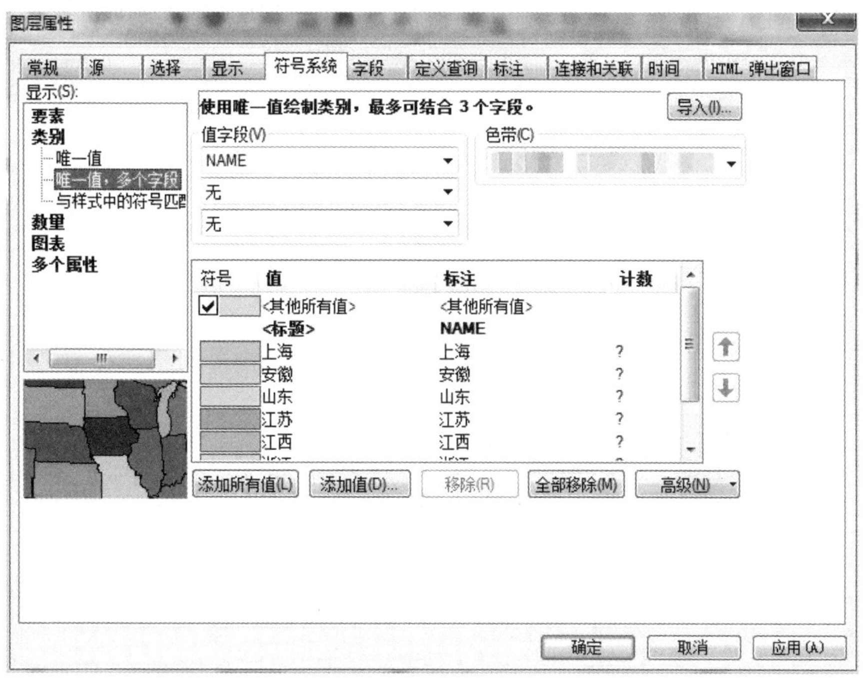

图 2-128 设置多个字段唯一值符号

“与样式中的符号匹配符号化”，选择导入“yangshi.style”文件，参数设置如图 2-129 所示。

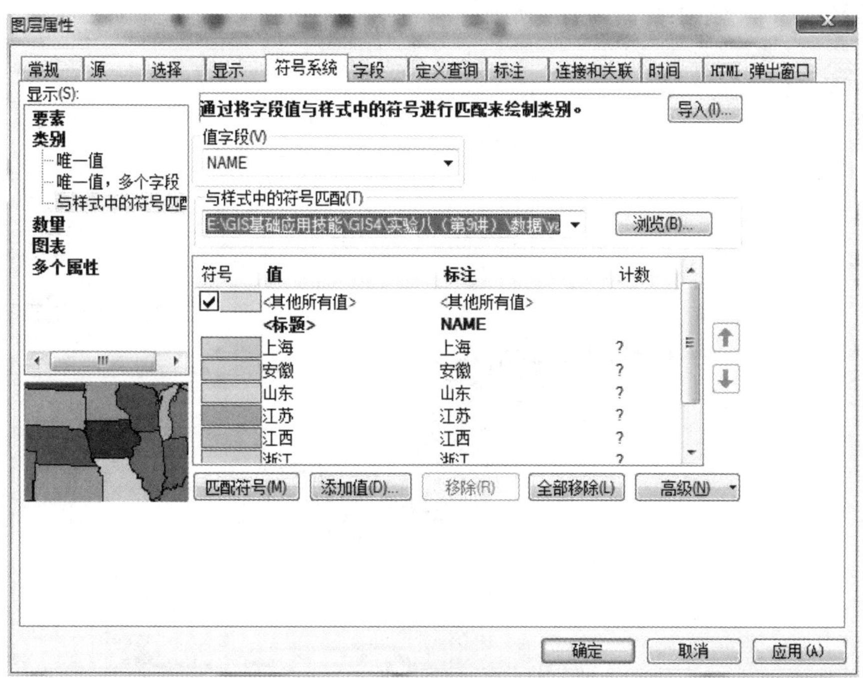

图 2-129 加载样式中的符号

3. 定量符号化

加载“states”图层，打开其符号系统中的数量类型，选择分级色彩，值选择“POP1990”，归一化选择“AREA”，得到1990年人均土地面积。设置分级色彩符号如图2-130所示。

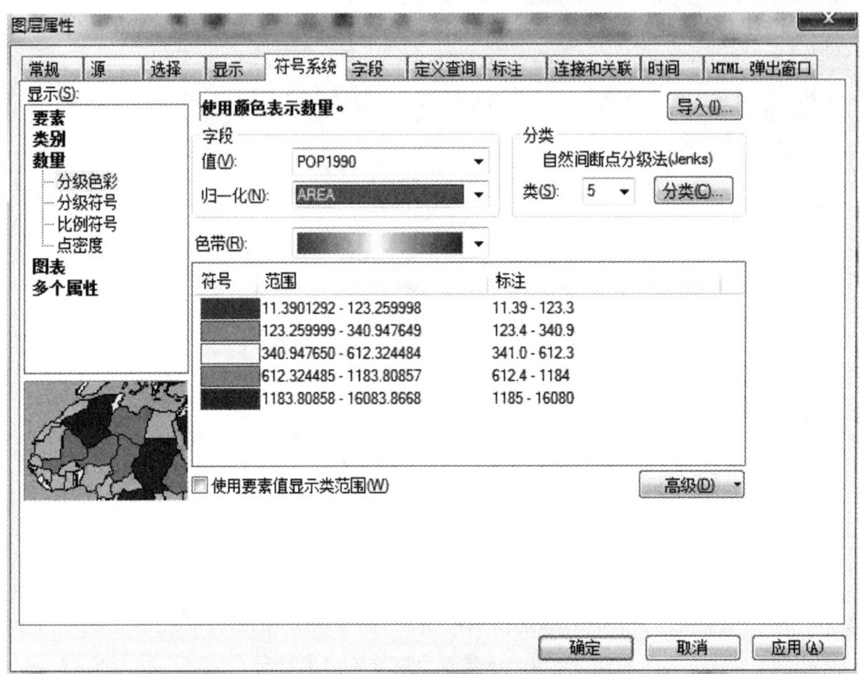

图 2-130　设置分级色彩符号

分级色彩符号化结果如图2-131所示。

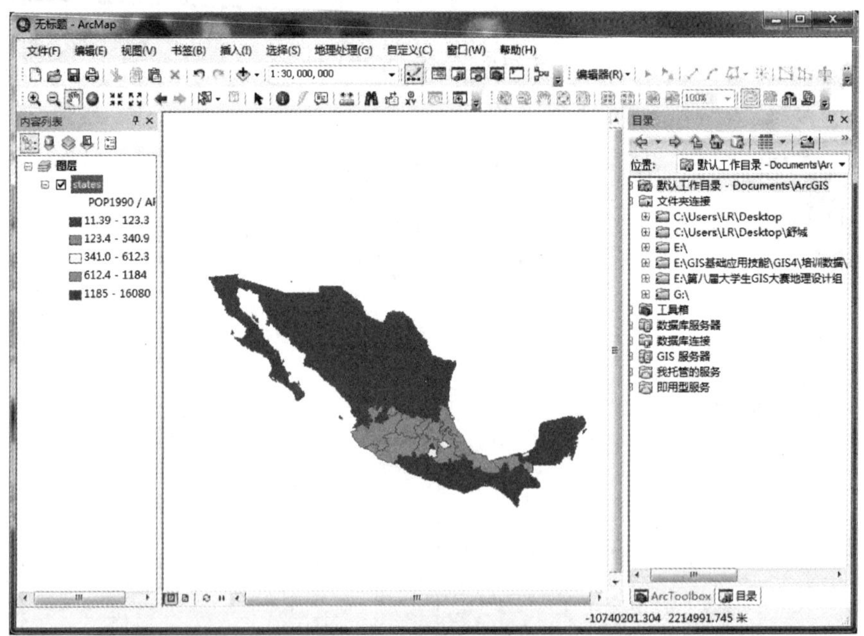

图 2-131　分级色彩符号化结果

“分级符号”与“分级色彩”类似，设置相同的值和归一化字段后，结果如图 2-132 所示。

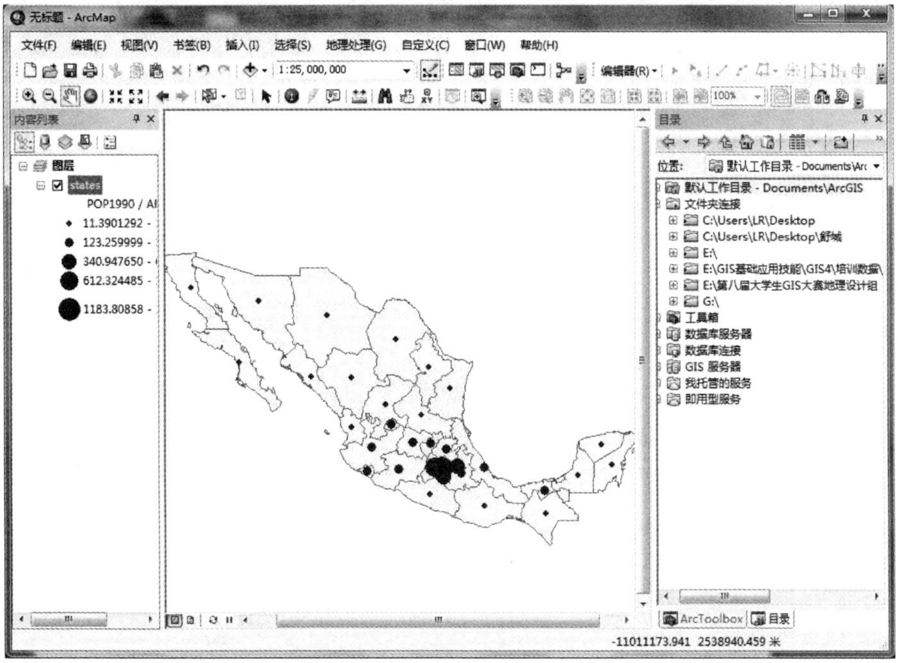

图 2-132　分级符号符号化结果

在“类别”中选择“比例符号”，设置比例符号的样式和大小值之后，结果如图 2-133 所示。

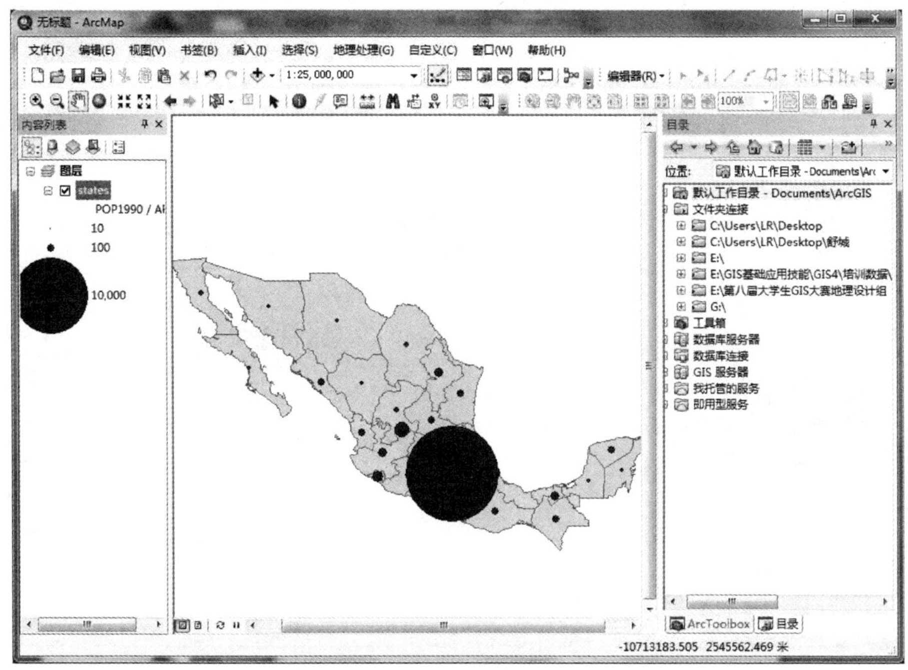

图 2-133　比例符号符号化结果

选择点密度符号化，设置字段，调节点大小和点值之后确认，结果如图 2-134 所示。

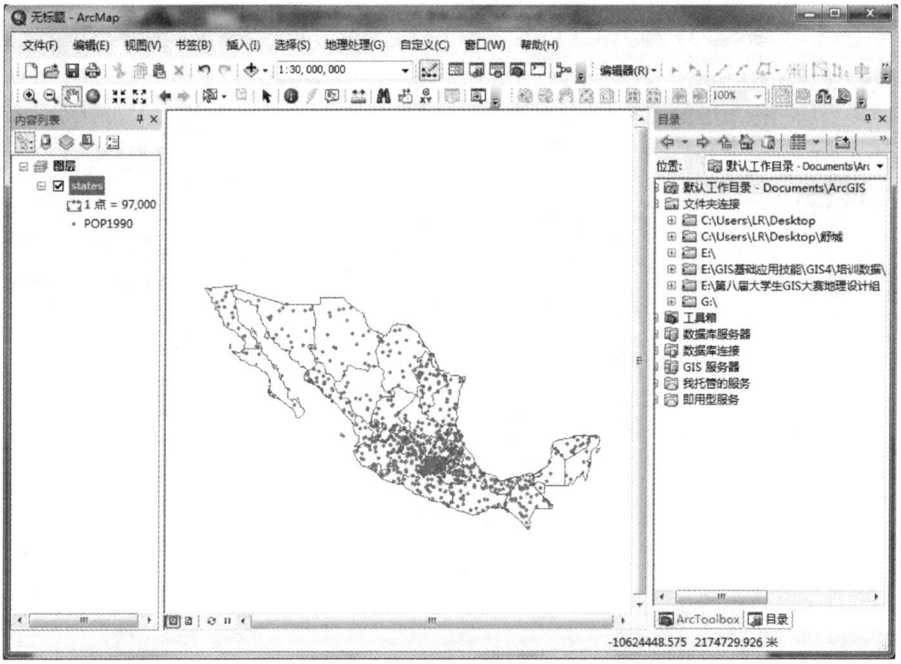

图 2-134　点密度符号化结果

4. 统计图表符号化

选择符号系统中“图表”类的“饼图”。设置“饼图”参数如图 2-135 所示。

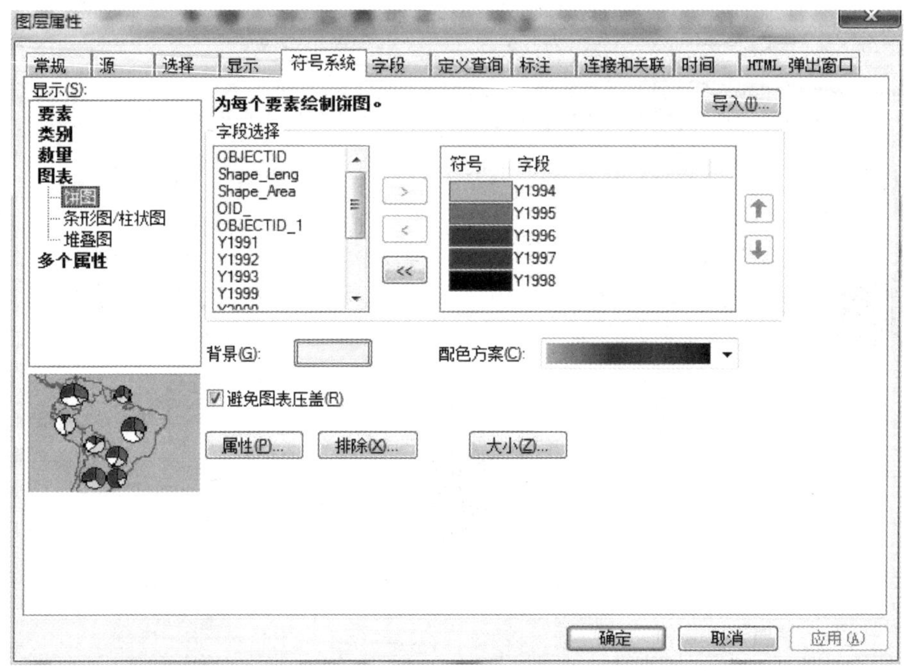

图 2-135　设置饼图参数

饼图符号化结果如图 2-136 所示。

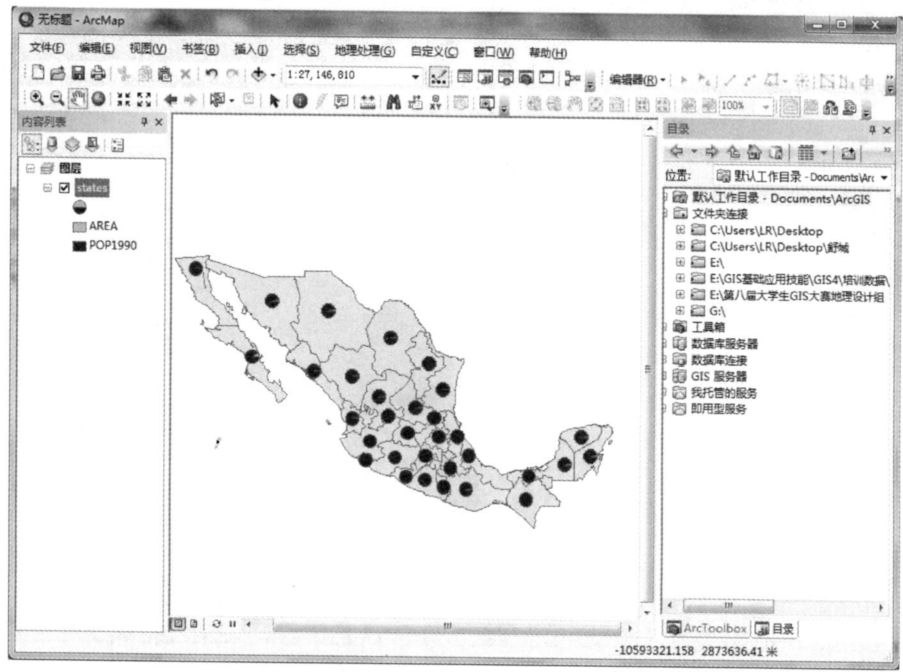

图 2-136　饼图符号化结果

柱状图和堆叠图与饼图设置类似，柱状图符号化结果如图 2-137 所示，堆叠图符号化结果如图 2-138 所示。

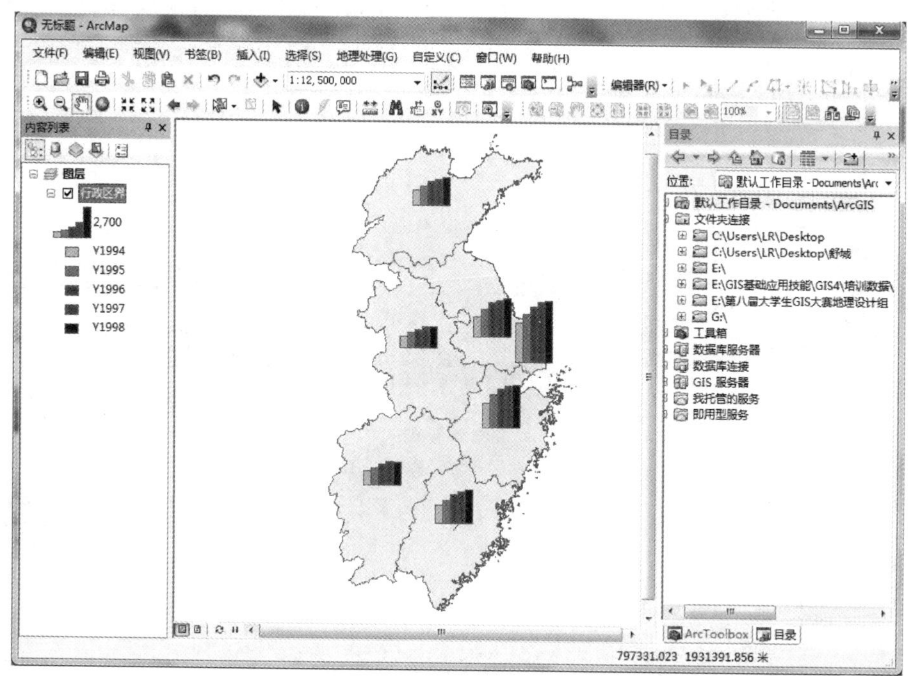

图 2-137　柱状图符号化结果

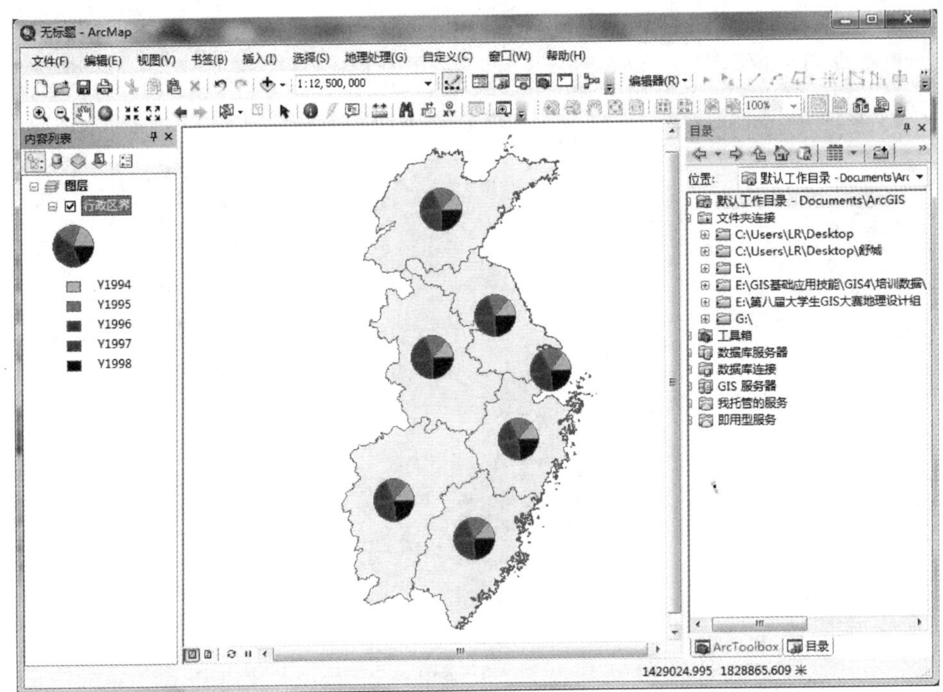

图 2-138　堆叠图符号化结果

5. 组合符号化

组合符号化结果如图 2-139 所示。

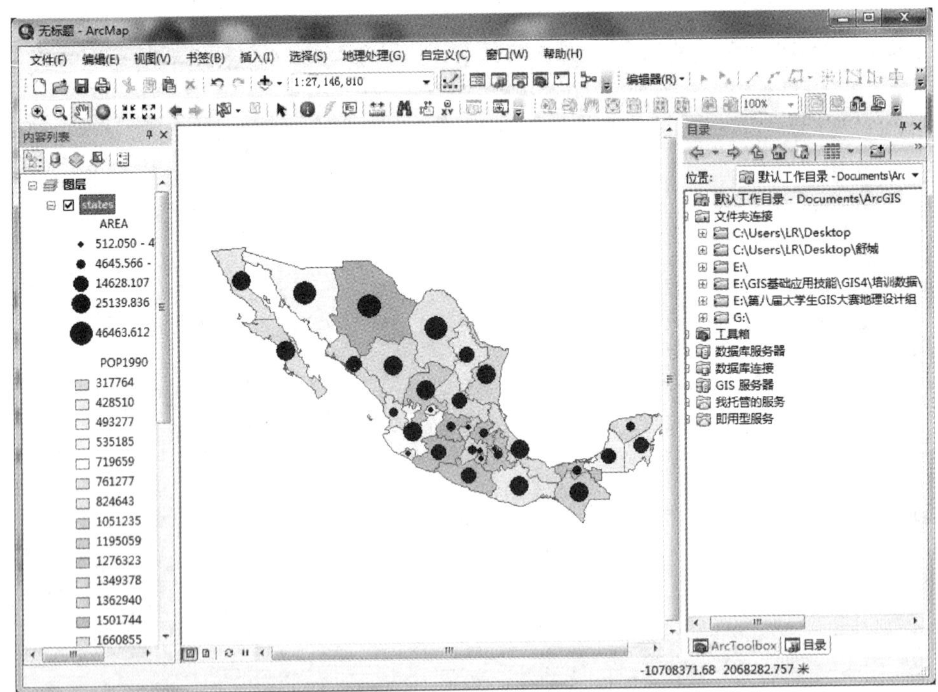

图 2-139　组合符号化结果

五、注意事项

（1）文件保存路径自行选定，尽量不改动。

（2）操作过程多加练习。

（3）区别多种符号化选项选择。

六、成果上交

（1）根据实习模板要求，提交一份实习报告。

（2）实习数据以压缩文件形式提交，“*.shp 文件”“*.mxd 文件”分别以不同方法的文件夹归类。

任务 4　ArcMap 地图制作

一、任务目的与要求

1. 掌握 ArcMap 下各种渲染方式的使用方法，通过渲染方式的应用将地图属性信息以直观的方式表现为专题地图。

2. 初步了解并掌握 ArcMap Layout（布局）界面制作专题地图的基本操作。

3. 了解如何将各种地图元素添加到地图版面中生成美观的地图设计。

二、任务内容

1. 渲染图层要素。

2. 标注图层要素。

三、任务仪器及工具

1. 软件准备：ArcGIS 10.0 以上版本。

2. 数据准备

（1）矢量数据：某行政区各地类数据（包含区县、道路、水系、界线、单位等）。

（2）栅格数据：对应矢量数据区域。

四、任务步骤安排

1. 渲染图层要素——唯一值符号

（1）“省级行政区”图层

在“ArcMap”中加载图层：“省会城市”“地级市驻地”“主要公路”“国界线”“省级行政区”“栅格数据”（例如，Hillshade_10k），保存工程，命名为“学号_ChinaMap”。

在“图层列表面板”（TOC）中鼠标右键点击图层“省级行政区”，执行“属性”命令，弹出“Layer Properties”窗口，如图 2-140 所示。

点击“符号”（Symbology）选项页，左侧设置渲染参数“类别”→“唯一值”，字段选择

"DZM"，选择合适的颜色方案，点击底部"Add All Values"按钮，并将"all other values"前的选择框中对钩去掉。

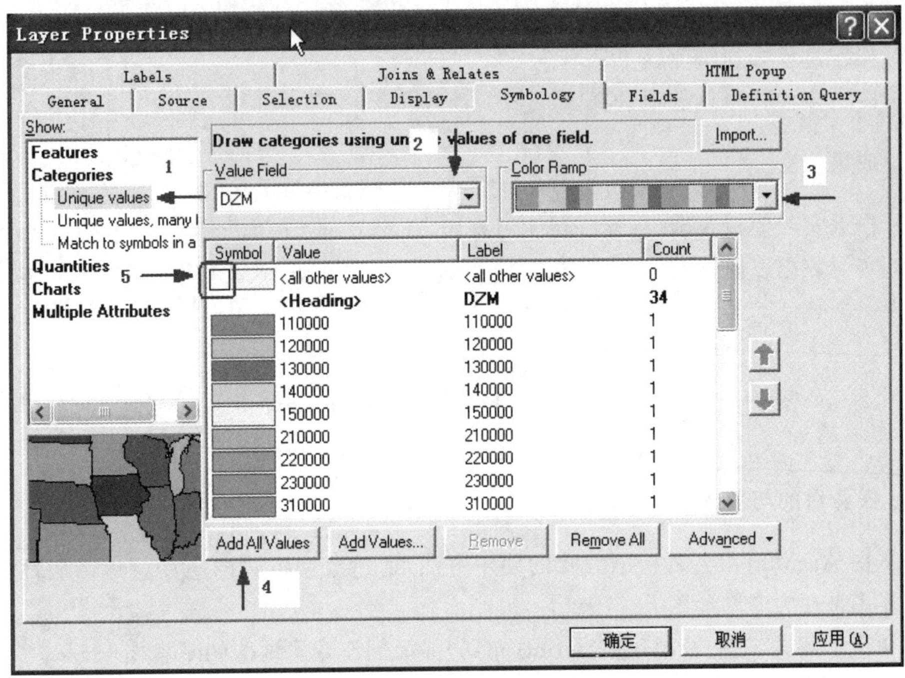

图 2-140　图层属性对话框

"符号"菜单如图 2-141 所示。

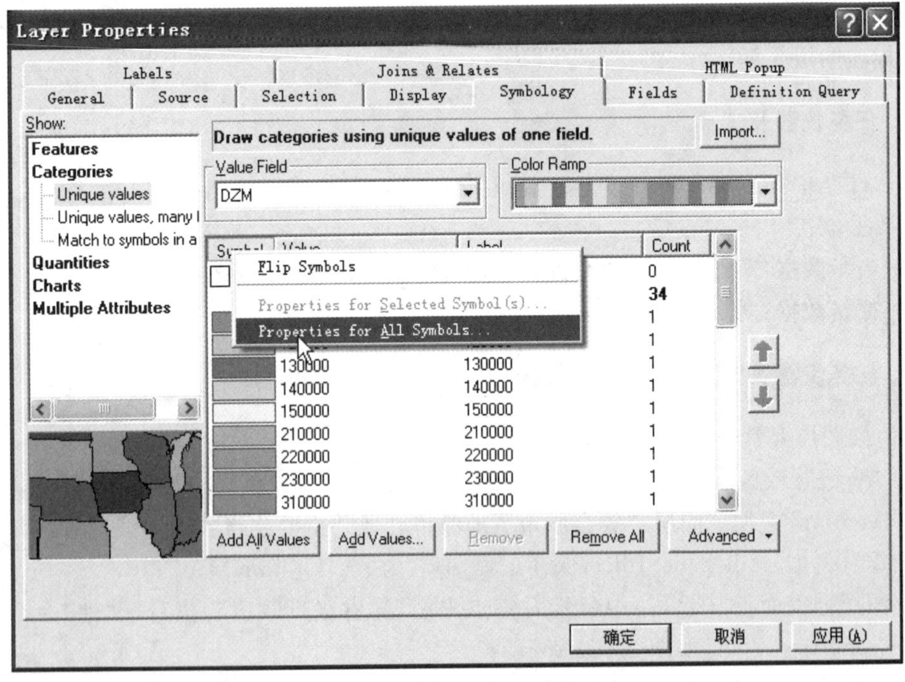

图 2-141　"符号"菜单

然后点击"符号"列，出现的菜单中选择全部符号的属性，弹出"Symbol Selector"对话框，如图 2-142 所示，将"轮廓颜色"设置为无颜色。

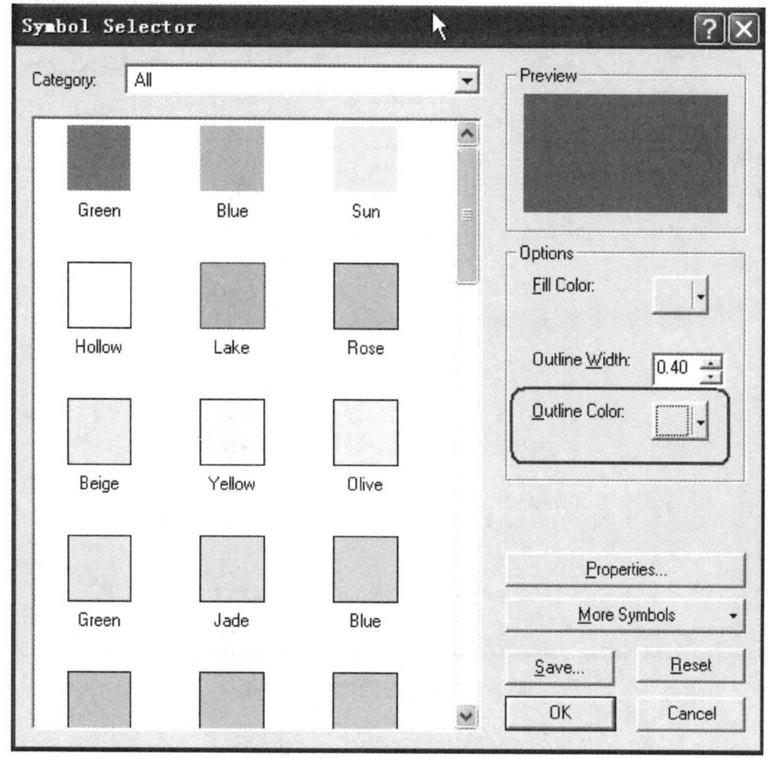

图 2-142 符号选择器

点击"Layer Properties"窗口中的"显示"(Display)选项页，将图层透明度设置为"50%"；完成设置后，只显示"省级行政区"和"Hillshade_10k"图层。

(2) "国界线"图层

显示"国界线"图层，在"TOC"中用鼠标右键点击该图层，执行"属性"命令，弹出"Layer Properties"对话框，将渲染方式设置为"单一符号"。

点击"符号设置"按钮，弹出"Symbol Selector"，选择一种线状符号。

(3) "省会城市"图层

显示"省会城市"图层，并参考以上操作及图 2-143 所示设置图层渲染方式。

2. 标注图层要素

(1) "省级行政区"图层

在 TOC 中，选中图层"省级行政区"，点击鼠标右键→"属性"，弹出"Layer Properties"对话框。

点击"标注"选项页，勾选"Label features in this layer"，标注字段设为"NAME"，如图 2-144 所示。

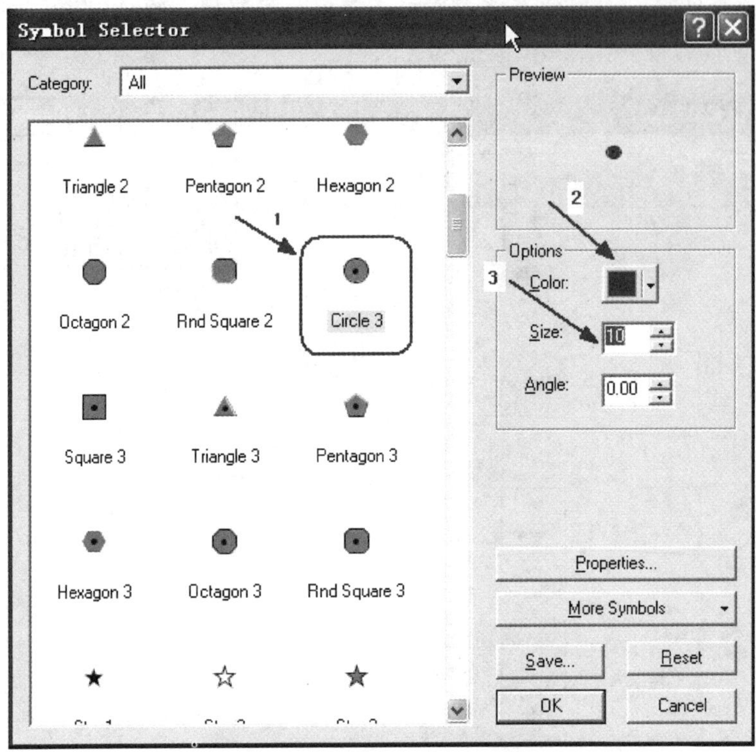

图 2-143　设置图层渲染方式

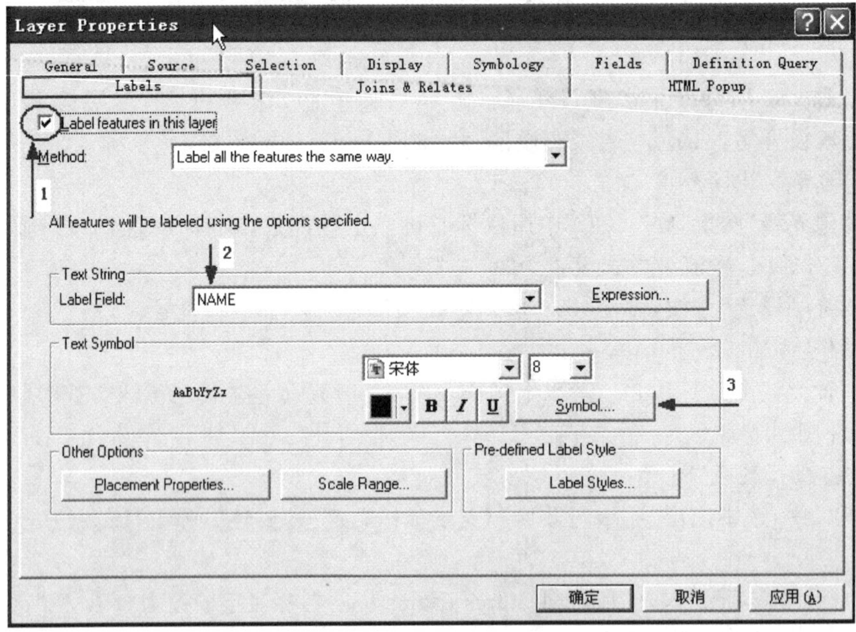

图 2-144　设置标注

点击“Symbol”按钮，弹出“Symbol Selector”对话框，如图 2-145 所示，设置标注样式、字体、颜色及大小；点击“Properties”按钮，弹出“Editor”对话框，如图 2-146 所示，点击“掩模”选项页，并将大小设置为“2.0000”。

连续三次“确定”后，退出以上对话框，返回“ArcMap”视图界面，查看效果。

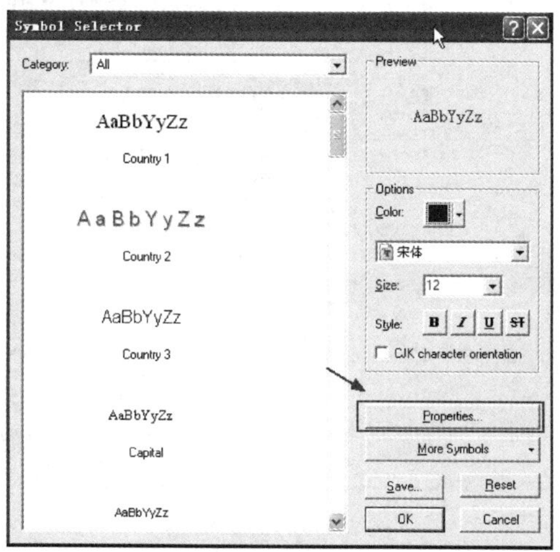

图 2-145　标注符号

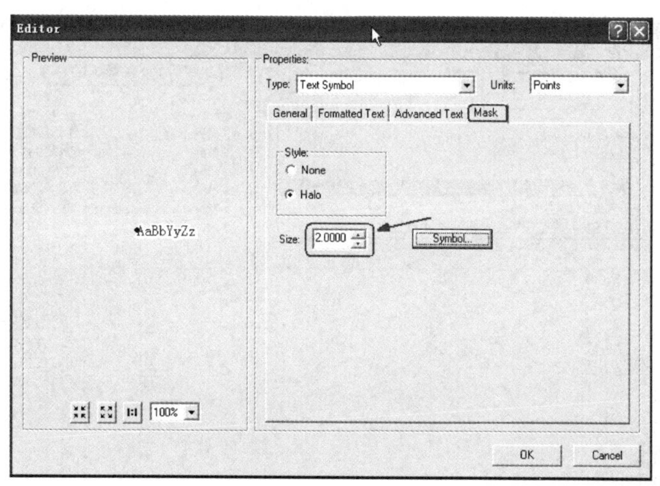

图 2-146　符号属性

(2)“地级城市驻地”图层

显示“地级城市驻地”图层，参考以上方法进行标注。

3. 渲染图层要素——分类渲染

以下操作仅针对“省级行政区”图层进行。

在 TOC 中，鼠标右键点击图层“省级行政区”，执行“属性”命令，弹出“图层属性”对话框。

点击“符号”选项页，将渲染方式设置成渐变颜色渲染，字段“AREA”，分类“5”，如图 2-147 所示。

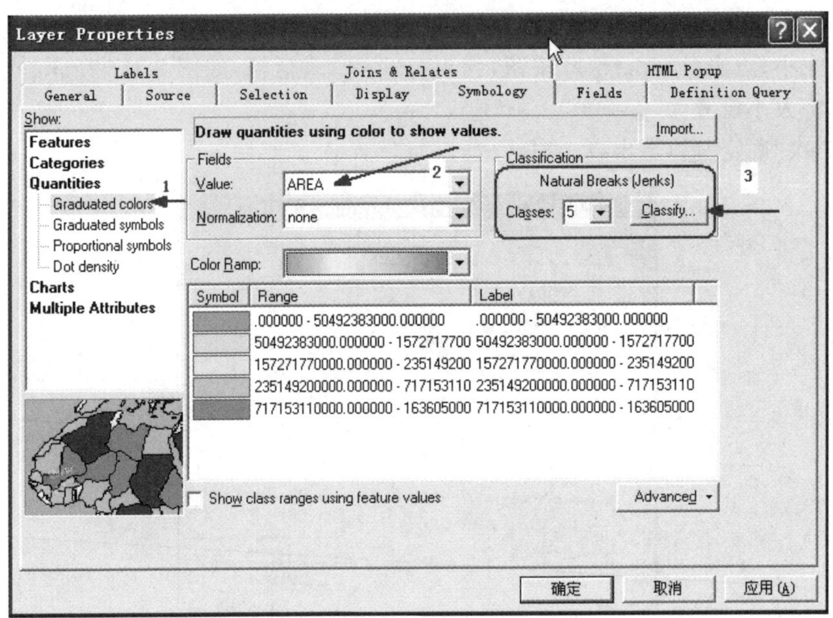

图 2-147　分类渲染

点击“Classify”按钮可选择不同的分类方法，如图 2-148 所示。

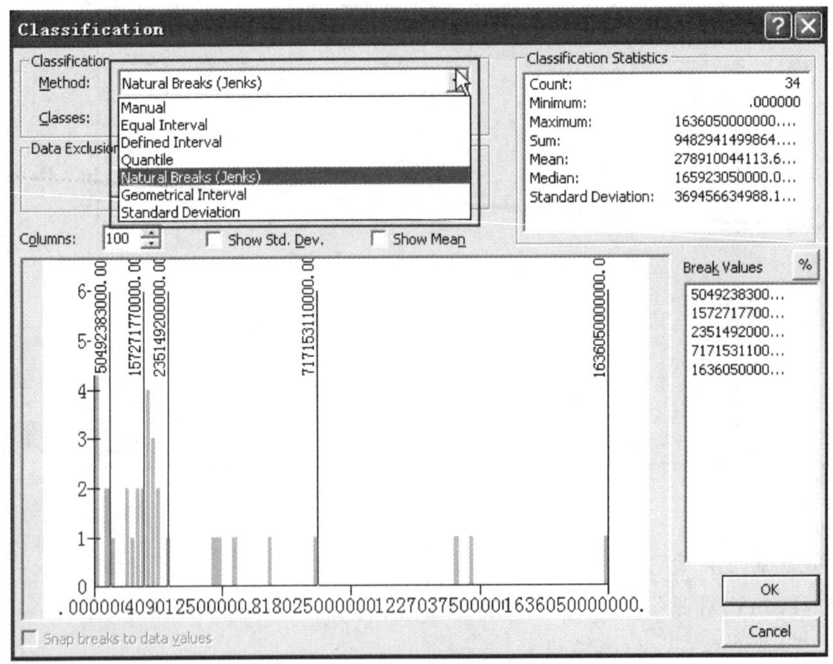

图 2-148　分类方法选择

参照以上操作过程，分别对“省级行政区”图层基于字段“AREA”运用不同的分类方法，如等间隔(Equal Interval)、分位数(Quantile)、自然间隔(Natural Breaks)、标准差(Standard Deviation)进行分类渲染，比较利用不同的分类法进行分类的意义。

参照前面操作及图 2-149 所示，对“省级行政区”进行点密度渲染。

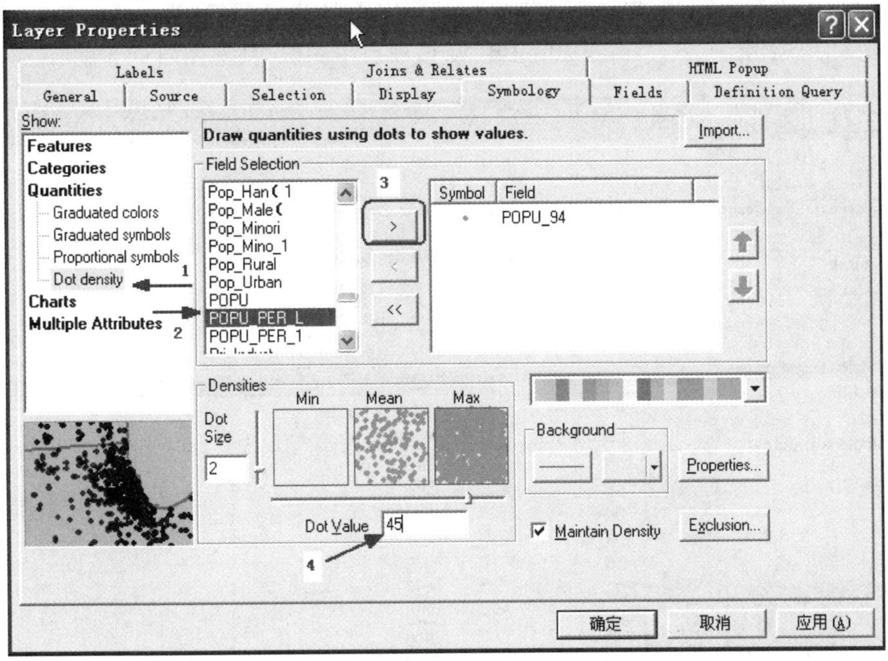

图 2-149　根据人口字段计算点密度

4. 渲染图层要素——图表渲染

参照前面操作，针对图层“省级行政区”，根据“GDP_1998”“GDP_1999”“GDP_2000”属性进行柱状图渲染，柱状图渲染设置如图 2-150 所示。

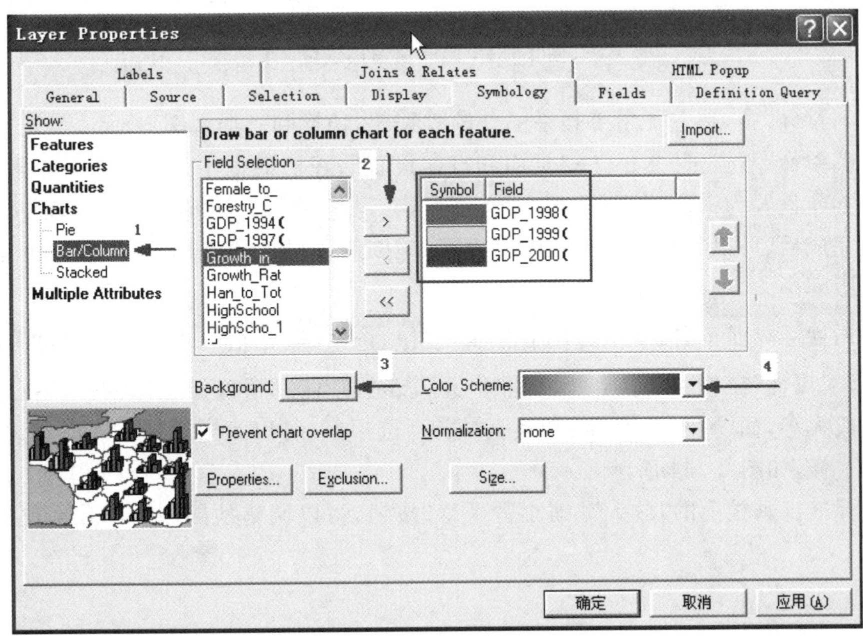

图 2-150　柱状图渲染设置

5. 创建地图版面

将图层“省级行政区”的渲染方式恢复为基于字段“NAME”的“唯一值渲染”，唯一值渲染设置如图 2-151 所示。将“hillshade_10k”从该项目中删除，其他图层全部显示。

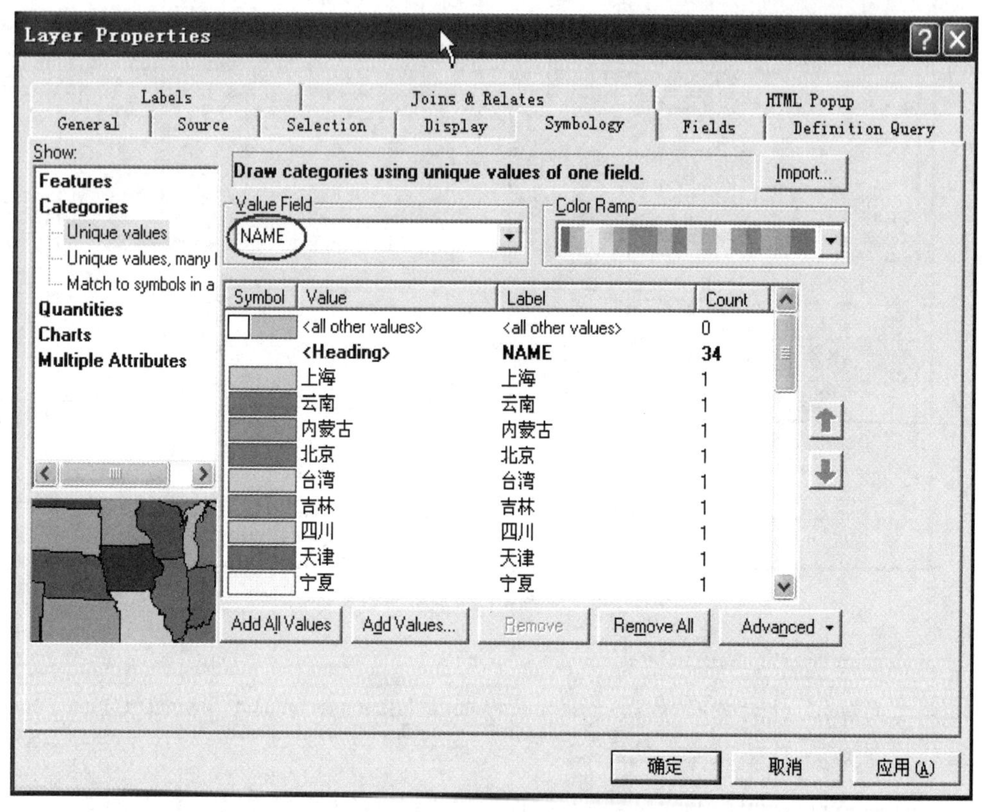

图 2-151　唯一值渲染设置

在“ArcMap”中，在左下角工具栏中点击按钮，切换到布局视图界面。

执行菜单命令：点击“文件”→“页面和打印设置”，在对话框中设置纸张大小和方向，这里将纸张方向设置为横向，如图 2-152 所示。

设置完成后，可以看到在布局视图界面下，地图版面已变成横向，且当前数据框已经添加到地图版面中。

在布局视图界面下，按下工具栏中的按钮，选中“数据框”，点击鼠标右键→“属性”，打开“数据框属性”窗口。切换到“大小和位置”选项页，可以精确设置“数据框”在地图版面中的位置或大小，如图 2-153 所示；切换至“框架”选项页，可以为当前数据框添加边框，并设置图框的式样，如图 2-154 所示。

通过标准工具栏上的“放大”“缩小”“平移”按钮，可以调整地图版面中数据框的显示比例、范围。

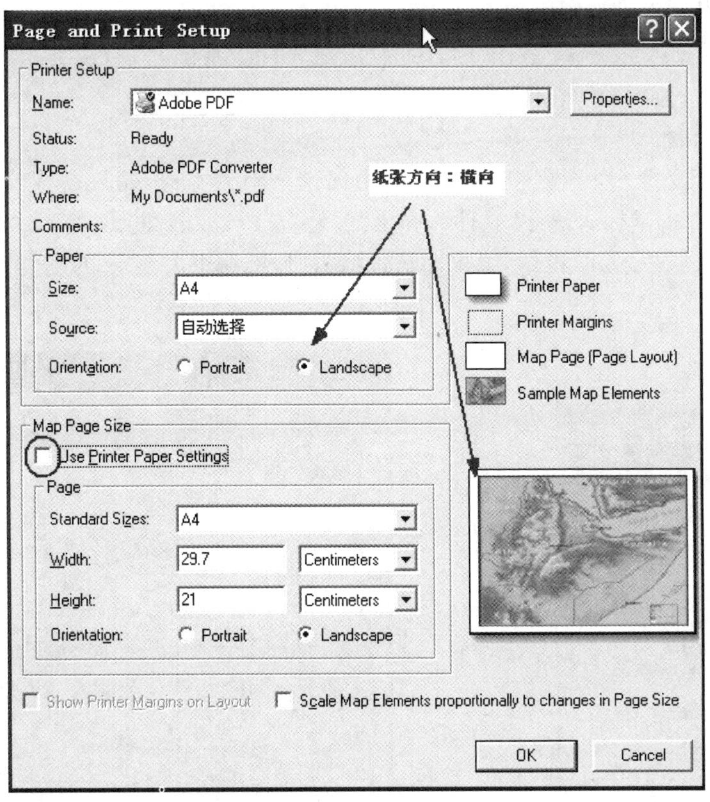

图 2-152 页面和打印设置

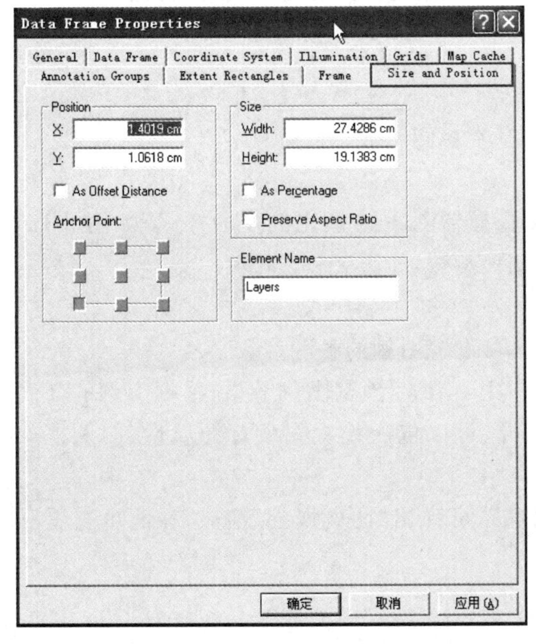

图 2-153 "大小和位置"选项页

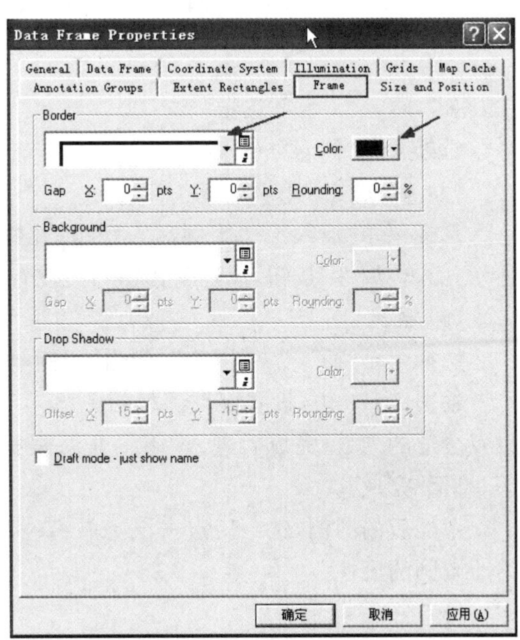

图 2-154 "框架"选项页

6. 添加各种元素到地图版面中

在地图中可插入标题、文字、图例、比例尺、指北针等制图元素，接下来就使用这些制图元素来整饰地图。插入菜单如图 2-155 所示。

(1) 插入“标题”

选择菜单“插入”→“标题”(Title)，原图中出现一个文本框，输入名称“西南地区全图”。选中该文本框，点击鼠标右键→“属性”，弹出“属性”窗口，如图 2-156 所示。

点击“Change Symbol”按钮，弹出图形选择窗口，根据个人要求，设置标题样式、字体、颜色、大小等。

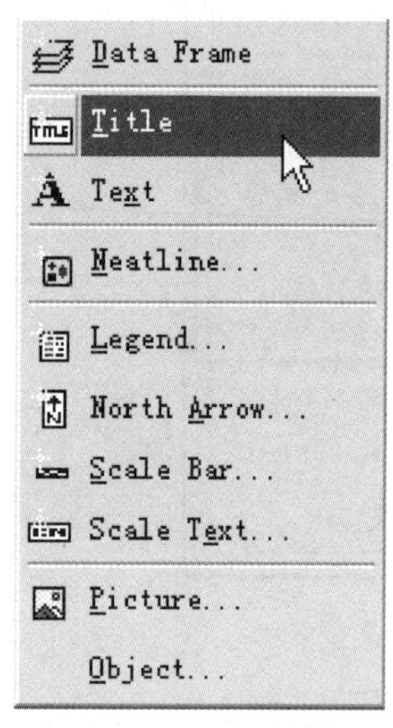

图 2-155 插入菜单

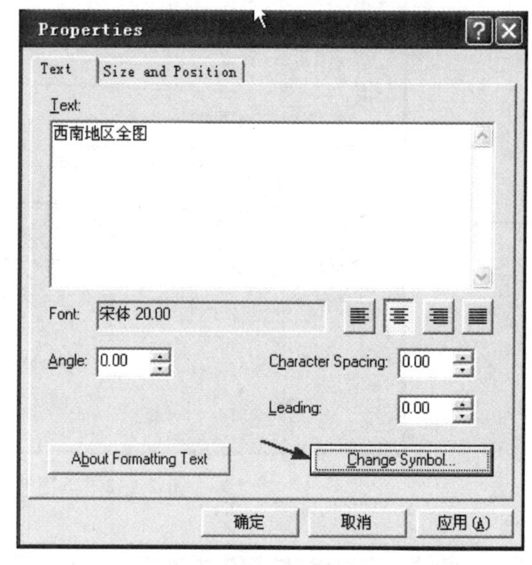

图 2-156 标题属性

(2) 插入“文字”(选做)

选择菜单“插入”→“文字”，操作与插入标题基本相同。

(3) 插入“比例尺”

选择菜单“插入”→“比例尺”，弹出“比例尺选择器”，可选择比例尺的样式，如图 2-157 所示；点击“属性”按钮，通过弹出窗口可设置比例尺参数，如图 2-158 所示。

(4) 插入“图例”

选择菜单“插入”→“图例”，弹出“图例向导”，可设置图例的各种参数。

在图 2-159 中，设置制作图例的图层，可点击“Preview”预览图例效果，根据图例的高度设置合适的列数，完成后进入“下一步”；根据向导，可以依次设置图例标题属性、图例框架等，直至“完成”。

添加后的图例，选中后点击鼠标右键→“属性”，可弹出“图例属性”窗口，在此可查看和修改图例的属性。

(5) 插入“指北针”

选择菜单“插入”→“指北针”，弹出“指北针选择器”窗口，可依据个人喜好选择指北针的类型，可点击“属性”按钮，对指北针的属性进行设置。

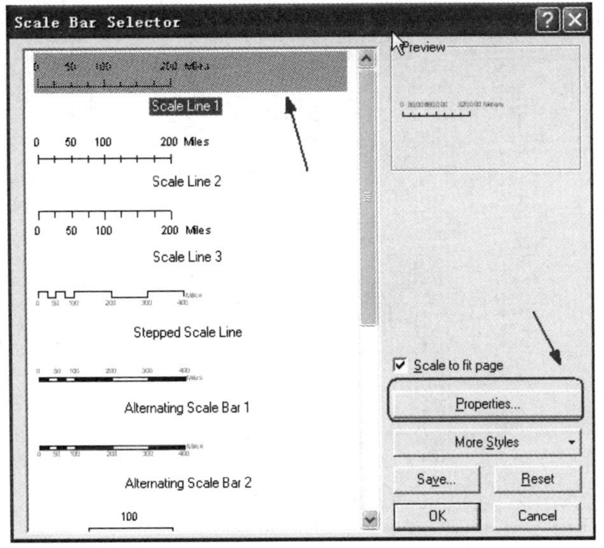

图 2-157 比例尺选择器

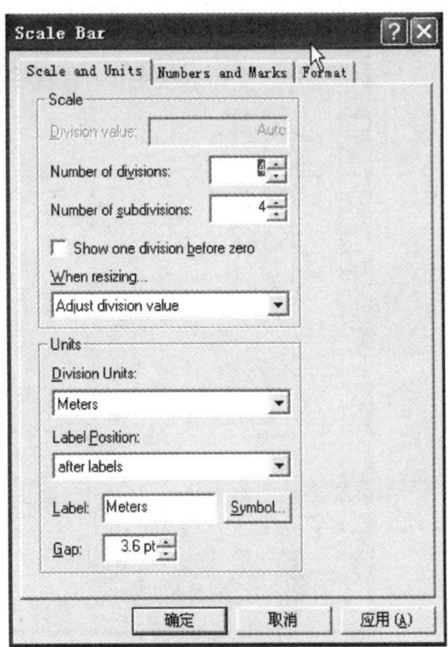

图 2-158 比例尺属性

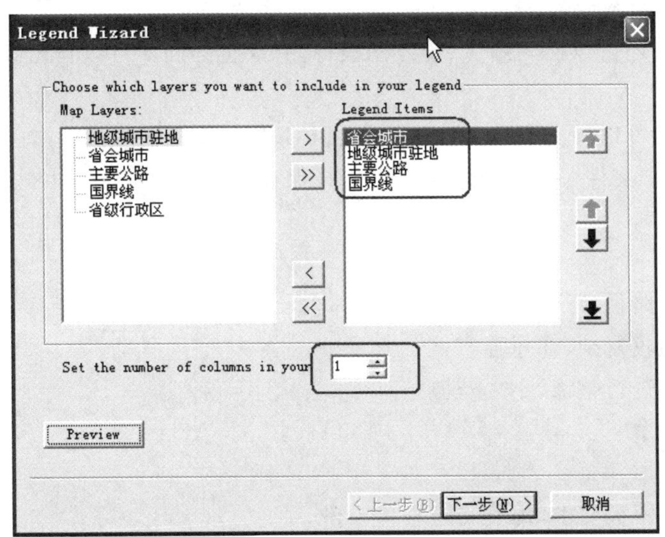

图 2-159 图例向导

(6) 插入“图片”(选做)

执行菜单命令“插入”→“图像”,可选择一幅图片插入当前地图版面中,调整到合适的大小及位置。

(7) 插入“数据表”(选做)

通过该功能,可以把图层的属性表插入地图版面中。首先选中图层,点击鼠标右键→“打开属性表”,然后在属性表浏览窗口中点击“选项”,在弹出的菜单中选择“Add Table to Layout”,如图 2-160 所示。

注:如果属性字段太多,在插入前可以通过“图层属性”对话框设置可见字段及别名。

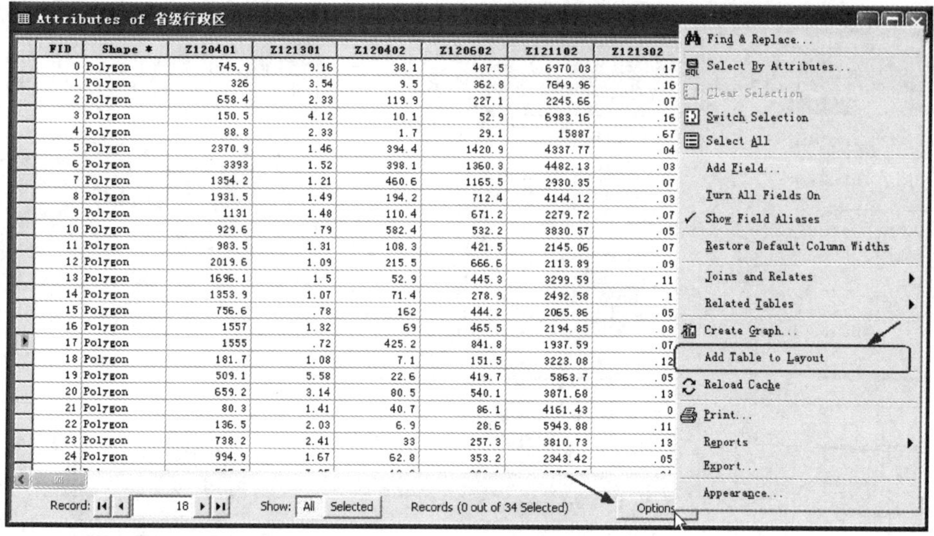

图 2-160　属性表添加

(8) 插入其他制图元素(选做)

在地图版面中还可以插入图像、统计图表等,有兴趣的同学可以自己尝试。

7. 地图输出

制作好的地图可以导出多种文件格式,如 JPG、PDF 等。

执行菜单命令“文件”→“输出地图”,可选择保存类型。

五、注意事项

(1) 文件保存路径自行选定,尽量不改动。

(2) 操作步骤较复杂,注意连贯性。

(3) 对应图层进行整饰,不要疏漏。

六、成果上交

(1) 根据实习模板要求,提交实习报告一份。

(2) 实习数据以压缩文件形式提交,“*.shp”文件和“*.mxd”文件分别以不同方法的文件夹归类。

任务 5　空间数据处理与地图投影

一、任务目的与要求

1. 掌握空间数据处理(融合、拼接、剪切、交叉、合并)的基本方法、原理。

2. 掌握地图投影变换的基本原理与方法。

3. 掌握 ArcGIS 中投影的应用及投影变换的方法、技术,同时了解地图投影及其变换在实际中的应用。

二、任务内容

1. 实现图层融合、拼接、剪切、交叉、合并等操作。
2. 进行投影设置及转换。

三、任务仪器及工具

1. 软件准备：ArcGIS 10.0 以上版本。
2. 数据准备。
3. 区域图“shp”文件、位置文件“TXT”、带投影的“shp”图层等。

四、任务步骤安排

1. 空间数据处理

(1) 裁剪要素

在“ArcMap”中，添加数据“云南县界.shp”“Clip.shp”(Clip 中有四个实体)。

开始编辑，激活“Clip”图层。选中“Clip”图层中的一个实体(注意不要选中“云南县界”中的实体)。

点击按钮，打开“ArcToolBox”。

如图 2-161 所示，选择“Analysis Tools”→“Extract”，双击“Clip”选项，弹出剪切窗口，指定输入实体为“云南县界”，剪切实体为“Clip”(必须为多边形实体)，并指定输出实体类路径及名称，这里命名为“云南县界_Clip1”，如图 2-162 所示。

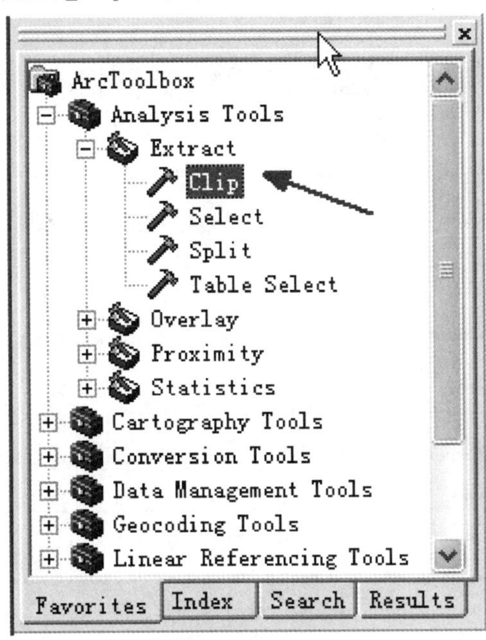

图 2-161　工具箱

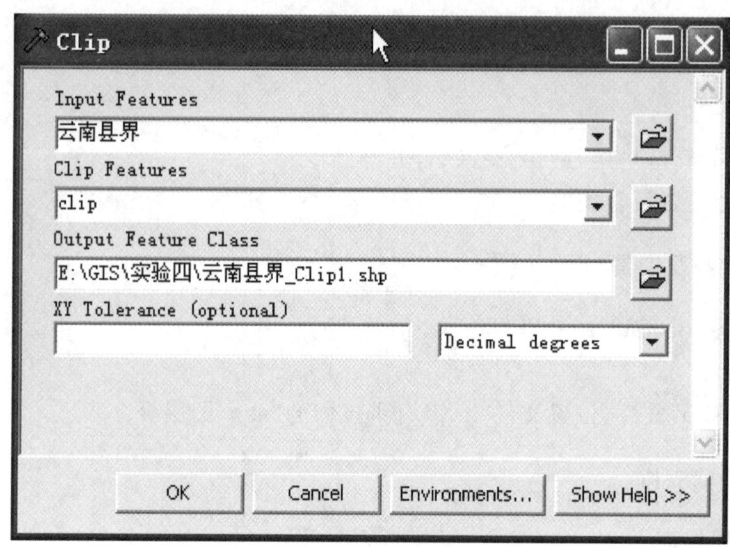

图 2-162　剪切窗口

依次选中"Clip"主题中的其他 3 个实体，重复以上的操作步骤，完成操作后将得到 4 个图层——"云南县界_Clip1""云南县界_Clip2""云南县界_Clip3""云南县界_Clip4"。

操作完成后，一定要点击"Save Editors"。

(2) 拼接图层

在 ArcMap 中新建地图文档，点击"File"→"New"，加载在剪切实体操作中得到的 4 个图层。

在工具箱中选择"Data Management Tools"→"General"，双击"Append"，在追加窗口中设置输入实体和输出实体，如图 2-163 所示。

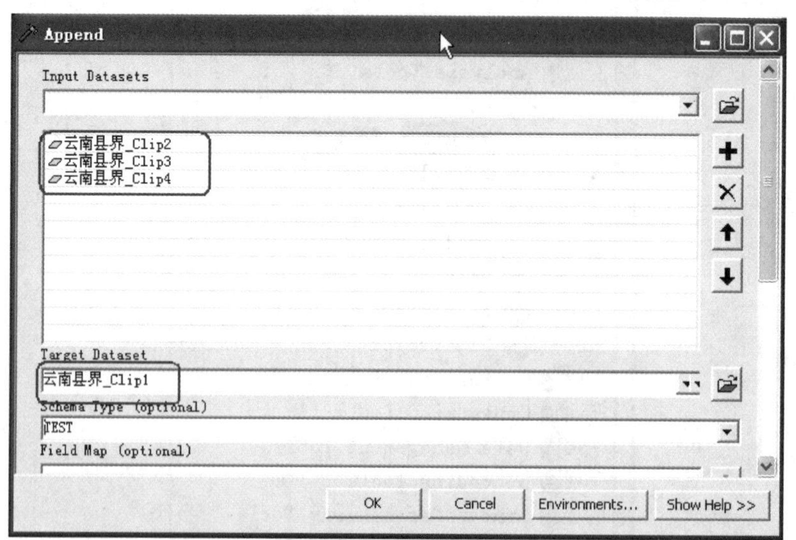

图 2-163　拼接图层窗口

鼠标右键点击图层"云南县界_Clip1"，在出现的右键菜单中执行"Data"→"Export

Data”,弹出窗口,将输出图层命名为“YNOK.shp”,如图 2-164 所示。

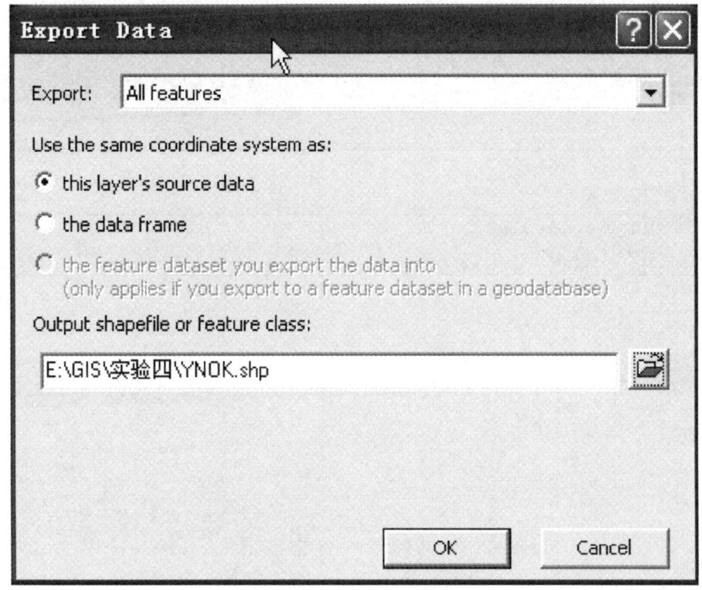

图 2-164 导出数据窗口

通过以上操作我们就完成了将 4 个图层拼接为一个图层的处理。

新建一地图文档,加载数据“YNOK.shp”,查看图层,并打开其属性表,查看与“云南县界”中的属性表有何区别。

(3) 要素融合

在拼接图层的基础上继续执行“Dissolve”(融合)命令,如图 2-165 所示。

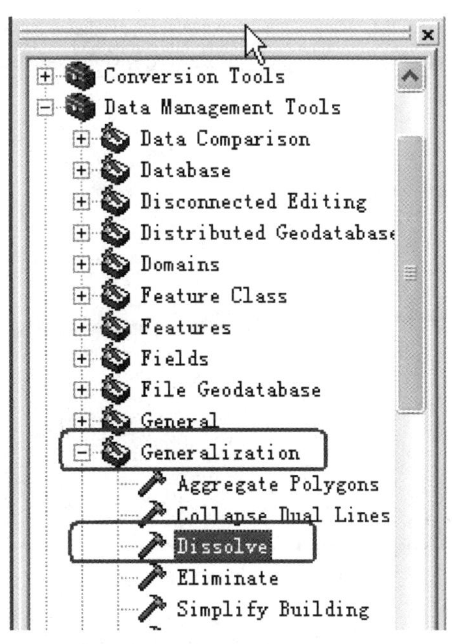

图 2-165 融合命令

输入实体指定为“YNOK”，融合字段选择“所属州”，根据这个字段的值对实体进行融合，“YNOK”图层中“所属州”相同的实体将合并成一个实体。融合窗口如图 2-166 所示。

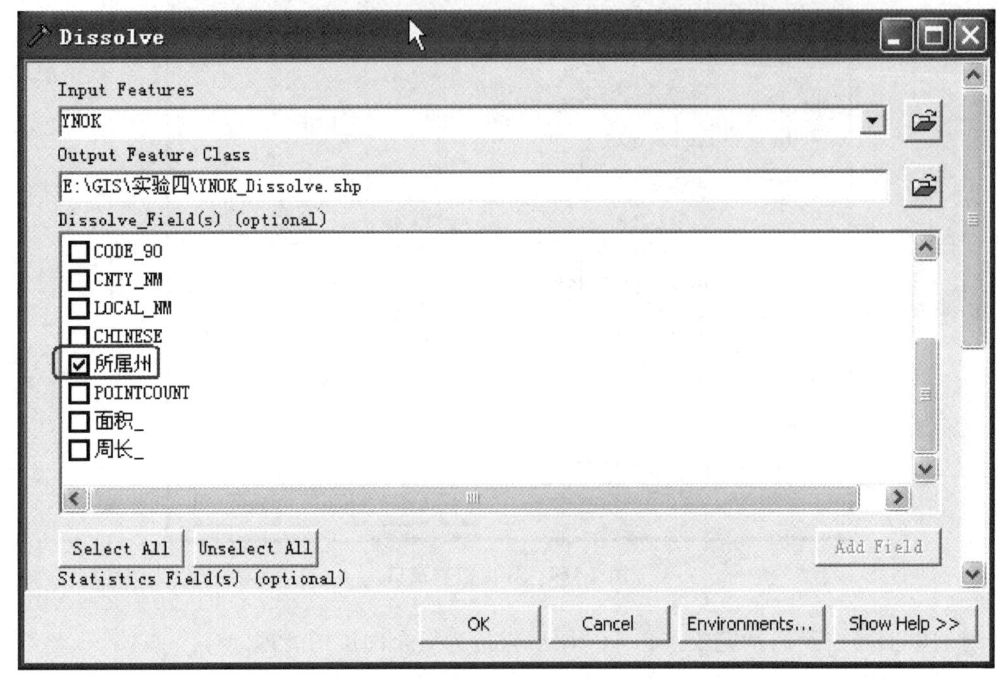

图 2-166　融合窗口

根据指定字段的值，通过以上操作对现有图层中的实体进行融合，产生新的图层——“YNOK_Dissolve”，打开并查看其属性表，融合后属性表如图 2-167 所示。

Attributes of YNOK_Dissolve

FID	Shape *	所属州
0	Polygon	临沧
1	Polygon	丽江
2	Polygon	保山
3	Polygon	大理
4	Polygon	德宏
5	Polygon	怒江
6	Polygon	思茅
7	Polygon	文山
8	Polygon	昆明
9	Polygon	昭通
10	Polygon	曲靖
11	Polygon	楚雄
12	Polygon	玉溪
13	Polygon	红河
14	Polygon	西双版
15	Polygon	迪庆

Record: 1　Show: All Selected　Records (0 out of 16 Selected)　Options

图 2-167　融合后属性表

类似地，重复以上过程，并将融合字段指定为“CHINESE”，看看结果有何不同。

(4) 图层合并

在“ArcMap”中新建一个“地图文档”,加载数据“西双版纳森林覆盖.shp”和“西双版纳县界.shp”;调整图层顺序,将“西双版纳县界”置于下方。

在“ArcToolbox”执行“联合”命令,“联合”工具如图 2-168 所示。

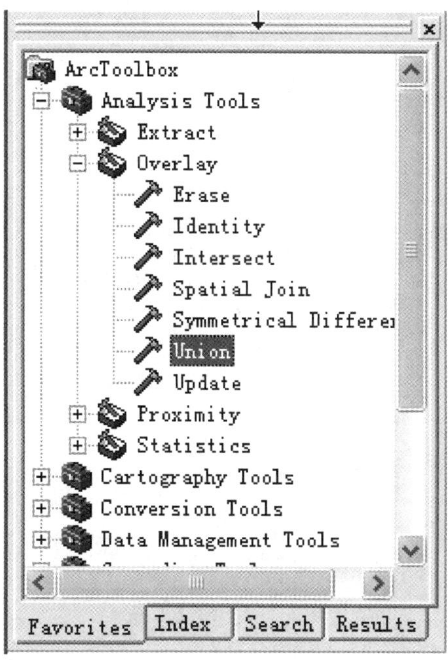

图 2-168　“联合”工具

在“联合”对话框中输入实体,依次添加“西双版纳森林覆盖”“西双版纳县界”两个图层;输出实体类,设置为“Union.shp”,如图 2-169 所示。

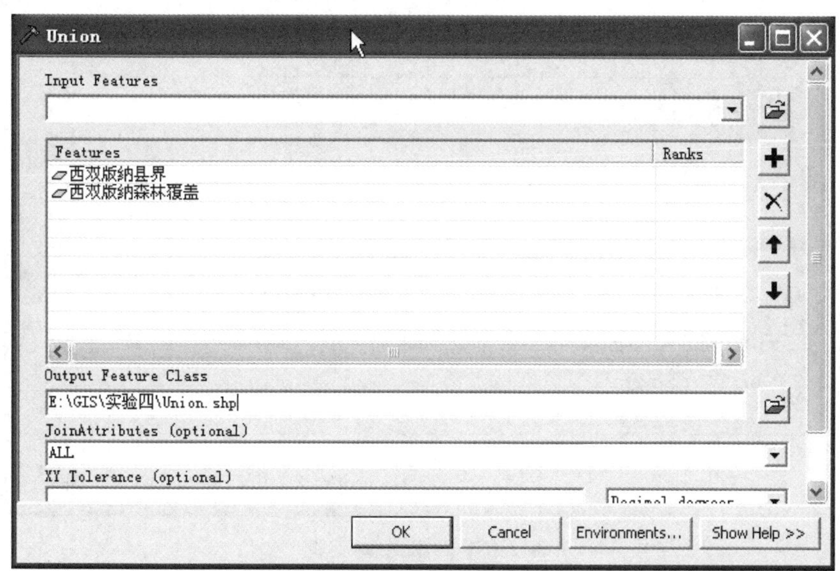

图 2-169　联合窗口

查看"Union"的属性表,并检查属性"Type",其中为"Y"的表示有植被覆盖的区域。鼠标右键点击图层"Union",修改属性→"符号"(设置为唯一值图例,字段设置为"TYPE")。

(5) 图层相交

在"ArcToolbox"中,执行"相交"命令。相交工具如图 2-170 所示。

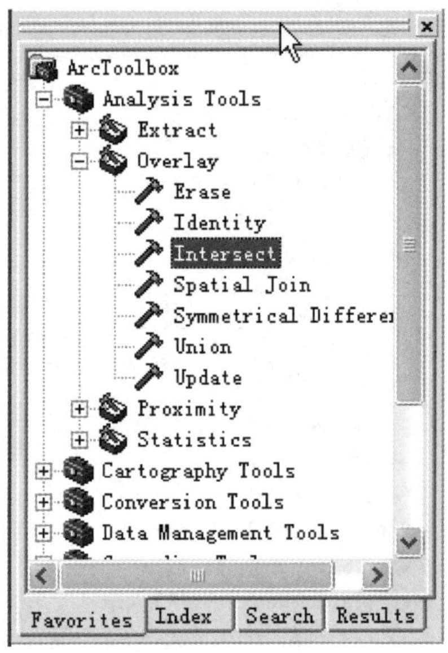

图 2-170 相交工具

在"相交"对话框中,输入实体依次添加"西双版纳森林覆盖""西双版纳县界"两个图层;输出实体类设置为"Intersect.shp",如图 2-171 所示。

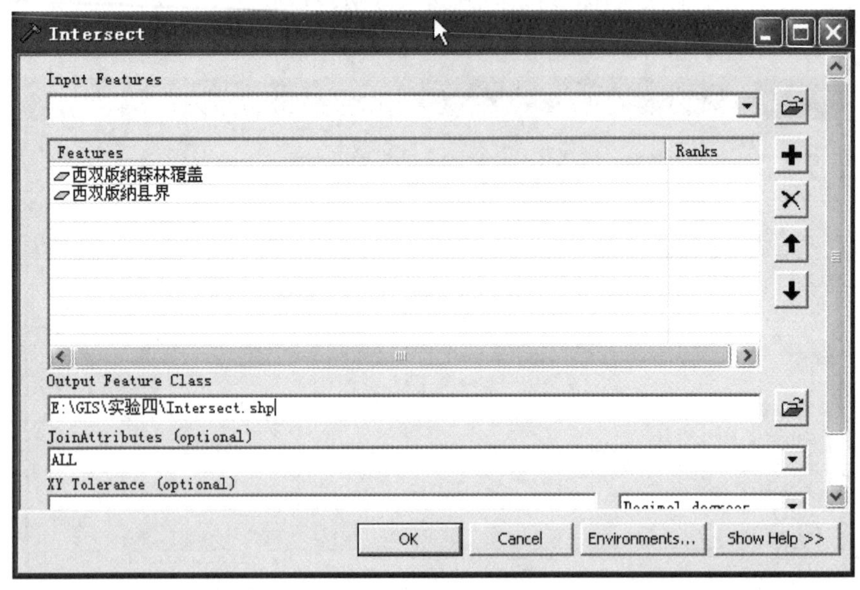

图 2-171 "相交"对话框

查看“Intersect”，并与“西双版纳森林覆盖”及“图层合并”操作所得结果——“Union”进行比较，并进一步思考这类操作适合求解哪些现实问题。

2. 地图投影

(1) 定义投影

在“ArcMap”中新建地图文档，添加生成的图层“Union.shp”。

在“TOC”中，鼠标右键点击图层“Union”，查看属性，在属性对话框中点击“Source”选项页，查看这个图层是什么坐标系。

打开“ArcToolbox”，执行命令“Define Projection”，见图 2-172。

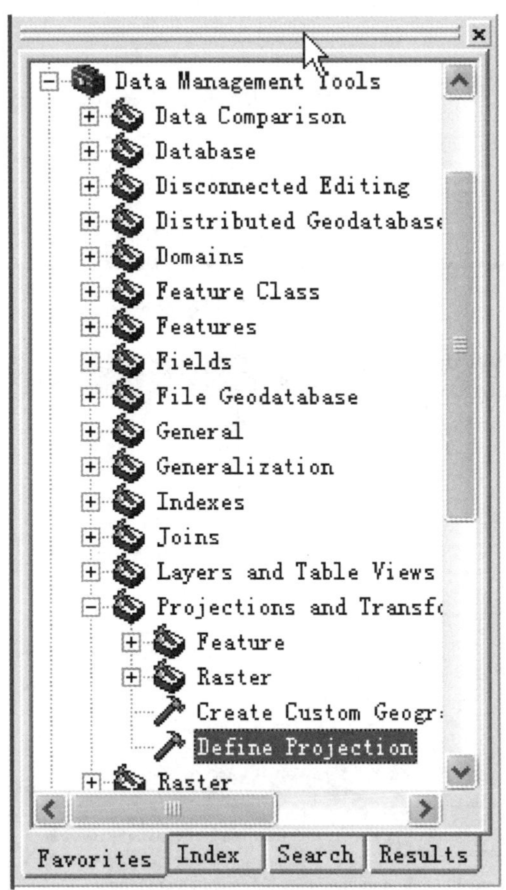

图 2-172　定义投影工具

“定义投影”对话框，如图 2-173 所示。选择实体类“Union”，点击坐标系输入框右边的按钮，出现“空间参考属性”对话框，如图 2-174 所示。

在“空间参考属性”对话框中，点击“Select”按钮，从预定义的坐标系中选择“Geographic Coordinate Systems\Asia\Beijing 1954.prj”(注意：前提是我们已知图层“Union”使用的是“北京 1954 地理坐标系”)。

在“TOC”中，鼠标右键点击图层“Union”，查看属性，在“图层属性”对话框中，点击“Source”选项页，查看这个图层的坐标系是否已经被指定为“北京 1954 地理坐标系”，如图 2-175 所示。

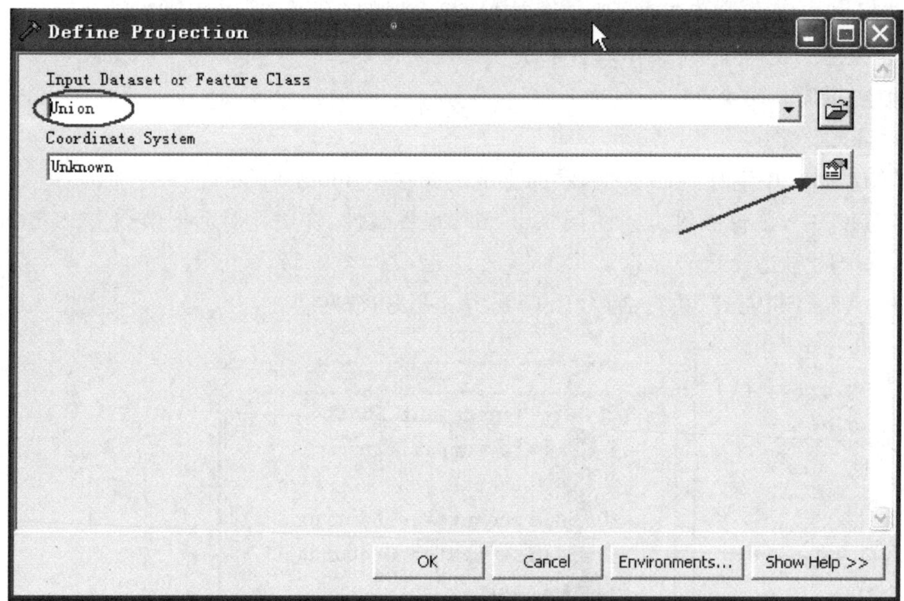

图 2-173 “定义投影”对话框

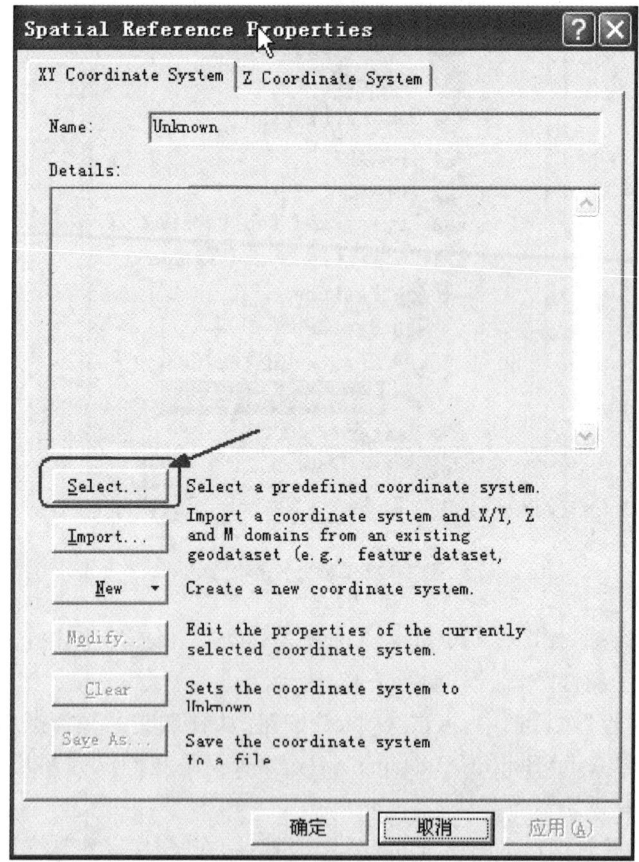

图 2-174 “空间参考属性”对话框

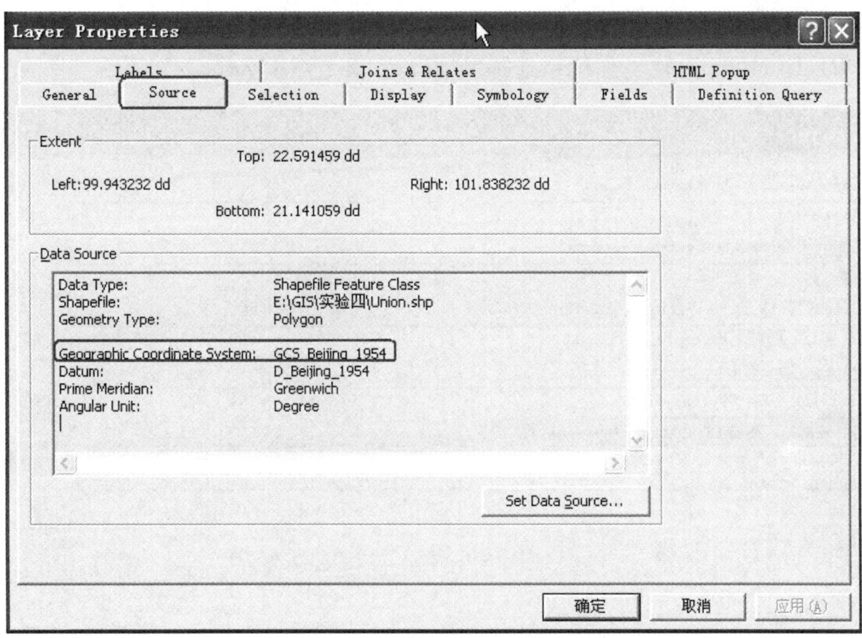

图 2-175　“图层属性”对话框

(2) 投影变换

地理坐标系的演变，为“北京 1954 地理坐标系”→“西安 80 坐标系”→“国家 2000 大地坐标系”。

打开“ArcToolbox”，执行命令“Project”，如图 2-176 所示。

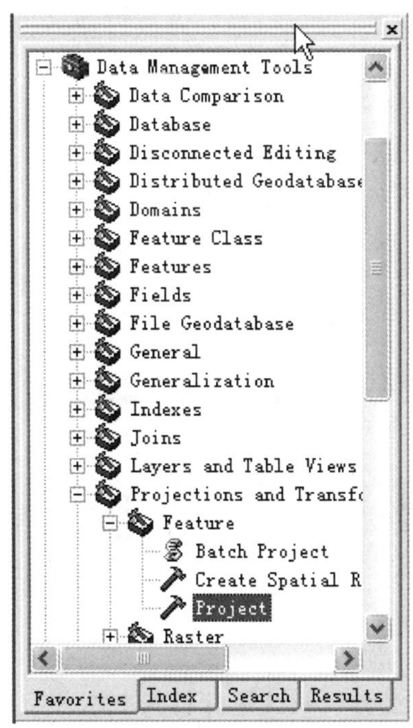

图 2-176　投影命令

如图 2-177 所示，在“Project”对话框中，依次设定输入实体类为“Union”，输出实体类为“Union_PRJ_BJ54.shp”，输出坐标系选择“Beijing_1954_GK_Zone_17N”。

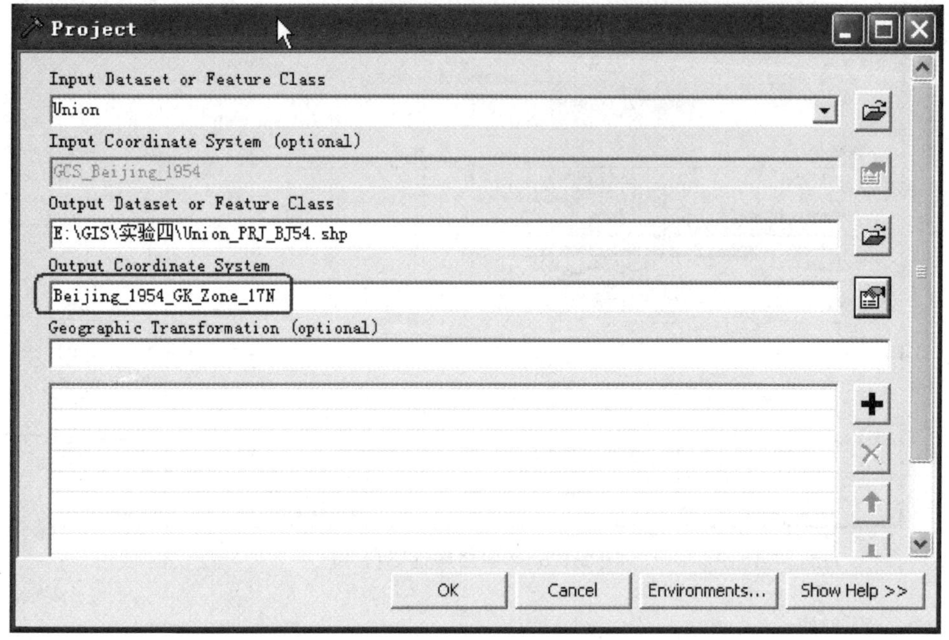

图 2-177 “投影”对话框

确定后，完成由地理坐标系“GCS_BEJING_1954”到投影坐标系“BEJING_1954_GK_ZONE_17N”的变换。

五、注意事项

(1) 文件保存路径自行选定，尽量不改动。

(2) 注意图层选择顺序，若与内容不符，对比不同顺序结果产生的差异。

(3) 注意保存文件命名及路径，以免文件覆盖。

六、成果上交

(1) 根据实习模板要求，提交一份实习报告。

(2) 实习数据以压缩文件形式提交。

任务 6 空间分析的综合应用

一、任务目的与要求

1. 熟练掌握 ArcGIS 缓冲区分析和叠加分析基本原理与操作，具备综合利用各项矢量数据的空间分析工具解决实际问题的能力。

2. 熟悉 ArcGIS 栅格数据的欧式距离制图、数据重分类等空间分析功能，能够处理和分析相关实际应用问题。

二、任务内容

1. 学习并掌握缓冲区分析和叠加分析。
2. 利用综合分析方法进行实例操作。

三、任务仪器及工具

1. 软件准备：ArcGIS 10.0 以上版本。
2. 数据准备：
(1) 城市主要交通道路图(mainstreet)——矢量数据。
(2) 城市主要居民区图(residential)——矢量数据。
(3) 城市停车场分布图(stops)——矢量数据。
(4) 城市主要商城分布图(other markets)——矢量数据。
(5) 土地利用数据(land use)——栅格数据。
(6) 地面高程数据(elevation)——栅格数据。
(7) 娱乐场所分布数据(rec_sites)——矢量数据。
(8) 现有学校分布数据(schools)——矢量数据。

四、任务步骤安排

1. 实验要求
(1) 矢量数据缓冲区分析和叠加分析的综合应用
寻找的区位条件如下：
① 离城市主要交通线路 50 m 以内，以保证商场交通的通达性。
② 保证在居民区 100 m 范围内，便于居民步行到达商场。
③ 距停车场 100 m 范围内，便于顾客停车。
④ 距已经存在的商场 500 m 范围之外，减少竞争压力。
(2) 栅格数据空间分析综合应用
① 新学校选址需注意以下几点：地势平坦；结合土地利用数据，选址成本较低的区域；距离娱乐场所越近越好；距离现有学校较远。
② 各数据层权重比为：距离娱乐设施占 0.5，距现有学校距离占 0.25，土地利用类型和地形要素各占 0.125。
③ 结合坡度计算、欧氏距离制图、重分类和栅格计算器等功能，给出分析结果图。
2. 实验内容、步骤
(1) 矢量数据空间分析步骤
① 新建地图文档，加载四个图层。
② 城市主要交通道路线路影响范围的建立。
a. 选择城市主要交通道路，并建立噪声缓冲区。

b. 选择交通要道，点击“Selection”→“Select by Attributes”，参数设置如图 2-178 所示。

c. 对交通要道建立缓冲区，选择“Tools”中的“缓冲区向导”（或点击工具栏上的“缓冲区”按钮），打开“缓冲区”生成对话框，设置参数如图 2-179 至图 2-181 所示。

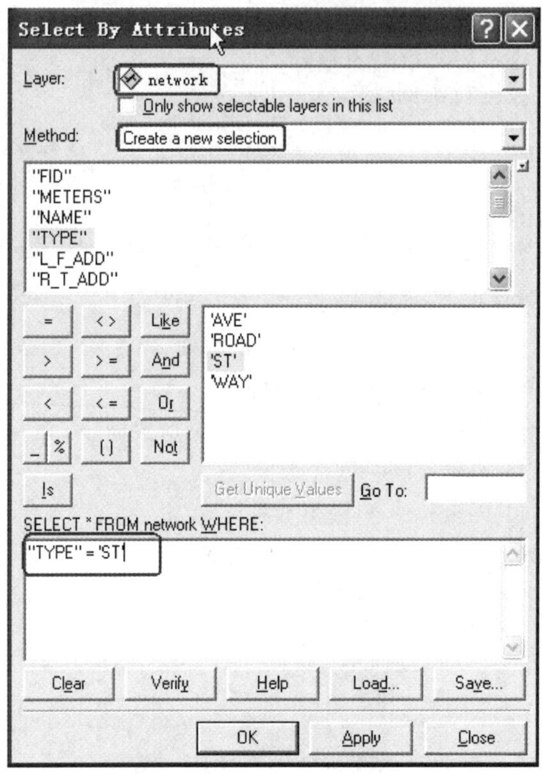

图 2 178　选择交通要道

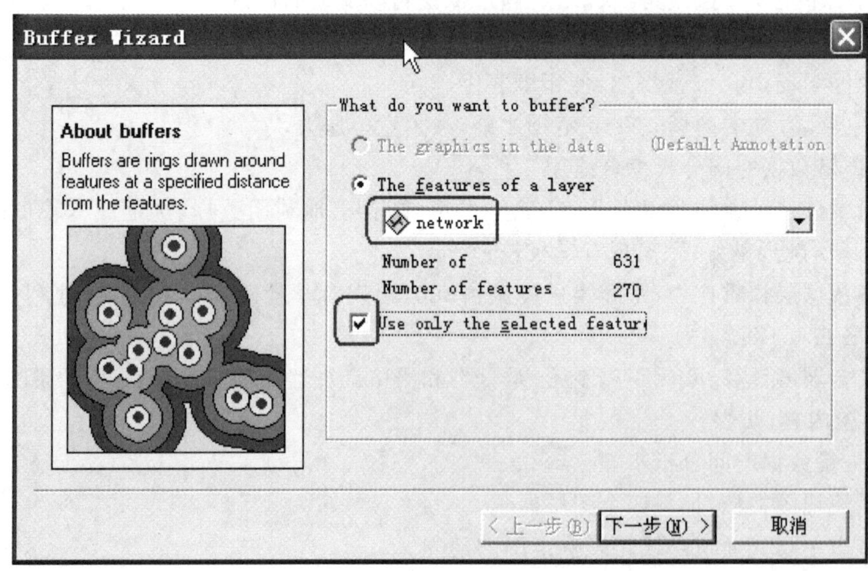

图 2-179　缓冲分析对象选择

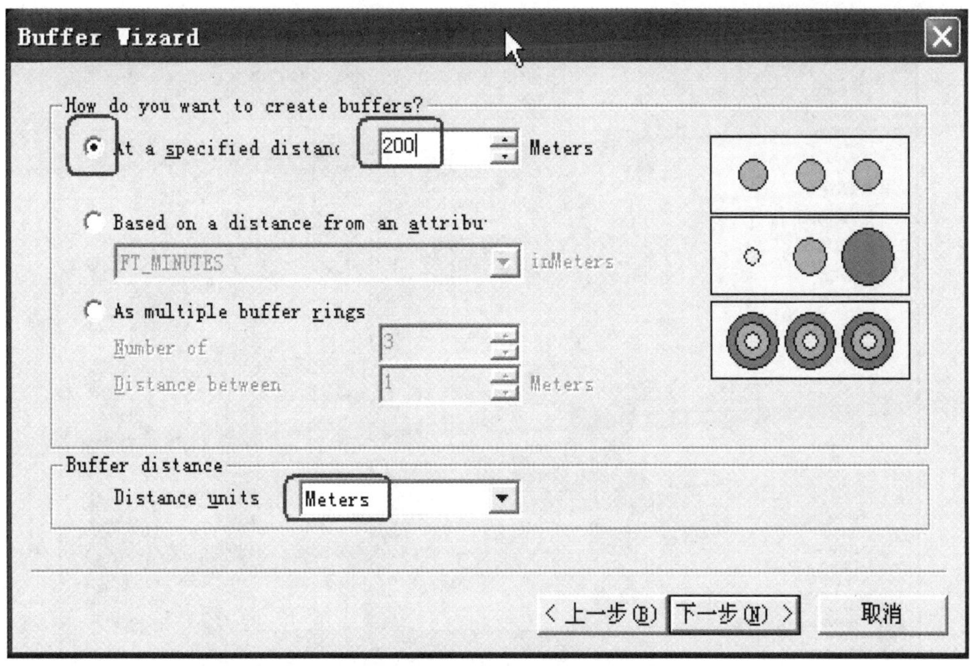

图 2-180　缓冲建立方法

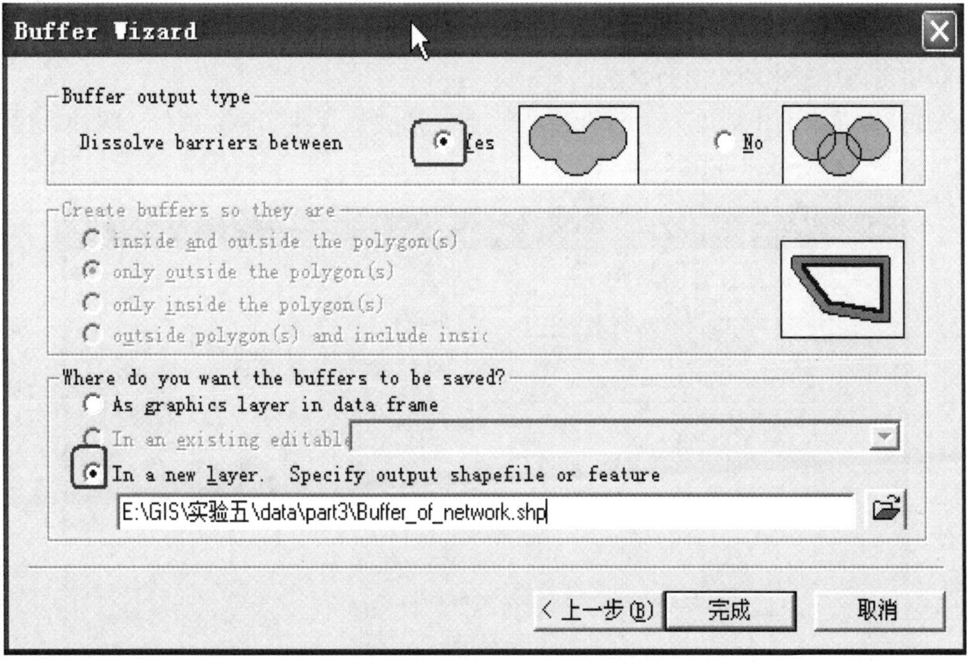

图 2-181　缓冲存放选择

效果如图 2-182 所示。

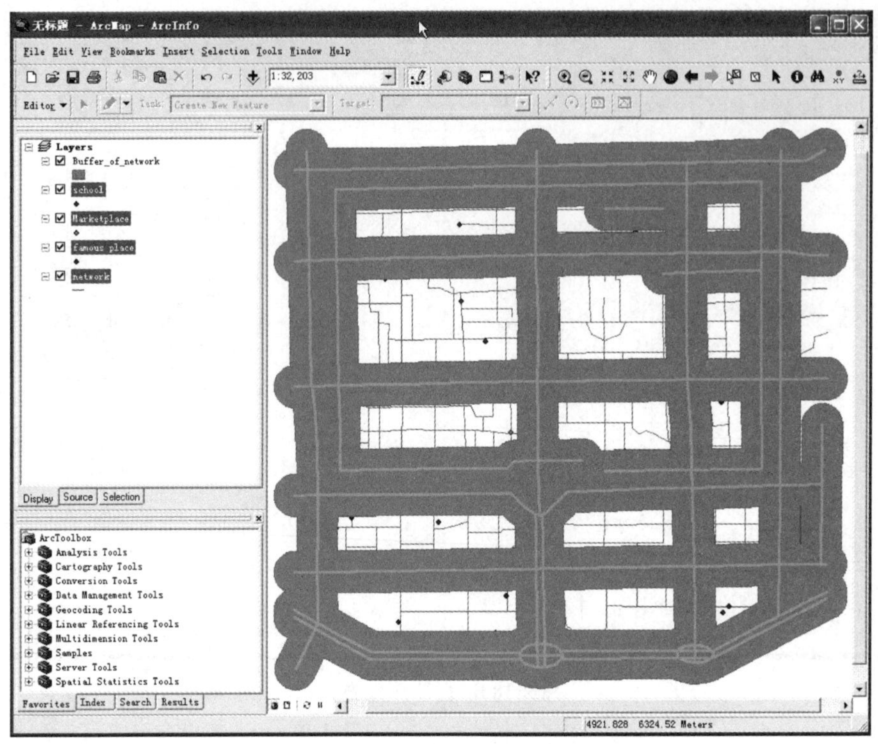

图 2-182　交通要道缓冲区

③ 居民居住地影响范围的建立。

例如建立重点高中周边 750 m 的缓冲区，与交通要道缓冲区建立类似。缓冲区建立类型如图 2-183 所示，效果如图 2-184 所示。

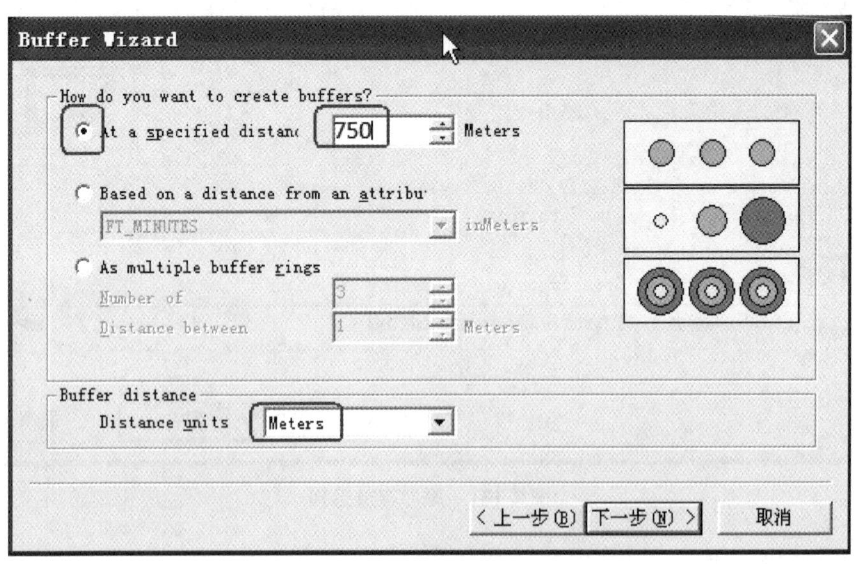

图 2-183　缓冲区建立类型

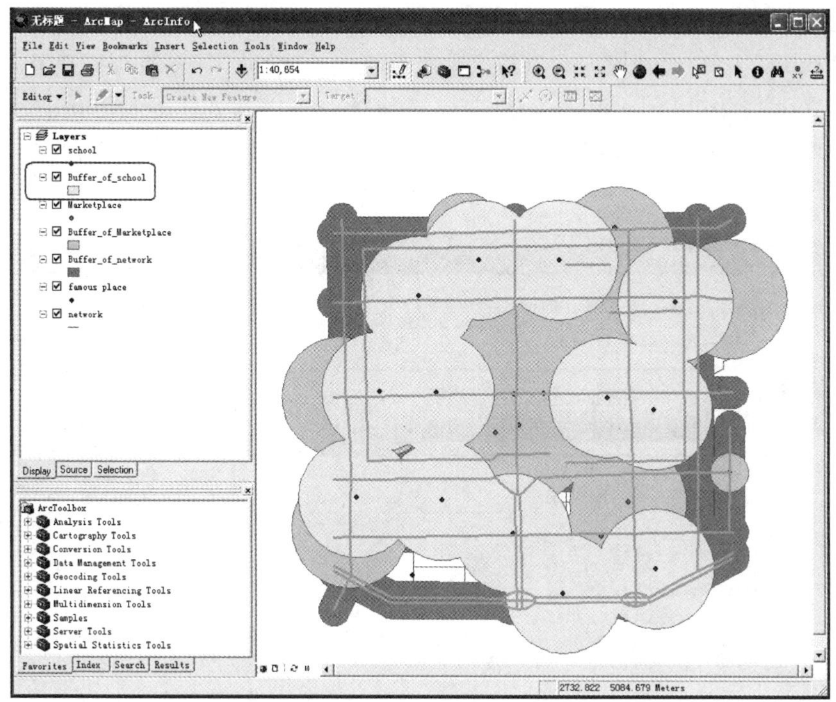

图 2-184　居民居住地周边重点高中缓冲区效果图

④ 停车场影响范围的建立。

图层中的要素为停车场(stop)，确定缓冲区距离 100 m，效果如图 2-185 所示。

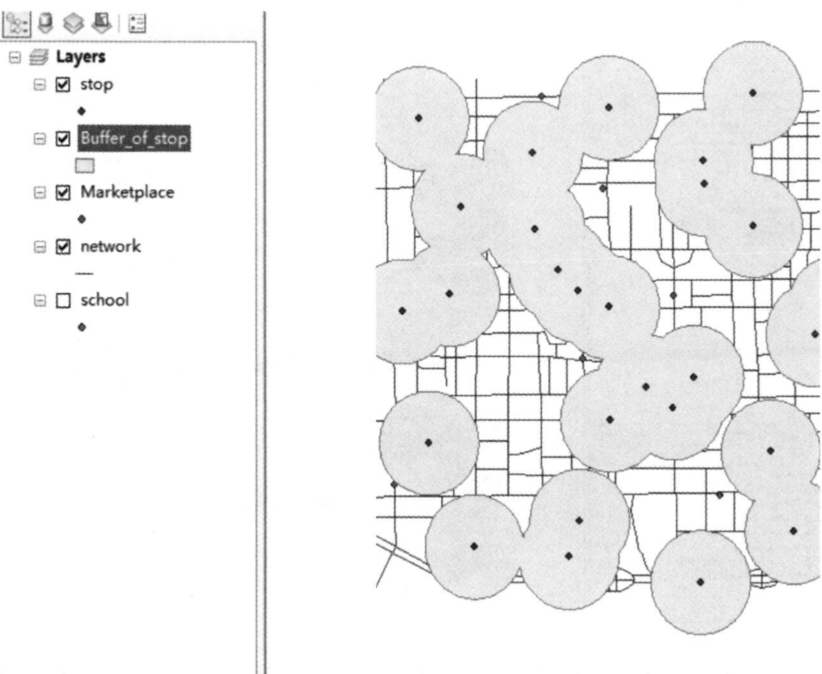

图 2-185　停车场缓冲区

⑤ 现有商场影响范围的建立。

选择“Tools”中的“缓冲区向导”(或点击工具栏上的“缓冲区”按钮),打开缓冲区生成对话框:第一步,图层为“Marketplace”;第二步,选择“Based on a distance from an attribute”,属性字段选择“YUZHI”,如图 2-186 所示;第三步,指定缓冲区文件的存放路径和名称。效果如图 2-187 所示。

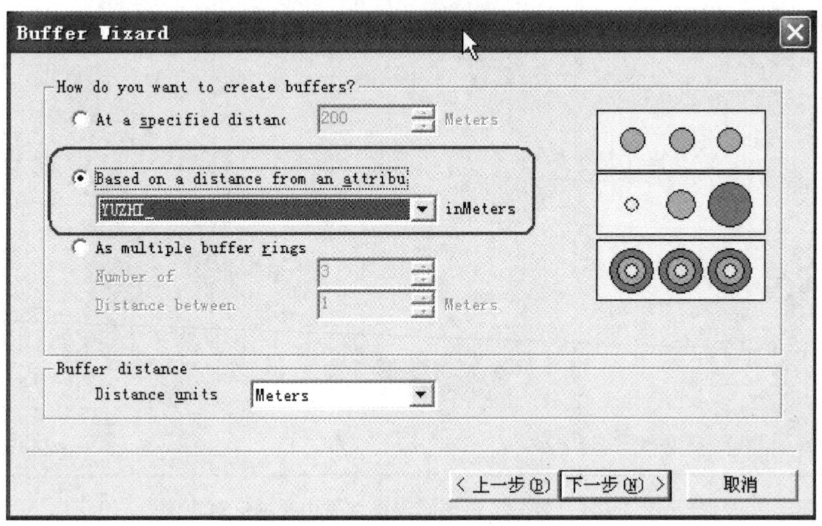

图 2-186 缓冲区建立类型

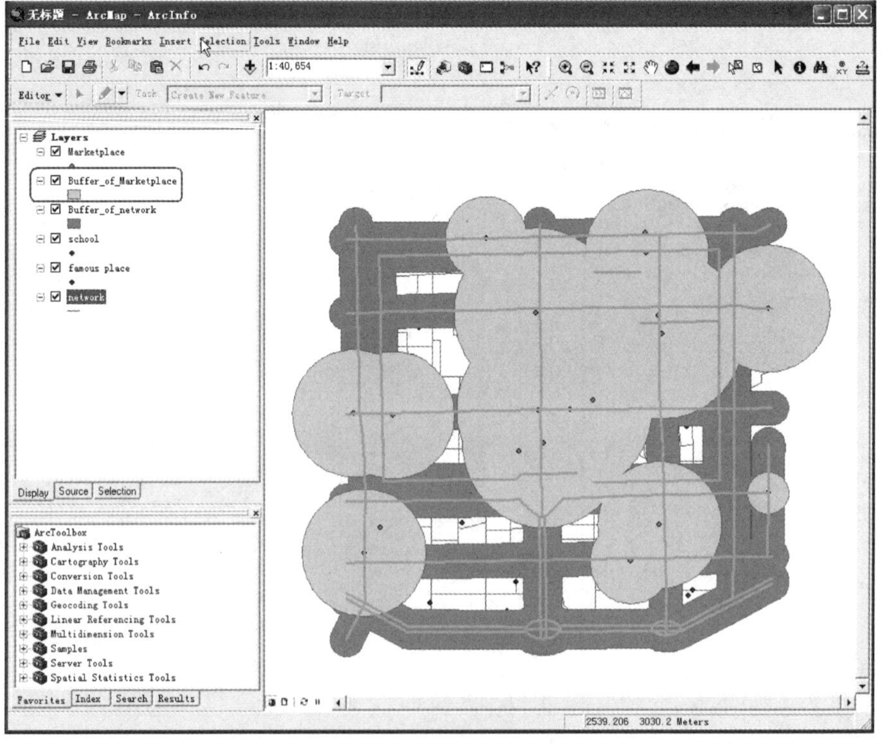

图 2-187 商业中心缓冲区

⑥ 进行叠加分析，求出满足要求的区域。

对后三个缓冲图层求交集，结果为满足后三个条件的区域：打开“ArcToolbox”，选择“Analysis Tools”→“Overlay”→“Intersect”，打开“交集”对话框，参数设置如图 2-188 所示，结果如图 2-189 所示。

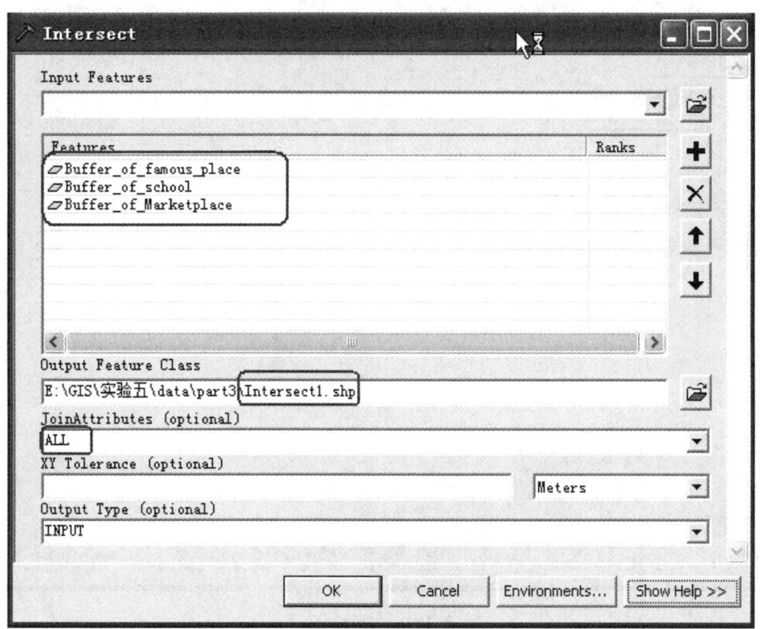

图 2-188　交集叠加

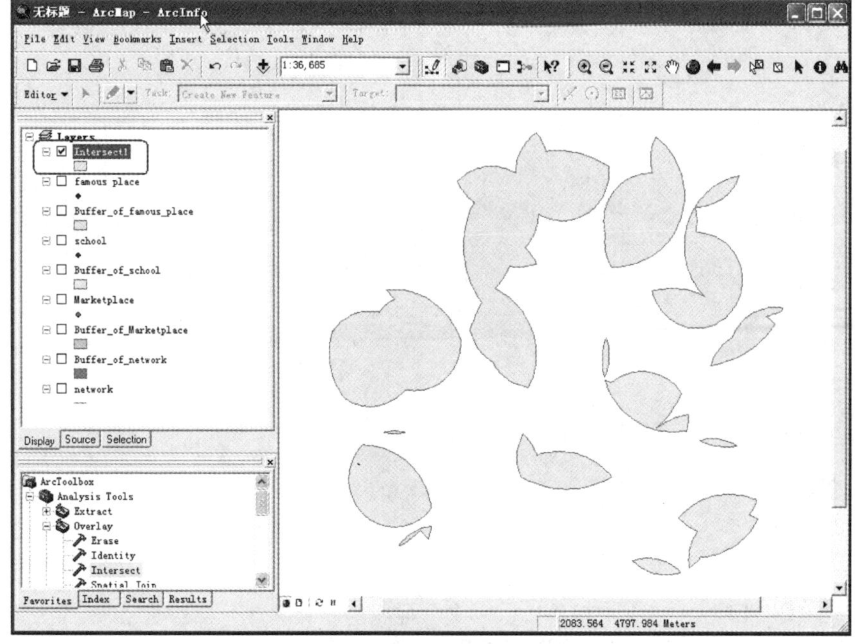

图 2-189　交集叠加效果

将第⑥步结果与交通要道缓冲区取差集，用前者擦除后者，得到四个条件均满足的区域："ArcToolbox"→"Analysis Tools"→"Overlay"→"Erase"，参数设置如图 2-190 所示，结果如图 2-191 所示。

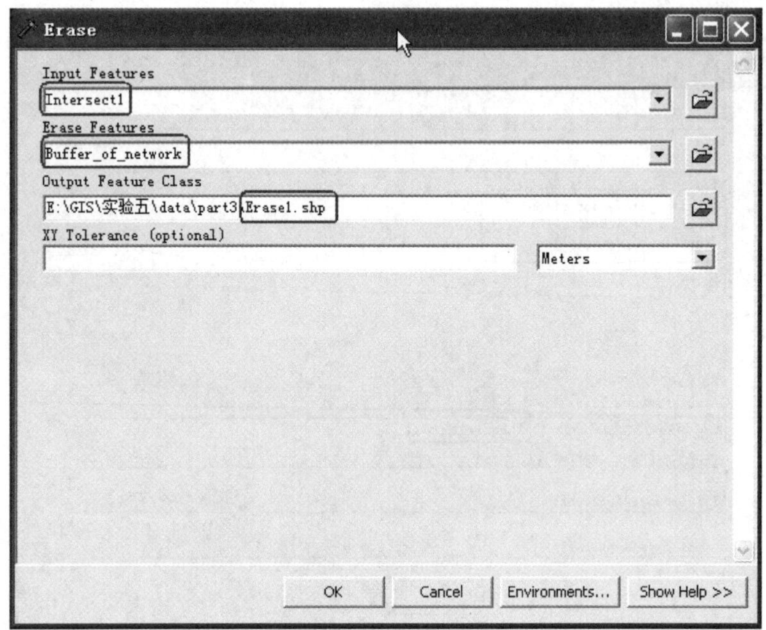

图 2-190 擦除图层

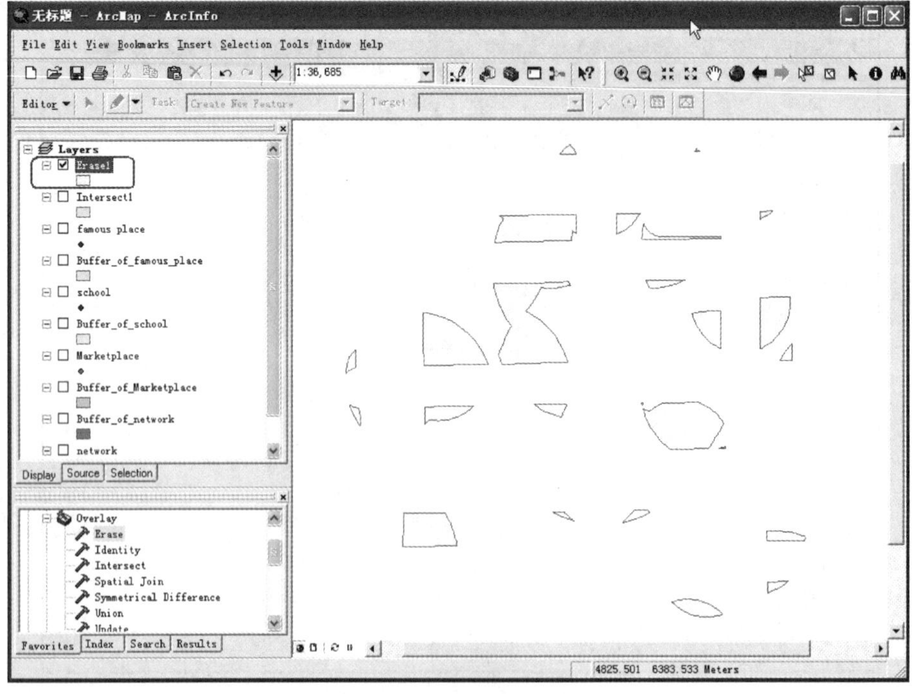

图 2-191 满足所有条件的区域

⑦ 对整个城市商场的区位条件进行评价。

对整个城市区域的住房条件进行评价，即划分等级，满足其中四个条件的为第一等级；满足三个的为第二等级；满足两个的为第三等级；满足一个的为第四等级；完全不满足的为第五等级。

提示：通过空间分析操作生成一个评价图层，其中有一个属性字段（如 class、整型）是表达每个地块的评价等级。

⑧ 生成专题图并整饰专题图。

a. 生成专题图

鼠标右键单击“Properties”，在“Symbology”选项页中设置为“Unique values”，以对不同等级的区域进行符号化显示。

如图 2-192 所示，设置“字段”为“class”，然后点击下方的按钮“Add All Values”，将会把“class”字段中出现的所有的值显示到列表中，中间一列表示的是图例中显示的文字，可双击鼠标左键将其修改为对应的等级名称；在“Color Ramp”处选择合适的颜色，亦可双击列表中任一行，修改其颜色或图案。

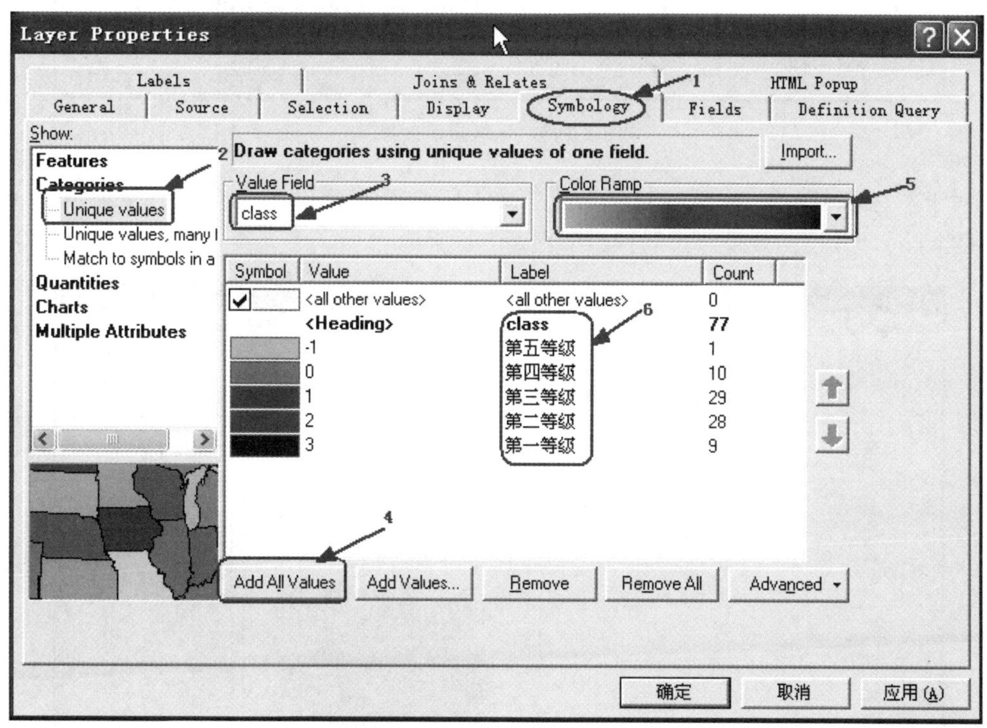

图 2-192　唯一值专题图

点击“确定”后，结果如图 2-193 所示。

b. 整饰专题图

转换视图模式为布局视图，在“ArcMap”中的地图编辑窗口左下角有 4 个小图标，从左到右依次为数据视图(Data View)、布局视图(Layout View)、刷新(Refresh View)、暂停绘制(Pause Drawing)。

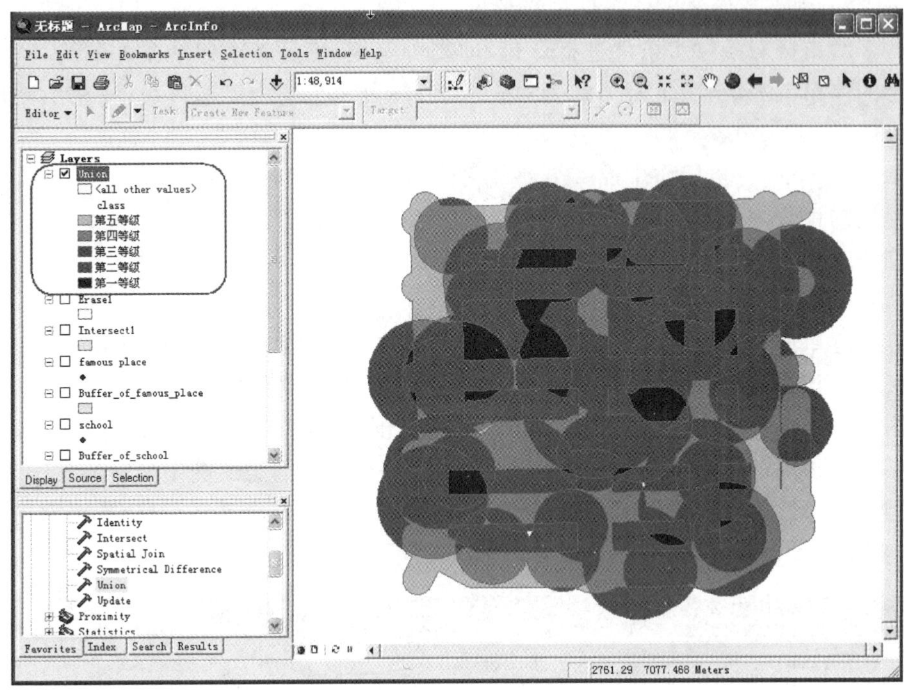

图 2-193　等级显示效果

对于左边两个小图标，平时按下的是“Data View”，在此按下“Layout View”来查看布局，相当于打印预览的效果。布局视图如图 2-194 所示。

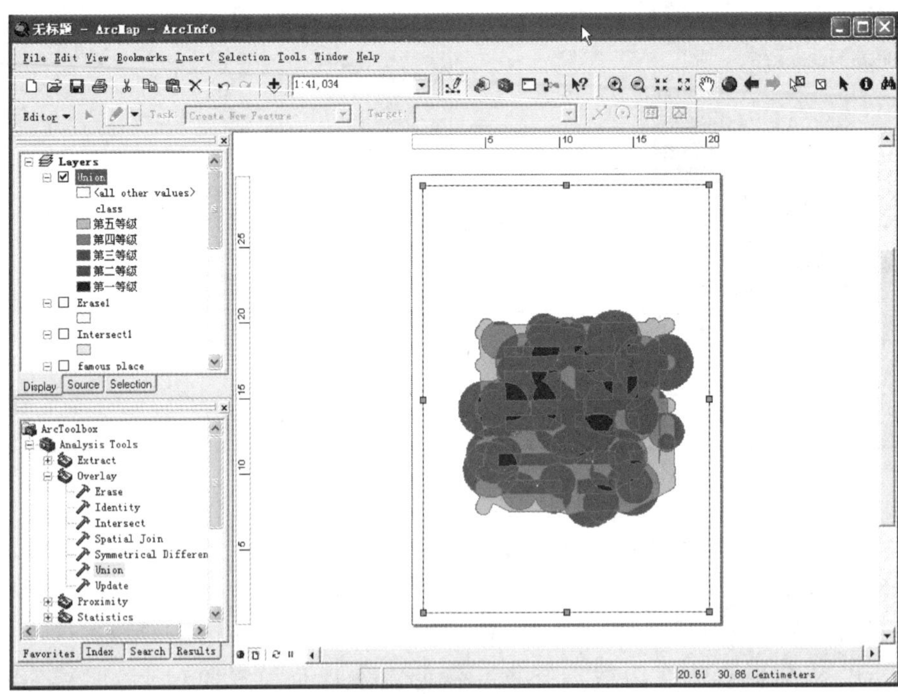

图 2-194　布局视图

通过“Insert”菜单，插入标题(Title)；拖动标题，可以移动其位置；双击鼠标左键可以修改其字体等属性。

通过“Insert”菜单，插入图例(Legend)；点击“Insert”→“Legend”，会出现图例添加向导，根据向导可完成图例添加过程。如果对添加的图例不满意，还可以通过鼠标左键双击该图例，调出图例的属性窗口进行修改。

最终效果如图 2-195 所示。

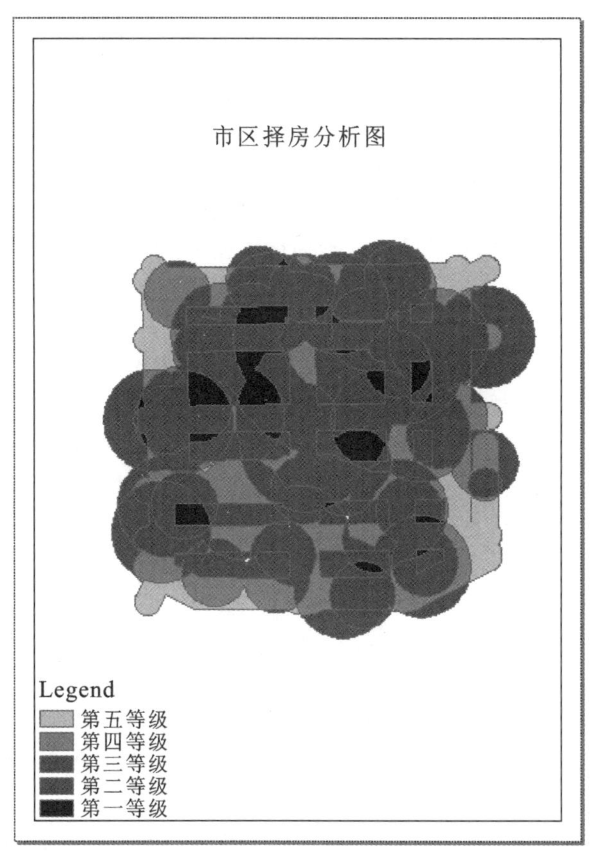

图 2-195　最终效果

(2) 栅格数据空间分析步骤

① 设置分析环境。

② 从“elevation”数据中提出坡度数据集。

③ 从“rec_sites”数据中提取娱乐场所欧氏距离数据集。

④ 从现有学校位置数据“schools”中提取学校欧氏距离数据集。

⑤ 重分类数据集。

五、注意事项

(1) 文件保存路径自行选定，尽量不改动。

(2) 注意图层选择顺序，若与内容不符，对比不同顺序结果产生的差异。
(3) 注意保存文件命名及路径，以免文件覆盖。

六、成果上交

(1) 根据实习模板要求，提交一份实习报告。
(2) 将实验结果以电子版与纸质打印版的形式共同提交，包括原理、步骤、结果。

任务7　地形分析——TIN和DEM的生成及应用

一、任务目的与要求

加深对TIN建立过程的原理、方法的认识，并熟练掌握ArcGIS中建立DEM、TIN的技术方法，掌握根据DEM或TIN计算坡度、坡向的方法。

二、任务内容

结合实际，掌握应用DEM解决地学空间分析问题的能力。

三、任务仪器及工具

1. 软件准备：ArcGIS(汉化)10.0以上版本。
2. 数据准备：矢量数据“Elevpt_Clip”“Elev_Clip”“Boundary”“ErHai”。

四、任务步骤安排

1. TIN和DEM的生成
(1) 由高程点矢量数据生成TIN转为DEM

DEM是对地形地貌的一种离散的数字表达，是对地面特性进行空间描述的一种数字方法、途径，它的应用可遍及整个地学领域。具体实现步骤如下：

① 在“ArcMap”中新建一个地图文档，添加矢量数据——“Elevpt_Clip”“Elev_Clip”“Boundary”“Erhai”。

② 激活“3D Analyst”扩展模块(执行菜单命令“自定义”→“扩展模块”，在出现的对话框中选中3D分析模块)，在工具栏空白区域点单击鼠标右键打开“3D分析”工具栏。

③ 打开“ArcToolbox”工具箱，在“ArcToolbox”中执行命令“3D Analyst工具”→“数据管理”→“TIN”→“创建TIN”，在对话框“创建TIN”中定义每个图层的数据使用方式。

如图2-196所示，在“创建TIN”对话框中，在需要参与构造TIN的图层名称前的检查框上打钩，指定每个图层中的一个字段作为高度源(高度字段)，设定三角网特征输入方式(SF Type)。可以选定某一个值的字段作为属性信息(默认为None)。在这里指定图层“Erhai”的参数：“SF Type”指定为“硬替换”，其他图层参数使用默认值即可。

④ 生成新的图层“TIN”，在“TOC”(内容列表)中关闭除“TIN”和“ErHai”之外的其他图层的显示，设置TIN的图层(符号)，得到图2-197所示的效果。

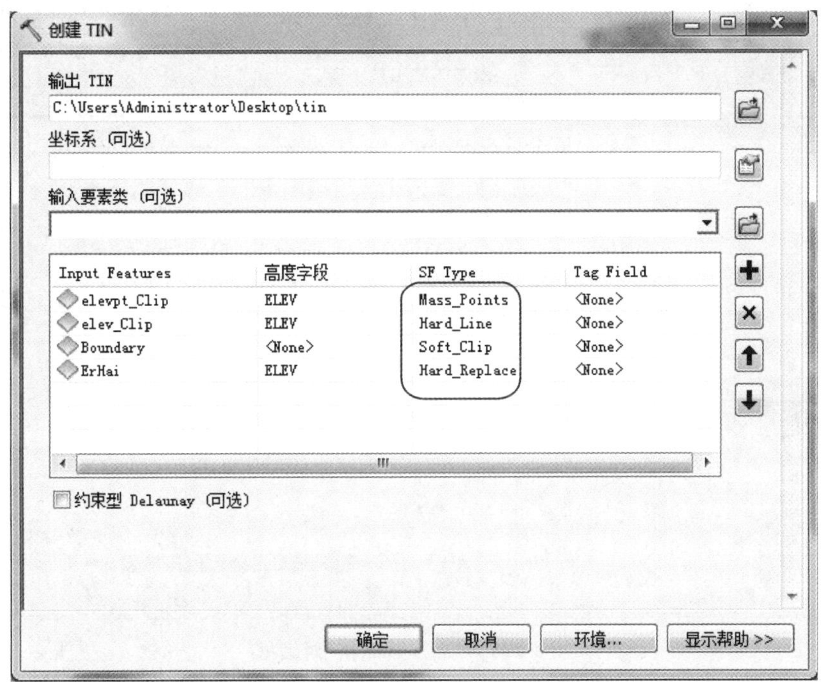

图 2-196　“创建 TIN”对话框

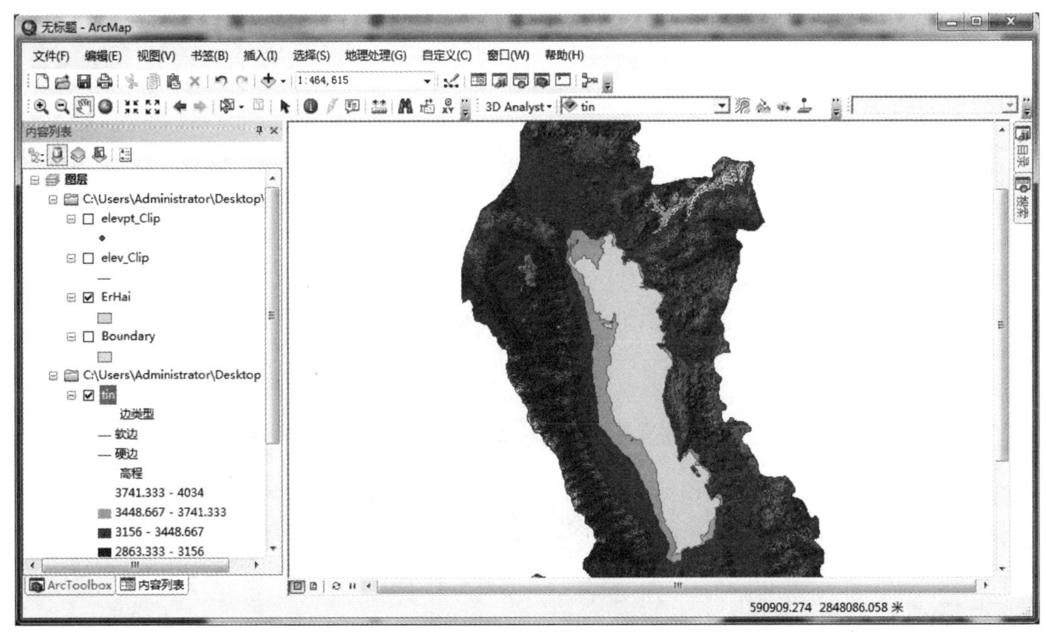

图 2-197　TIN 生成成果

⑤ 在“ArcToolbox”中，执行命令“3D Analyst 工具”→“转换”→“由 TIN 转出”→“TIN 转栅格”，指定相关参数。采样距离“CELLSIZE 50”；输出栅格的位置和名称“TinGrid”。“TIN 转栅格”对话框如图 2-198 所示。

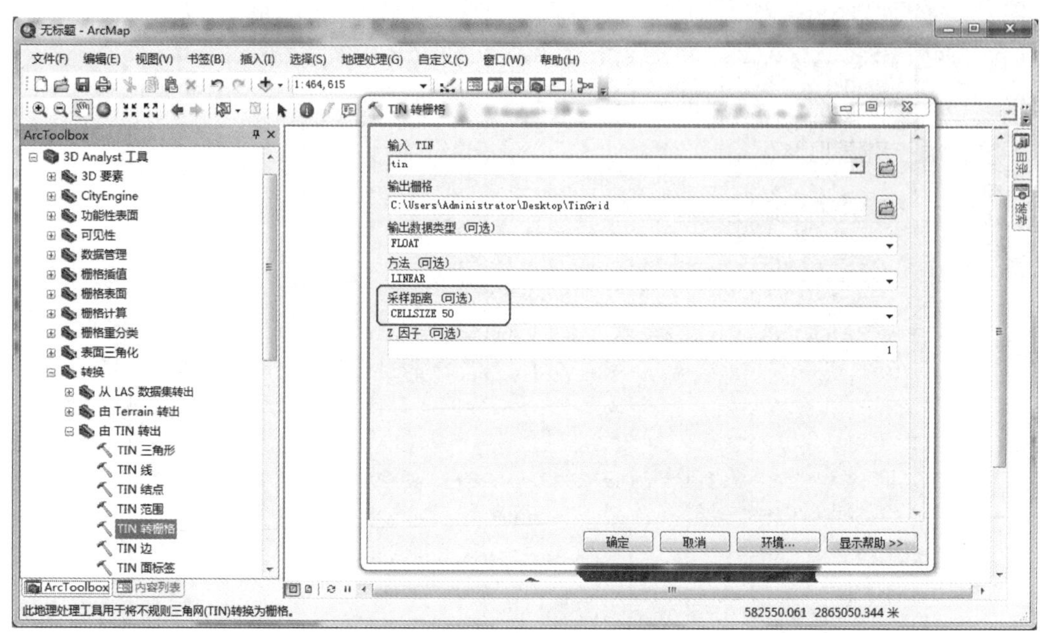

图 2-198 "TIN 转栅格"对话框

确定后得到 DEM 数据:TinGrid。其中,每个栅格单元表示 50 m×50 m 的区域。T 栅格生成成果如图 2-199 所示。

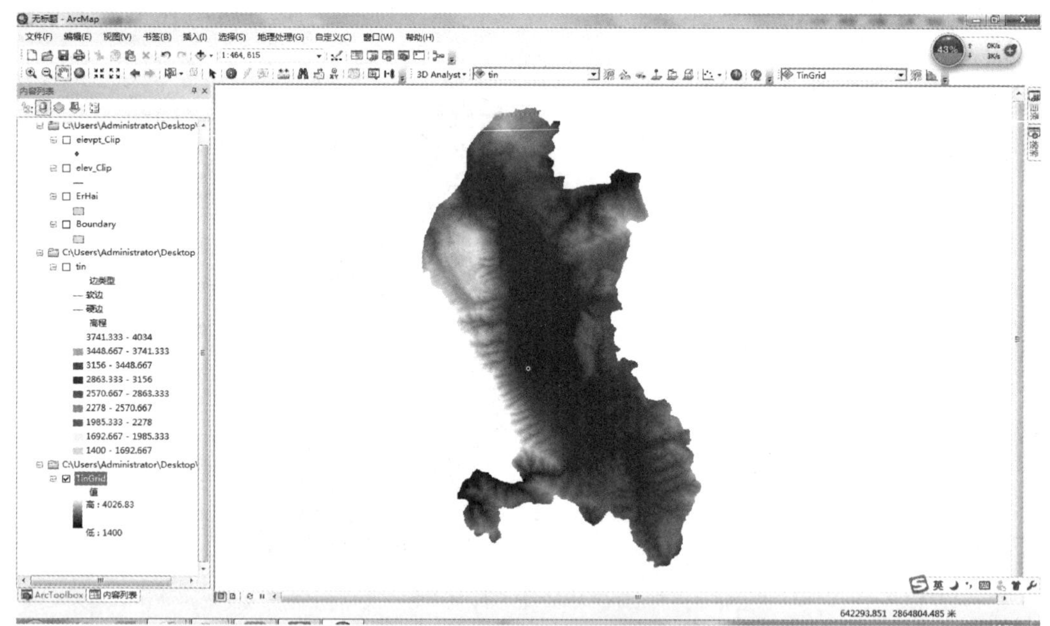

图 2-199 T 栅格生成成果

(2) TIN 的显示

① 在上一步操作的基础上进行,关闭除"TIN"之外的所有图层的显示,编辑图层"TIN"

的属性，在“图层属性”对话框中点击“符号系统”选项页，将“边类型”和“高程”前面检查框中的钩去掉，点击“添加”按钮。“图层属性”对话框如图 2-200 所示。

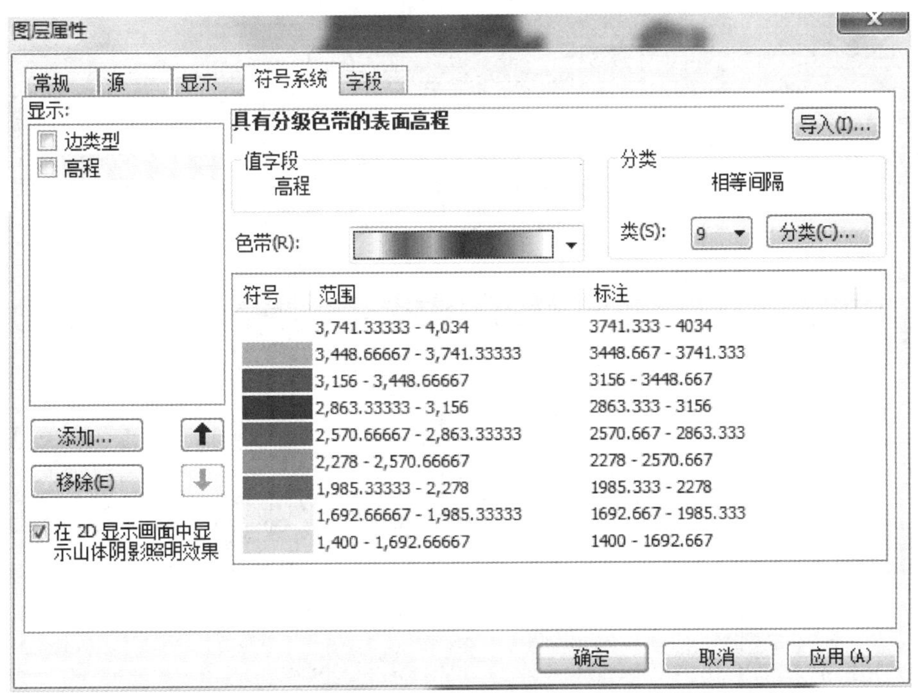

图 2-200　“图层属性”对话框

② 如图 2-201 所示，在“添加渲染器”对话框中，将“具有相同符号的边”和“具有相同符号的节点”这两项分别添加到 TIN 的显示列表中。在“图层属性”对话框中单击“确定”。

注：一次只能添加一项。

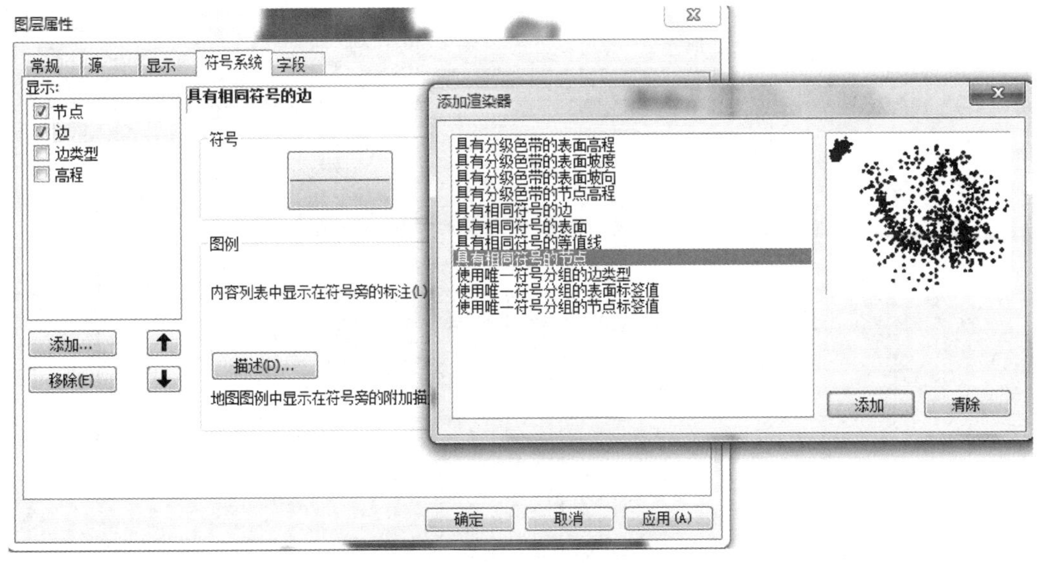

图 2-201　“添加渲染器”对话框

③ 点击“确定”，将“TIN”图层局部放大，理解 TIN 的存储模式及显示方式，渲染成果如图 2-202 所示。

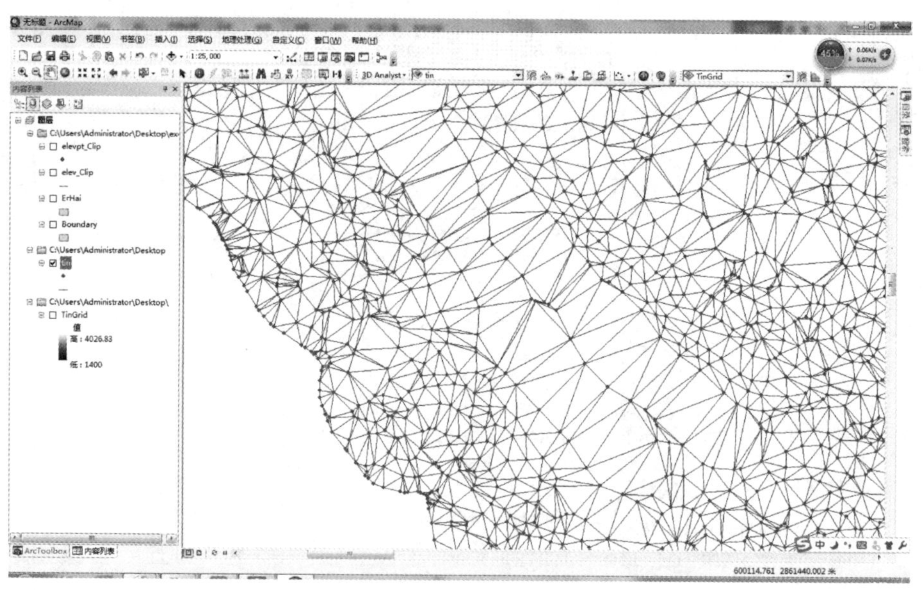

图 2-202　渲染成果

(3) TIN 转换为多边形

① 新建地图文档，加载图层“TIN”，将“具有分级色带的表面坡度”和“具有分级色带的表面坡向”这两项添加到 TIN 的显示列表中。

② 在“图层属性”对话框中，选中“坡度”，点击“分类”按钮，在下面的对话框中将“类别”指定为“5”，然后在“分类”对话框中采用“手动”分类方法，在“中断值”列表中输入间隔值“8.00，15.00，25.00，35.00，90.00”，如图 2-203 所示。

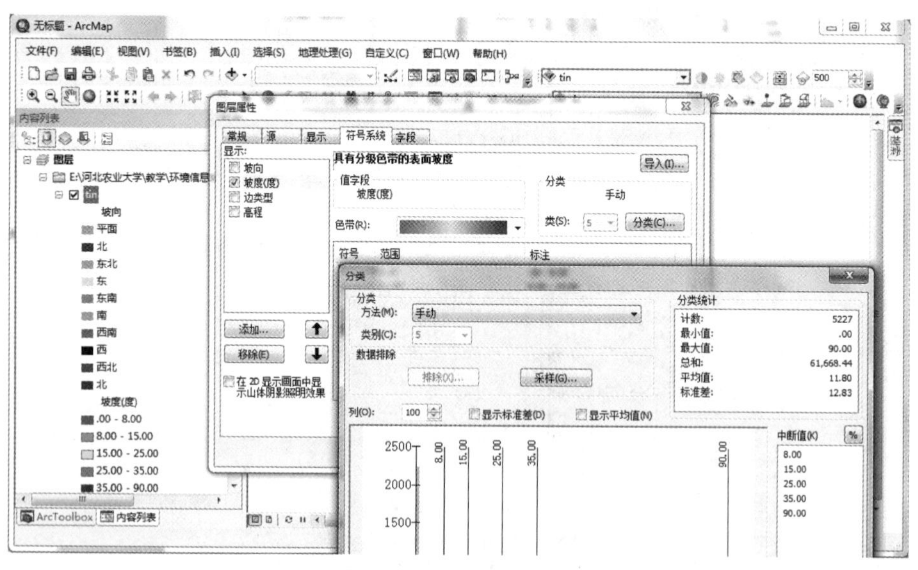

图 2-203　“分类”对话框

③ 选中坡向，点击“分类”按钮，在下面的对框中将“类别”指定为“10”，然后在“分类”对话框中采用“手动”分类方法，在“中断值”列表中输入间隔值“0,22.5,67.5,112.5,157.5,202.5,247.5,292.5,337.5,360”。分类修改如图 2-204 所示。自定义分类如图 2-205 所示。

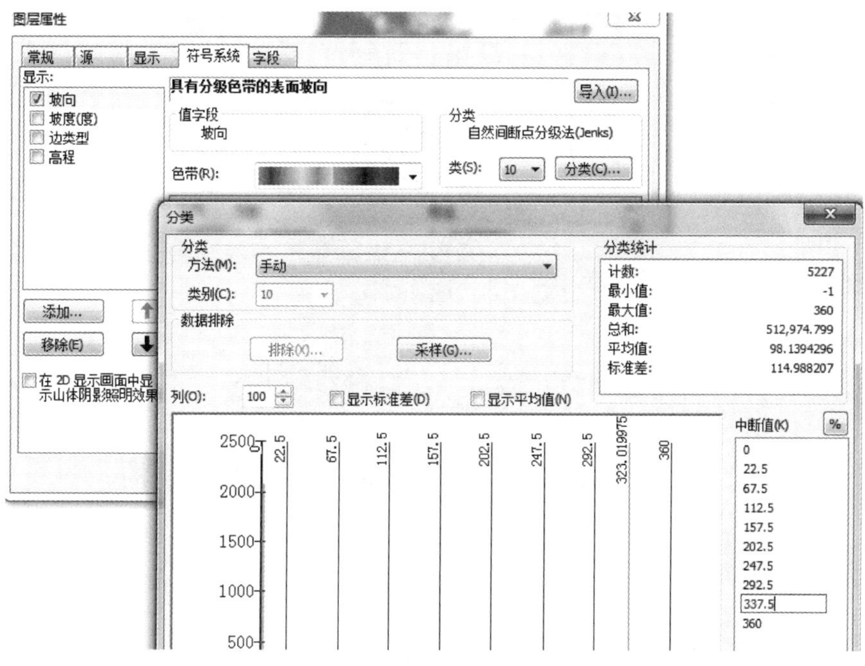

图 2-204　分类修改

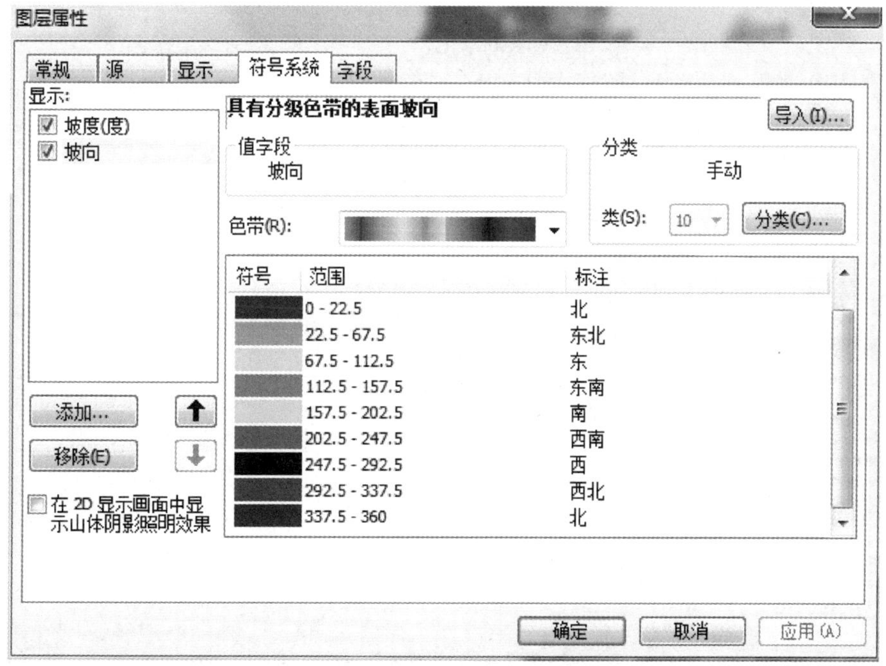

图 2-205　自定义分类

④ 点击两次“确定”后关闭“图层属性”对话框，图层“TIN”将根据指定的渲染方式进行渲染，效果如图 2-206 所示。

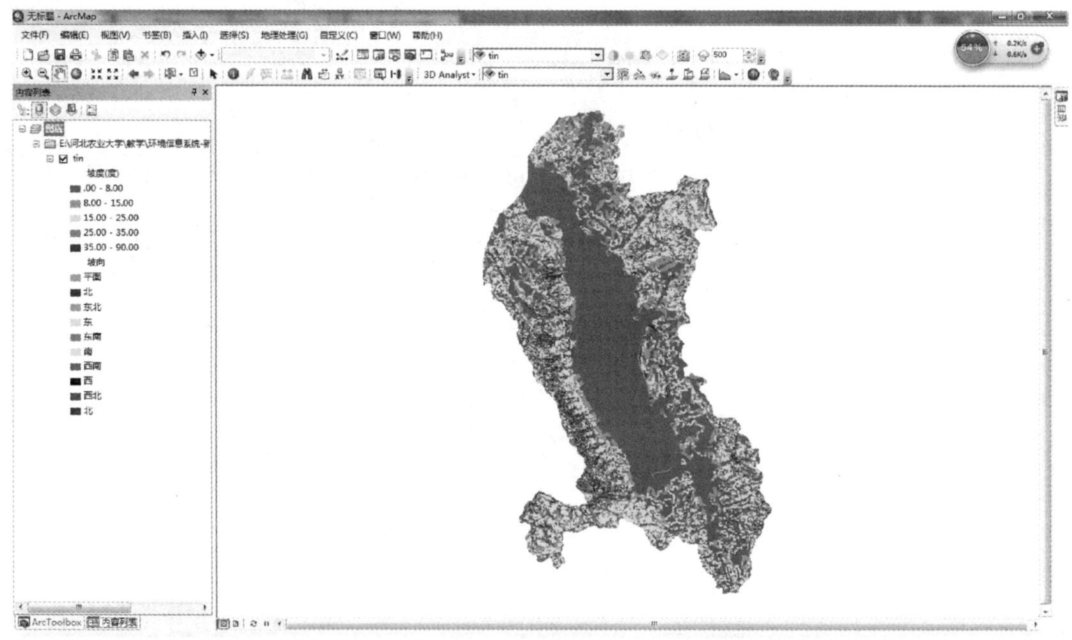

图 2-206　效果图

⑤ 执行“3D 分析”工具中的命令“转换”→“由 TIN 转出”→“TIN 三角形”，按图 2-207 所示指定各参数。

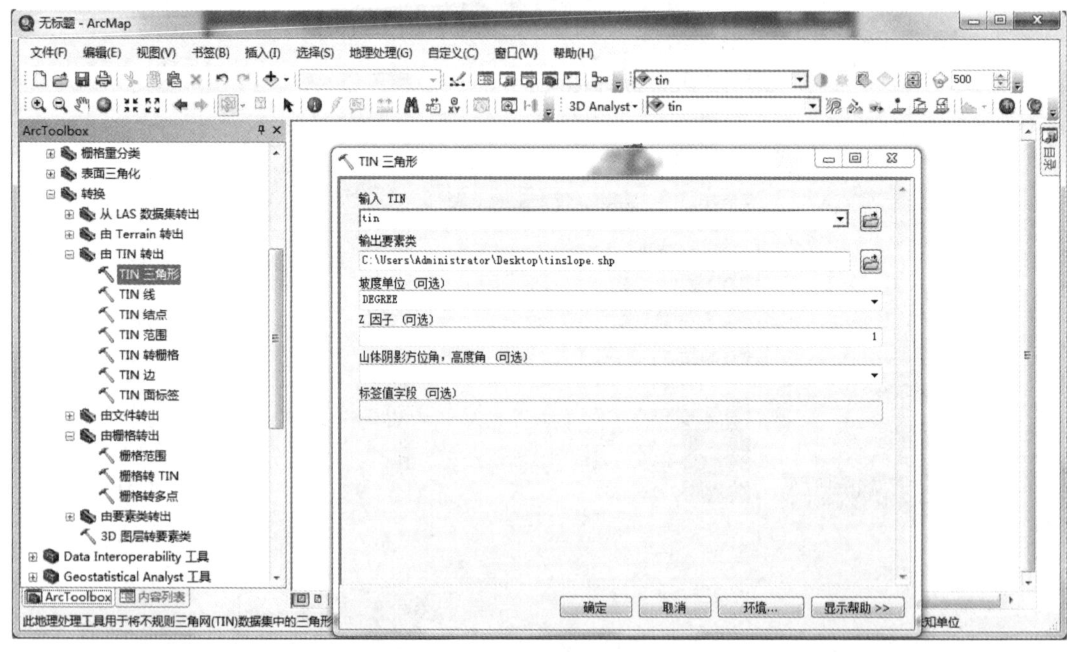

图 2-207　“TIN 三角形”对话框

⑥ 得到多边形图层 tinPolygon，它表示研究区内各类坡度、坡向的分布状况，其结果是矢量格式，打开其属性表可以看到属性“Slope_Deg”为各三角面片区的坡度，“Aspect”为各三角面片区的坡向。

2. DEM 的应用

(1) DEM 应用之坡度：Slope

① 新建地图文档，加载上一部分实验中得到的 DEM 数据：TinGrid。

② 在“ArcToolbox”中，执行命令“3D Analyst 工具”→“栅格表面”→“坡度”，参照图 2-208 所示指定各参数。

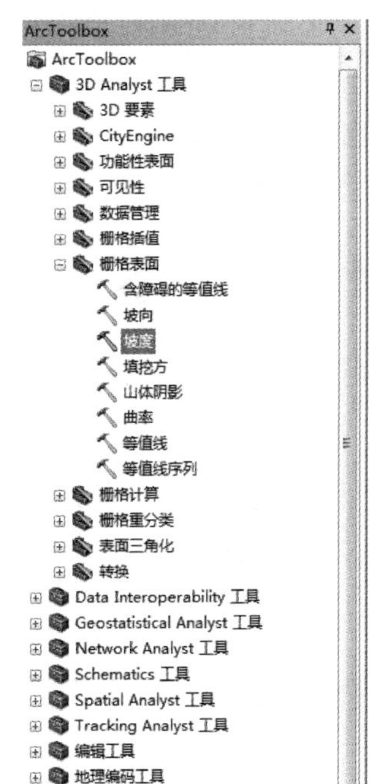

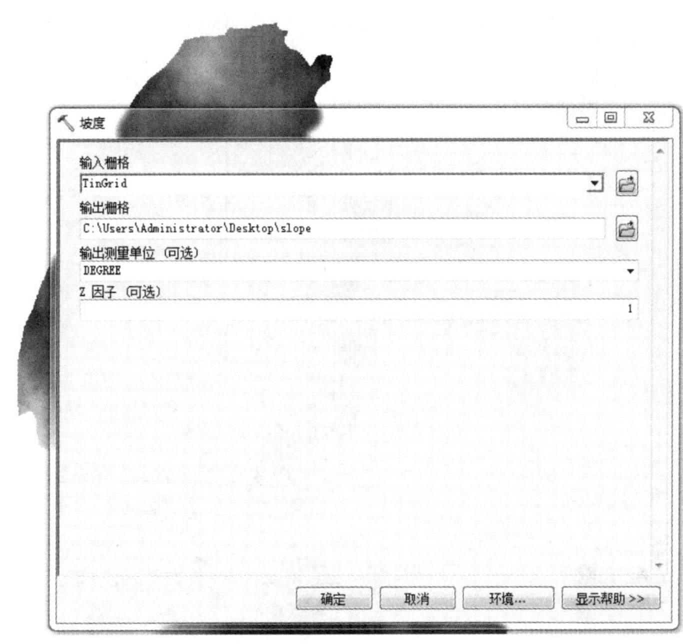

图 2-208　“坡度”生成对话框

③ 执行命令后得到坡度栅格“Slope”。坡度栅格中，栅格单元的值在 0°～82°之间变化。

④ 鼠标右键点击图层“Slope”，执行“属性”命令，设置图层“符号系统”，重新调整坡度分级。将类别调整为“5”，点击“分类”按钮，用“手动”分类法，将“中断值”调整为“8，15，25，35，90”，如图 2-209 所示。

(2) DEM 应用之坡向：Aspect

① 打开“ArcToolbox”，执行命令“3D Analyst 工具”→“栅格表面”→“坡向”，按图 2-210 所示指定各参数。

② 坡向执行结果如图 2-211 所示(得到坡向栅格：Aspect)。

(3) DEM 应用之提取等高线

① 新建地图文档，加载 DEM 数据：tingrid(在执行以下操作时确保 3D Analyst 扩展模块已激活)。

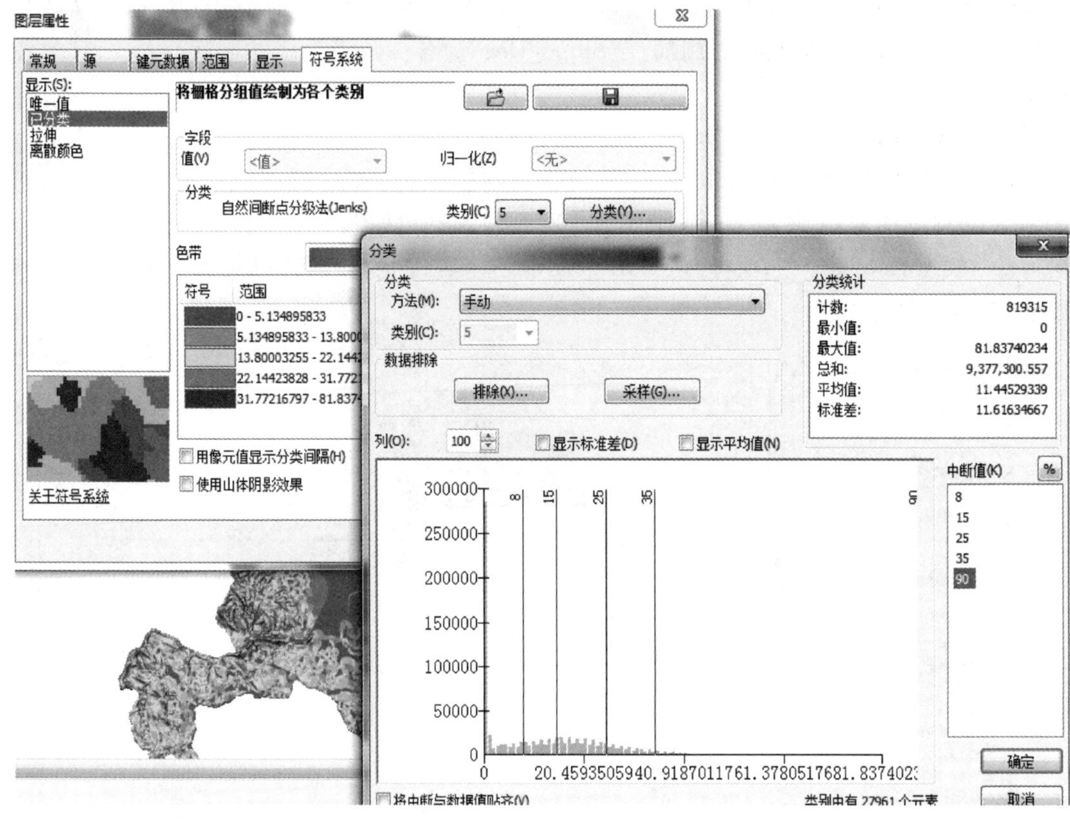

图 2-209 “分类”对话框

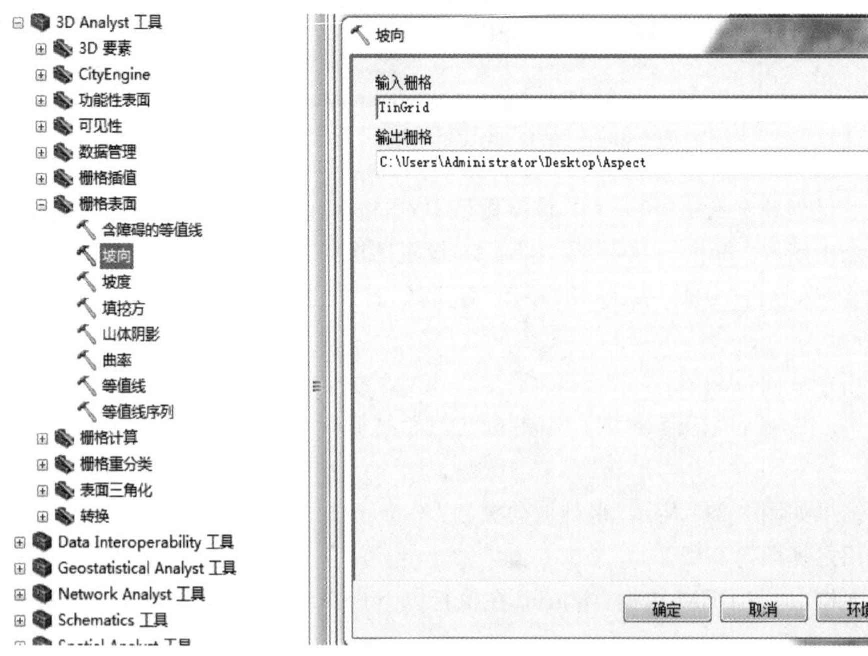

图 2-210 “坡向”对话框

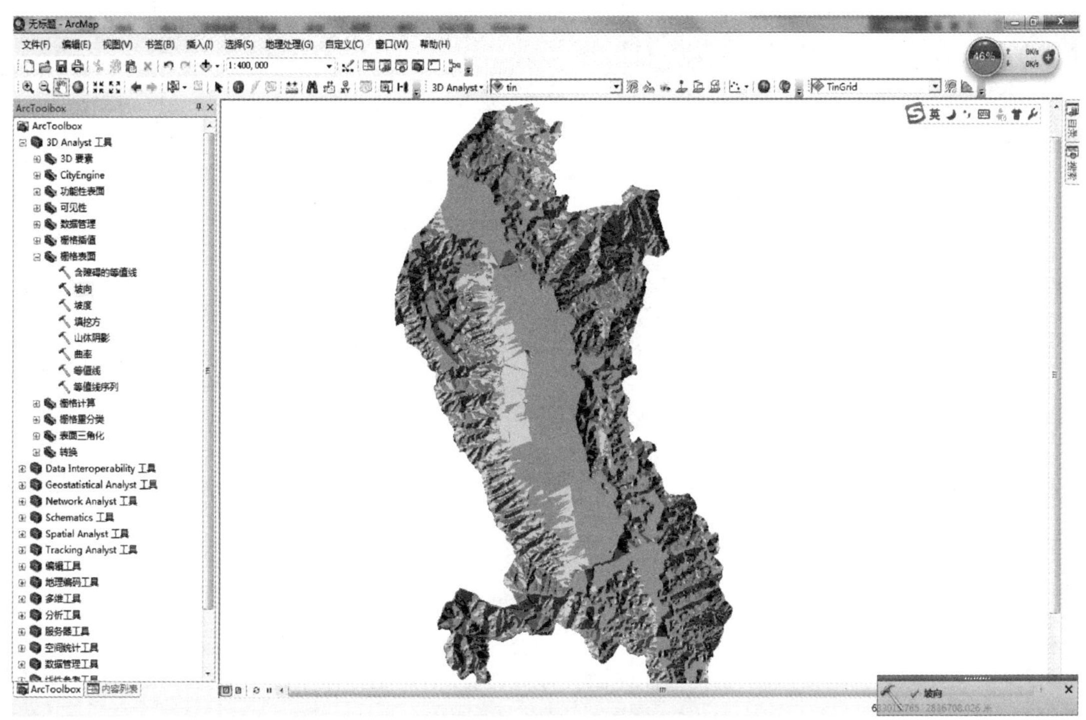

图 2-211　坡向执行结果

然后在“ArcToolbox”中执行命令“3D Analyst 工具”→“栅格表面”→“等值线”，按图 2-212 所示指定各参数。

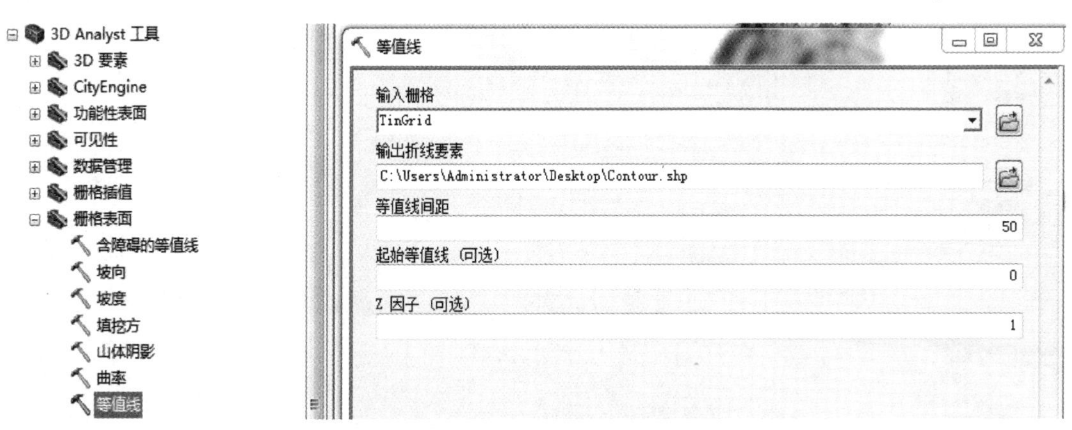

图 2-212　“等值线”对话框

② 执行后生成等高线矢量图层 contour，如图 2-213 所示。

(4) DEM 应用之计算地形表面的阴影图

① 在“ArcToolbox”工具箱中执行命令“3D Analyst 工具”→“栅格表面”→“山体阴影”，按图 2-214 所示指定各参数。

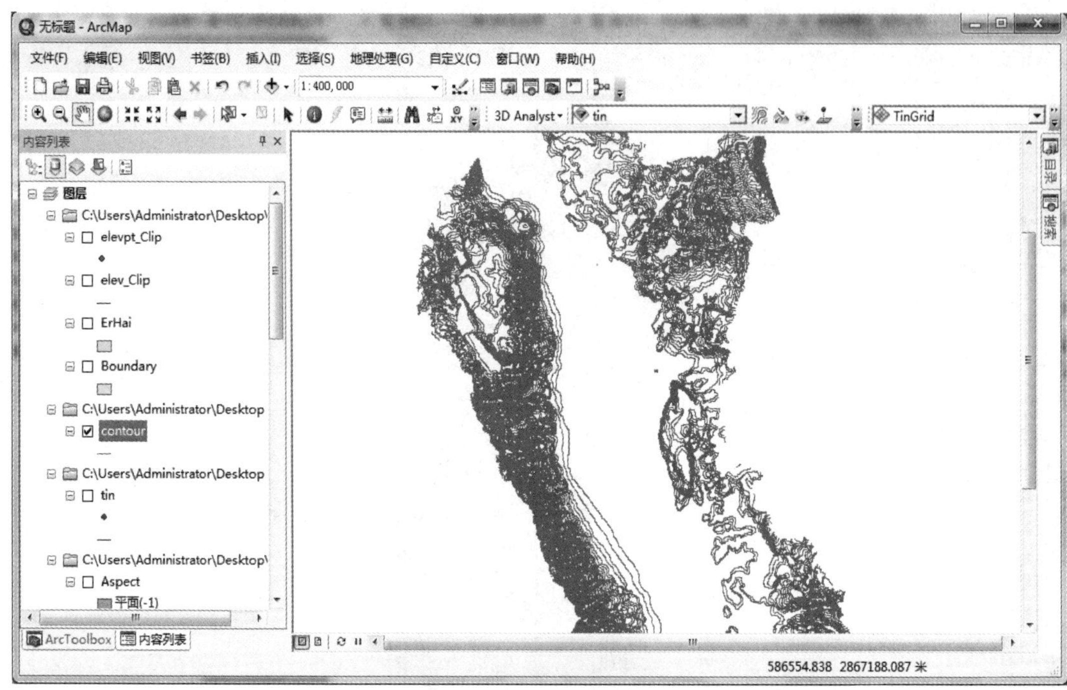

图 2-213　等值线成果图

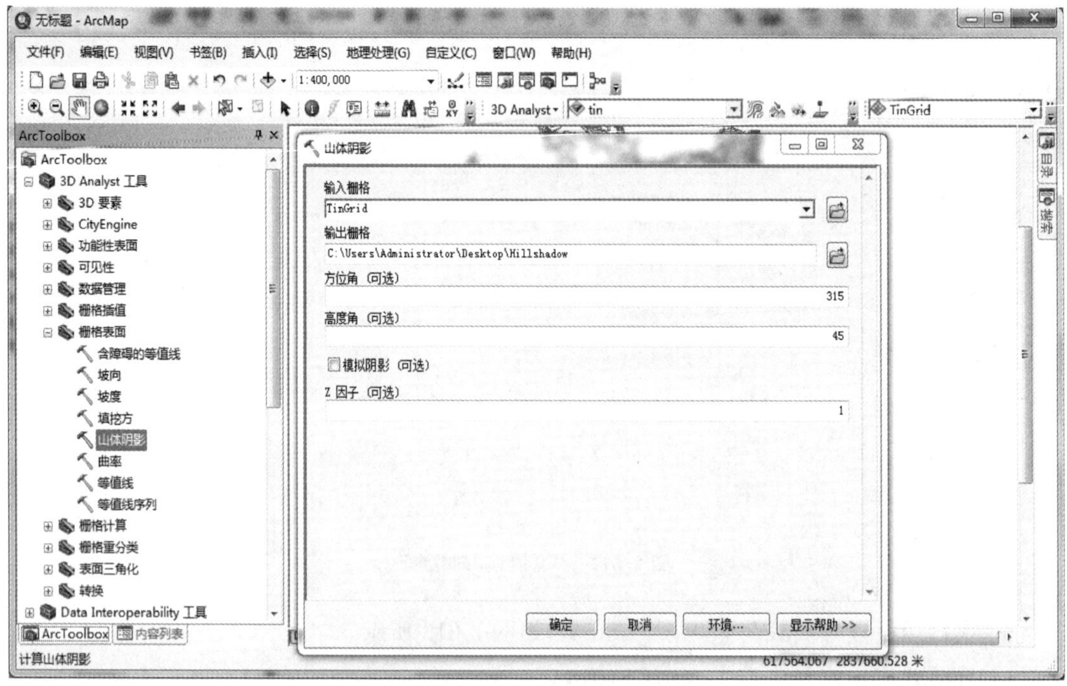

图 2-214　“山体阴影”对话框

② 执行后生成地表阴影栅格：Hillshadow。阴影生成成果如图 2-215 所示。

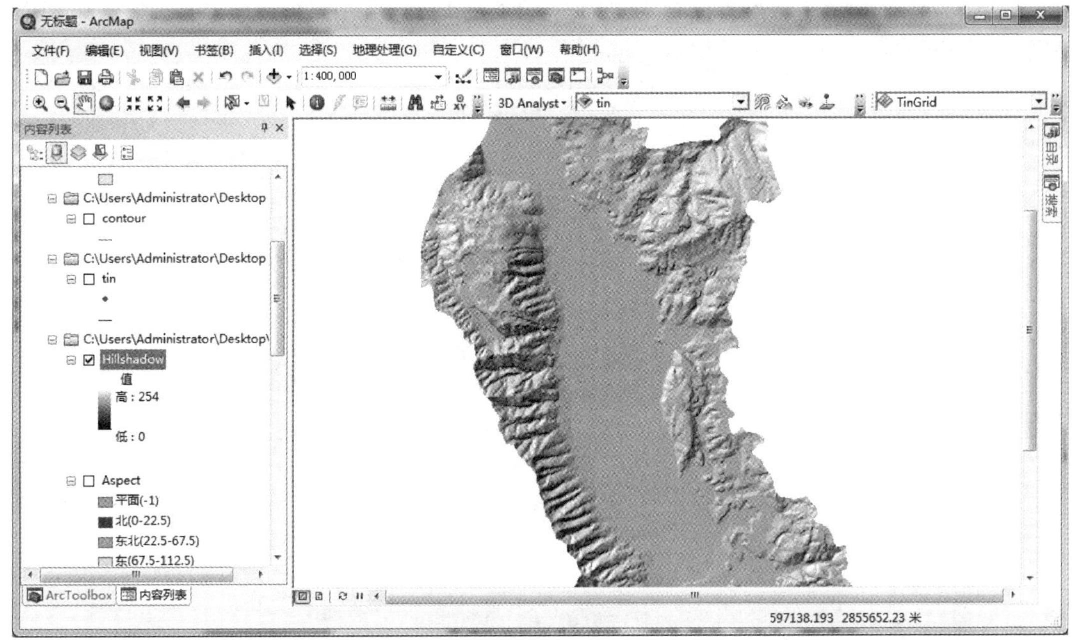

图 2-215　阴影生成成果

③ 进行 DEM 渲染。

关闭除“tingrid”和“Hillshadow”以外所有图层的显示，并将“tingrid”置于“Hillshadow”之上，鼠标右键点击“tingrid”，在出现的右键菜单中选择“属性”，在“图层属性”对话框中，参照图 2-216所示设置“符号系统”选项页中的颜色。设置完成后单击“确定”。

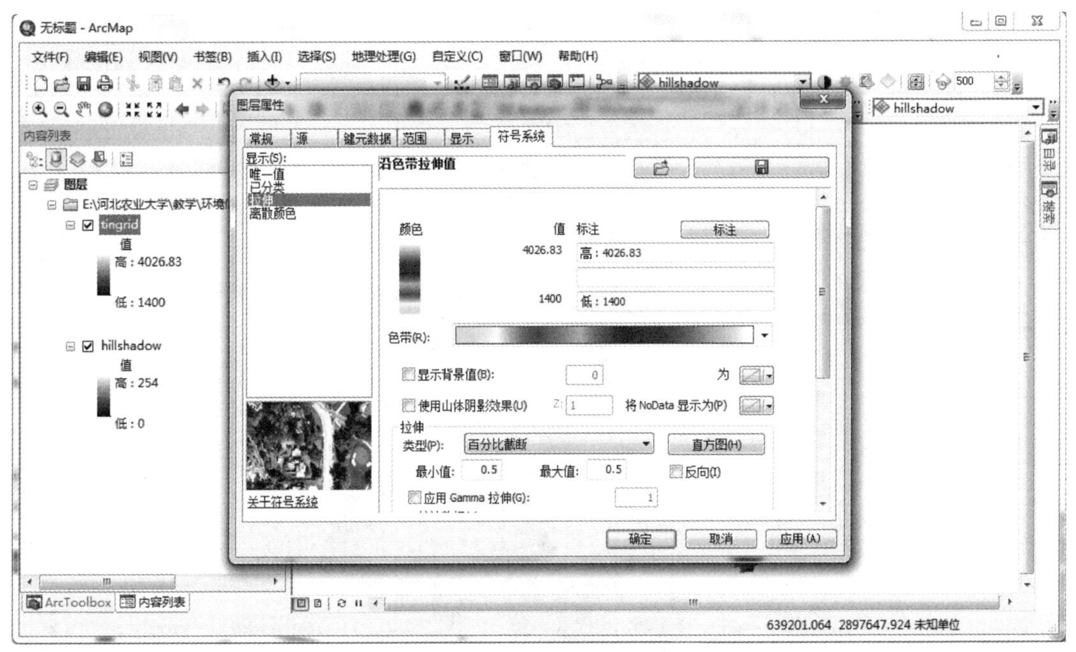

图 2-216　DEM 整饰对话框

④ 在工具栏空白处点击鼠标右键，打开工具栏“效果”，设置栅格图层“tingrid”的透明度为“45%”左右，结果如图 2-217 所示。

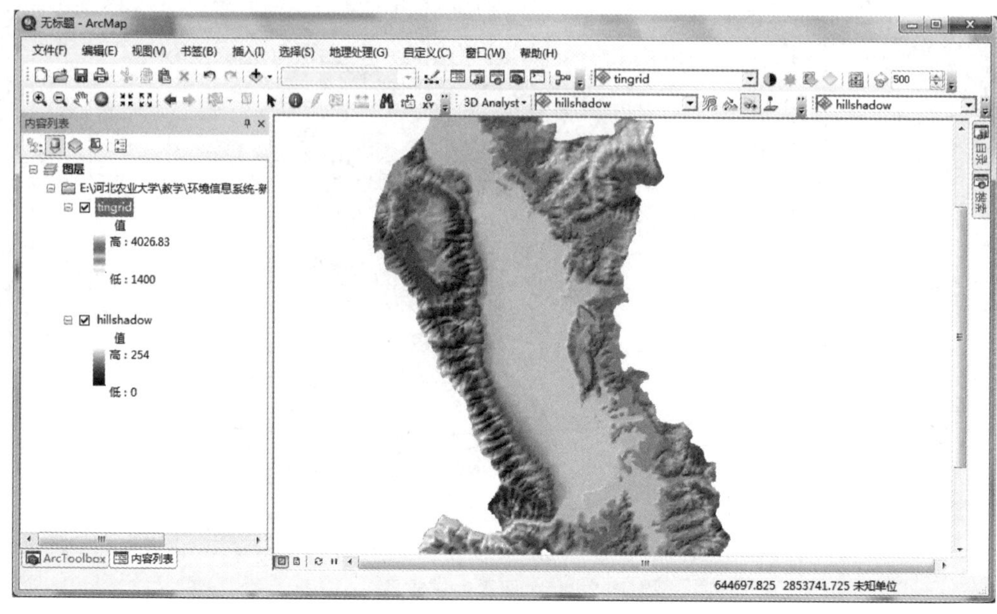

图 2-217 栅格整饰成果

(5) DEM 应用之可视性分析

① 通视性分析

使用步骤(4)的数据，在步骤(4)的基础上进行。打开“3D Analyst”工具栏，从工具栏选择“创建通视线”(Linc of sight)工具，如图 2-218 所示。

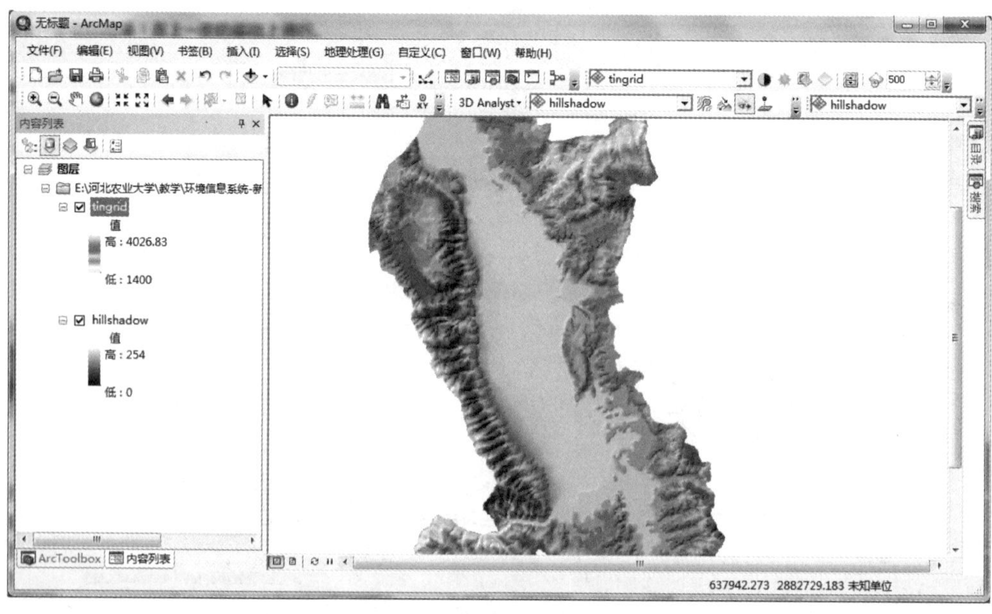

图 2-218 创建通视线

在出现的“通视分析”对话框中输入“观察点偏移”和“目标偏移”，即距地面的距离，如图 2-219 所示。在地图显示区中从某点 A 沿不同方向绘制多条直线，可以得到观察点 A 到不同目标点的通视性。注：绘制线段的方向即为视线方向。

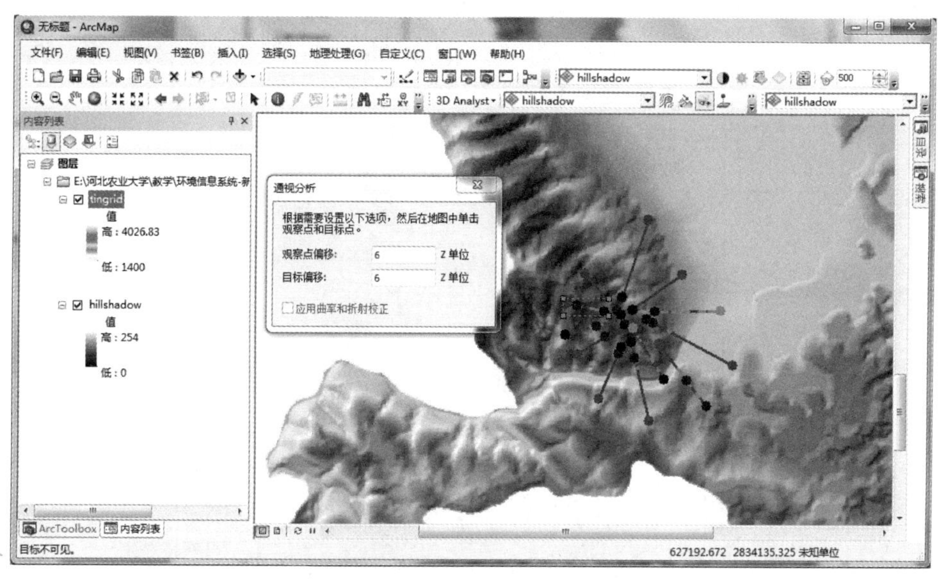

图 2-219　“通视分析”对话框

② 可视区分析：移动发射基站信号覆盖分析

在步骤①基础上进行，在内容列表区“TOC”中关闭除“tingrid”之外的所有图层，加载“移动基站”数据，矢量图层为“移动基站.shp”。

在“ArcToolbox”中，执行命令“3D Analyst 工具”→“可见性”→“视域”，按图 2-220 所示指定各参数。

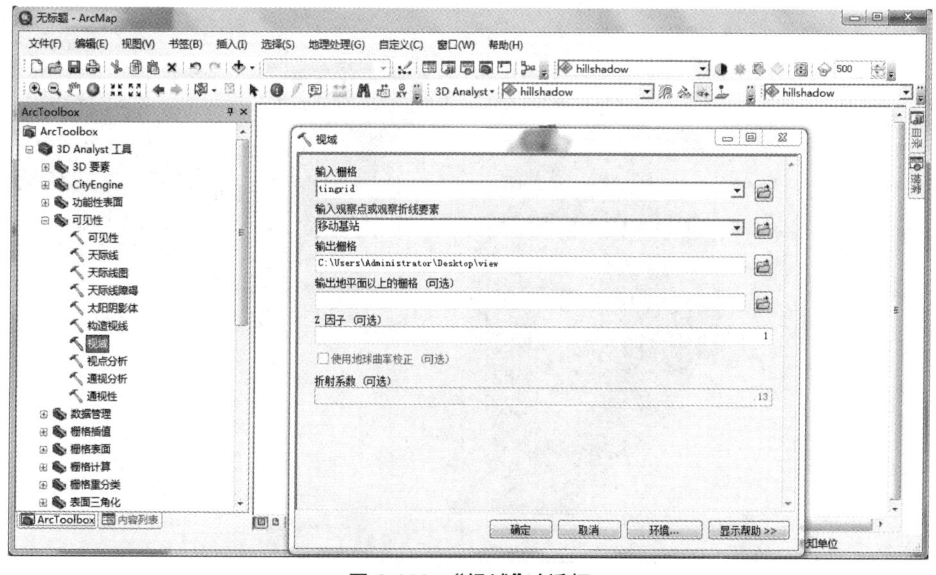

图 2-220　“视域”对话框

视域分析成果如图 2-221 所示。

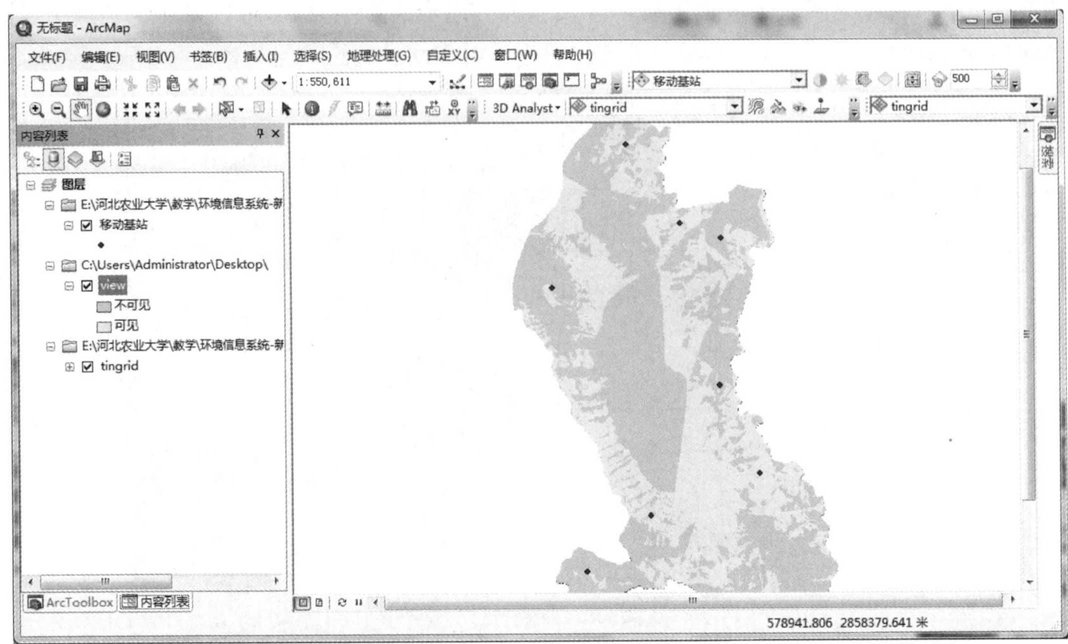

图 2-221 视域分析成果

(6) DEM 应用之地形剖面

在步骤(5)基础上进行,打开"3D Analyst"工具栏,点击"线插值"工具,跟踪一条线段,这条线段可以从 DEM:"tingrid"中得到高程值。剖面线绘制如图 2-222 所示。

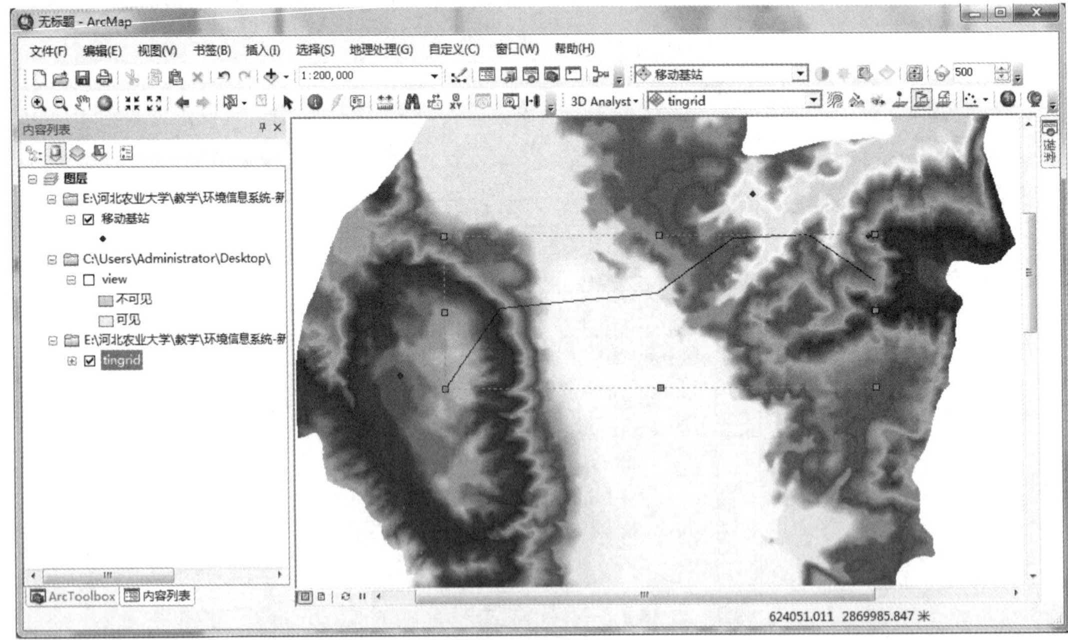

图 2-222 剖面线绘制

点击“剖面图”按钮，得到上一步所生成的3D线段的剖面图，如图2-223所示。

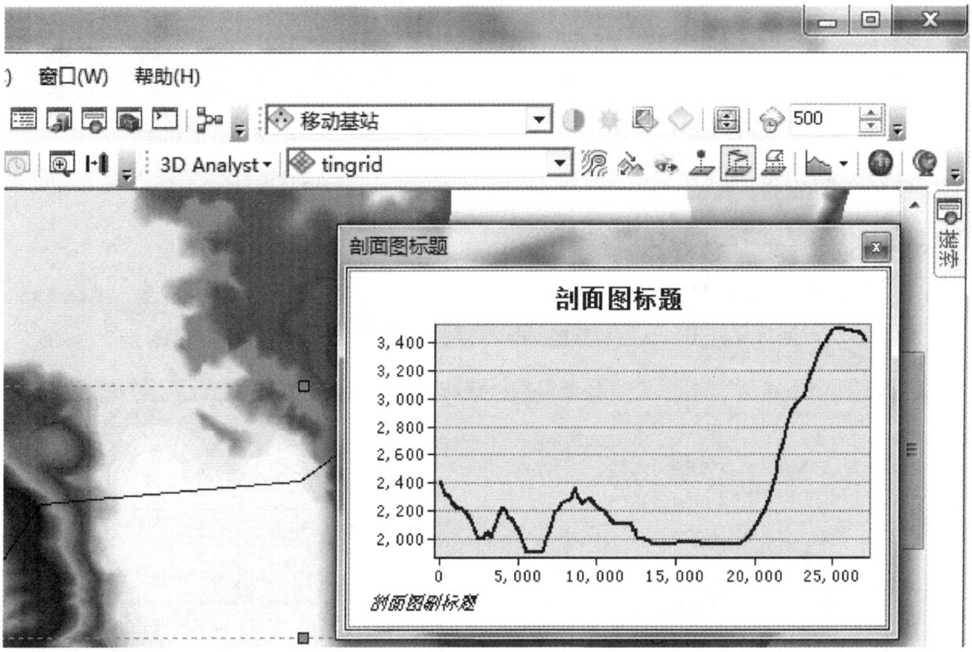

图2-223　剖面图成图

五、注意事项

(1) 文件保存路径自行选定，尽量不改动。
(2) 注意图层选择顺序，若与内容不符，对比不同顺序结果产生的差异。
(3) 注意保存文件命名及路径，以免文件被覆盖。

六、成果上交

(1) 根据实习模板要求，提交一份实习报告。
(2) 将实验结果以电子版与纸质打印版的形式共同提交，包括原理、步骤、结果。

任务8　地理数据库的创建

一、任务目的与要求

1. 掌握ArcMap点数据的创建方法。
2. 掌握ArcCatlog的数据库的创建与管理。

二、任务内容

1. 操作Excel与XY数据。

2. 创建地理数据库。

三、任务仪器及工具

1. 软件准备：ArcGIS 10.0 版本以上。
2. 数据准备：各类别矢量数据。

四、任务步骤安排

1. 操作 Excel 与 XY 数据

(1) 在“ArcMap”显示“X-Y”坐标

① 如图 2-224 所示，打开 Excel 表格，查看字段，了解“X-Y”坐标位置的坐标系统。

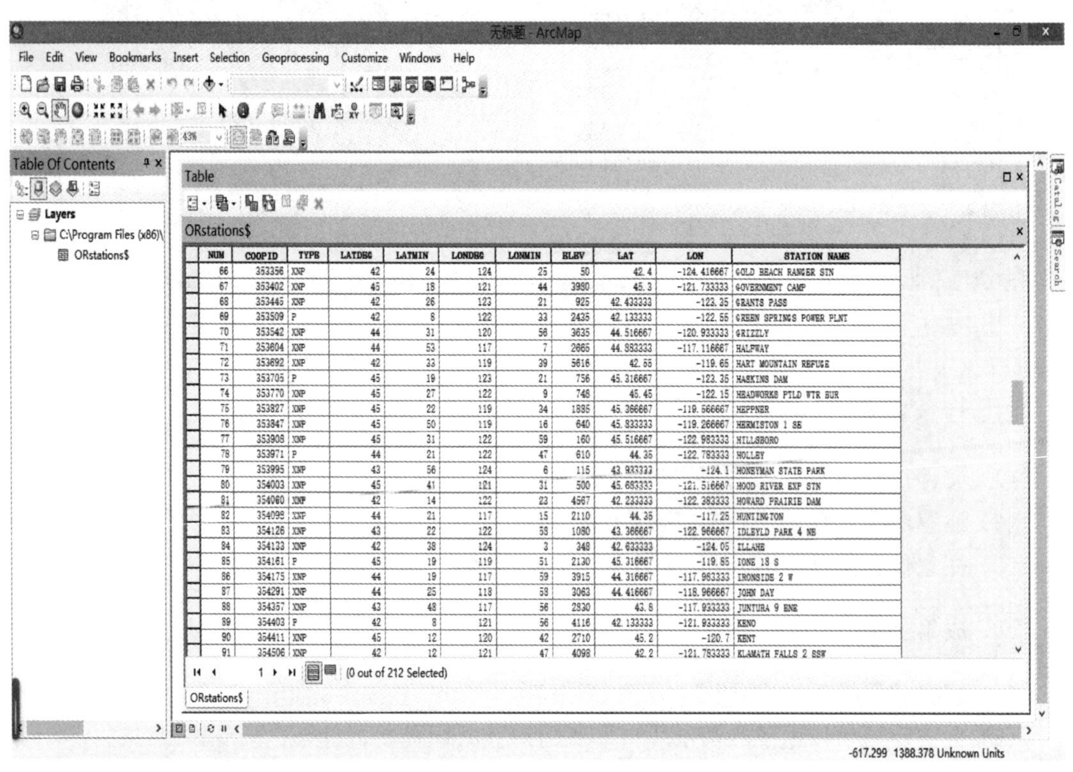

图 2-224　ArcMap 中 Excel 表格显示

② 在“ArcMap”中，鼠标右键点击表名，选择“Display XY Data”(显示 XY 数据)，设置坐标字段，如图 2-225 所示。

(2) 设置坐标系统

单击“Edit”按钮，设置坐标系统，选择“坐标系统”(GCS 采用 NAD 1983)，如图 2-226 所示。

(3) 点图层与数值表关联

依据公共字段进行表、层关联。关联命令“Join”，如图 2-227 所示。“Join Data”对话框如图 2-228 所示。

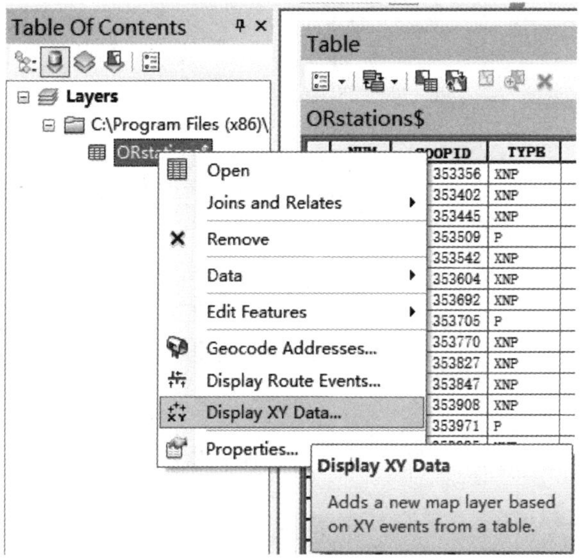

图 2-225　设置坐标字段

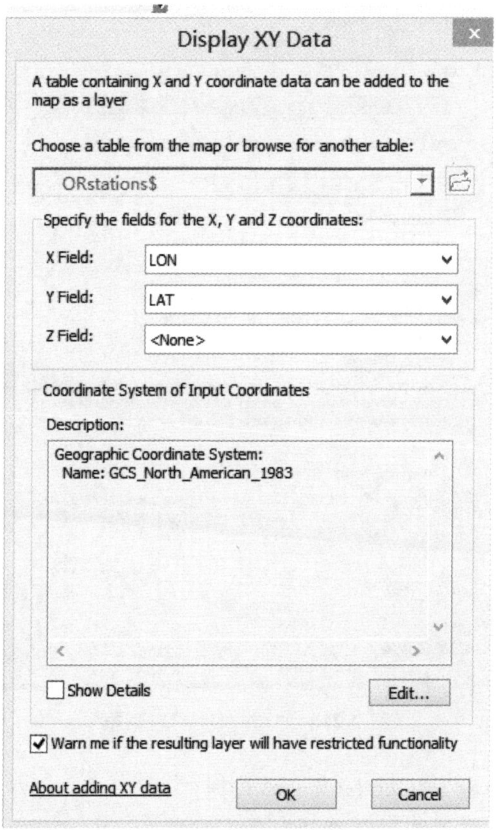

图 2-226　坐标系统选择

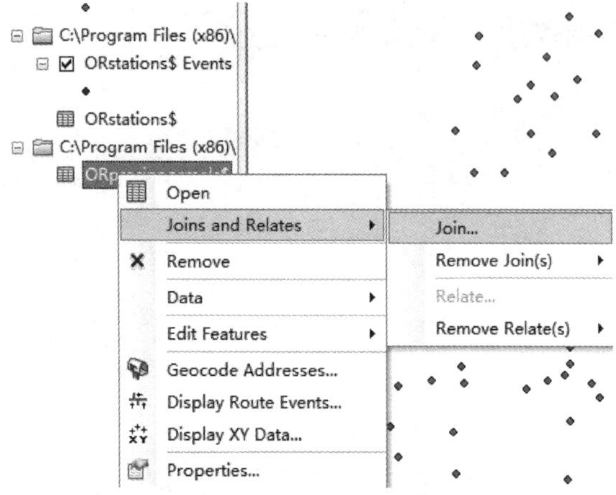

图 2-227 关联命令“Join”

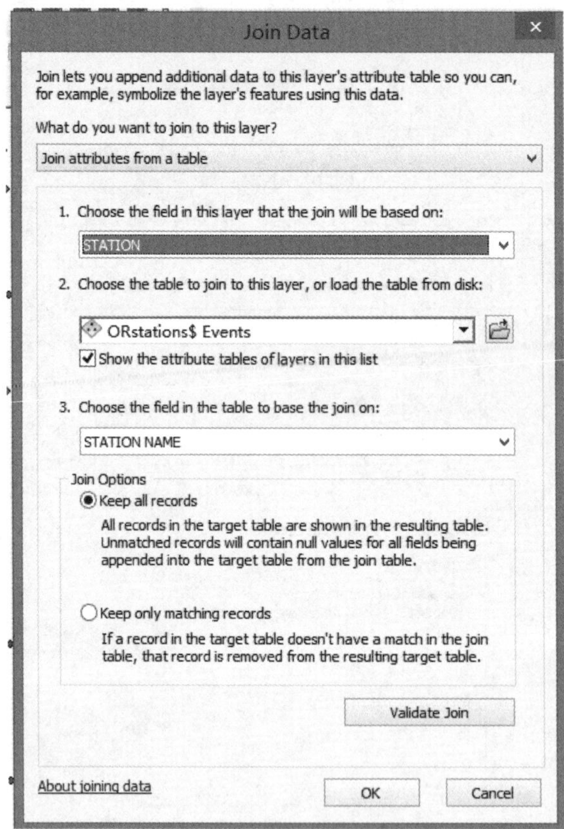

图 2-228 “Join Data”对话框

(4) 将临时点图层导出为“Geodatabase”数据

① 鼠标右键单击“关联后图层”,选择“Data|Export Data”(导出数据)。

② 单击“Browse”按钮,将“Save as type”更改为“File and Personal Geodatabase feature classes”。

③ 定位到“源文件夹”，命名输出要素类为“Precip”(任意命名)。

2. 创建个人地理数据库(rcdata)

(1) 创建要素数据集

打开“ArcCatalog”，选择“New”→“Personal Geodatabase”，创建数据库，如图 2-229 所示。

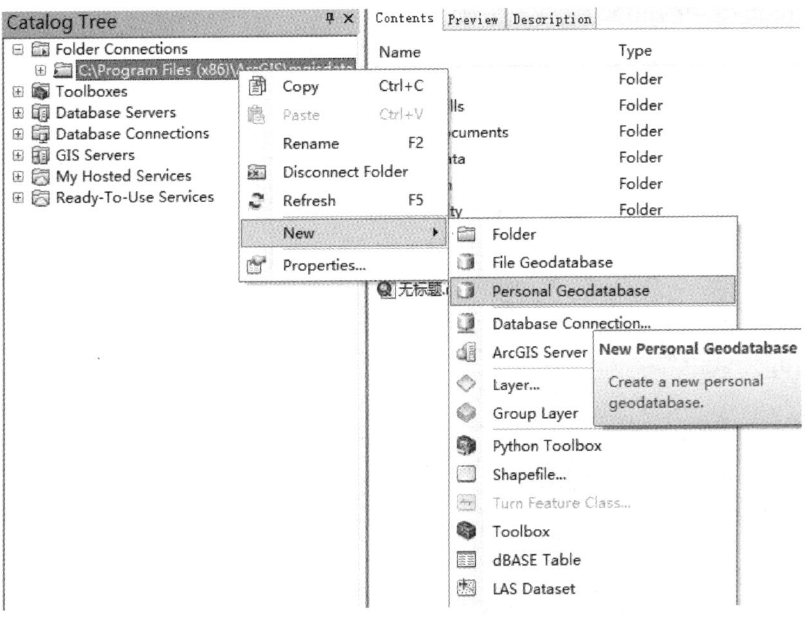

图 2-229　创建数据库

数据库命名如图 2-230 所示。

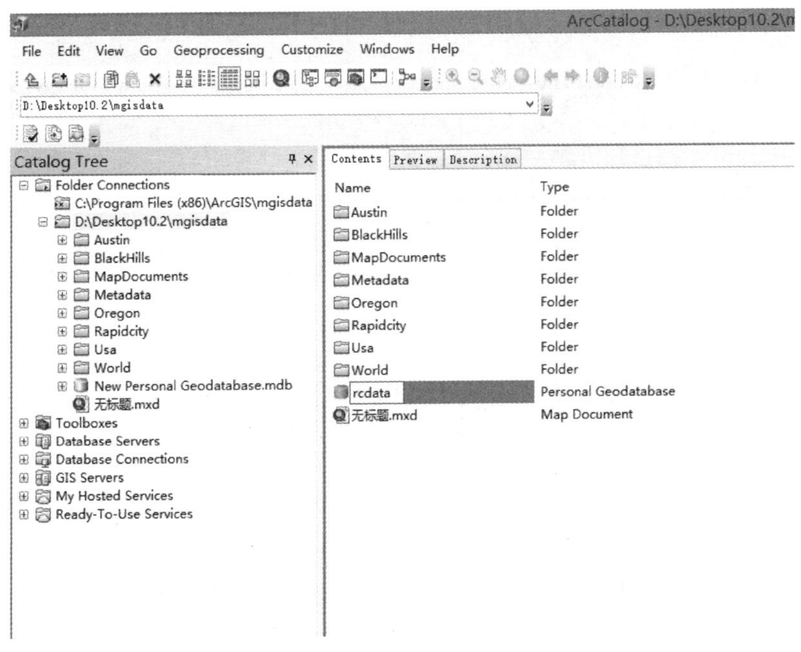

图 2-230　数据库命名

预定义坐标系统“Projected Coordinate Systems | Utm | NAD 1983”，然后选择“UTM Zone 13N”，如图 2-231 所示。

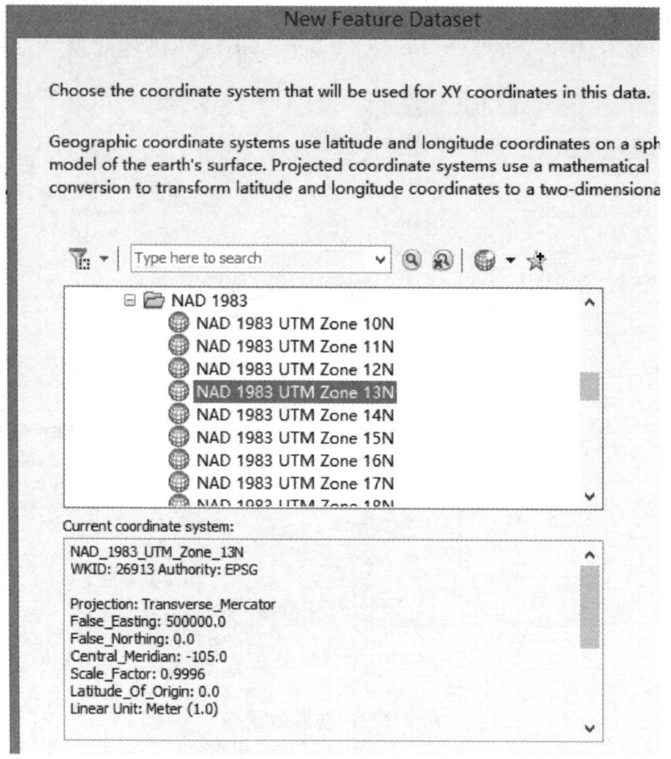

图 2-231　设定坐标及投影

(2) 添加 Coverage 到要素数据集 Admin

鼠标右键单击要素数据集“Admin”，选择“Import”→“Feature Class(single)”，如图 2-232 所示。

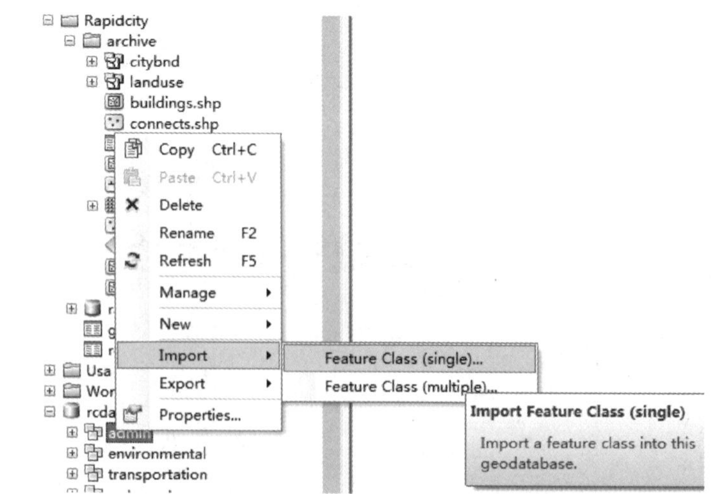

图 2-232　导入单一要素图层

添加“Rapidcity\archive”文件夹下的“landuse”到要素数据集“Admin”中，如图 2-233 所示。

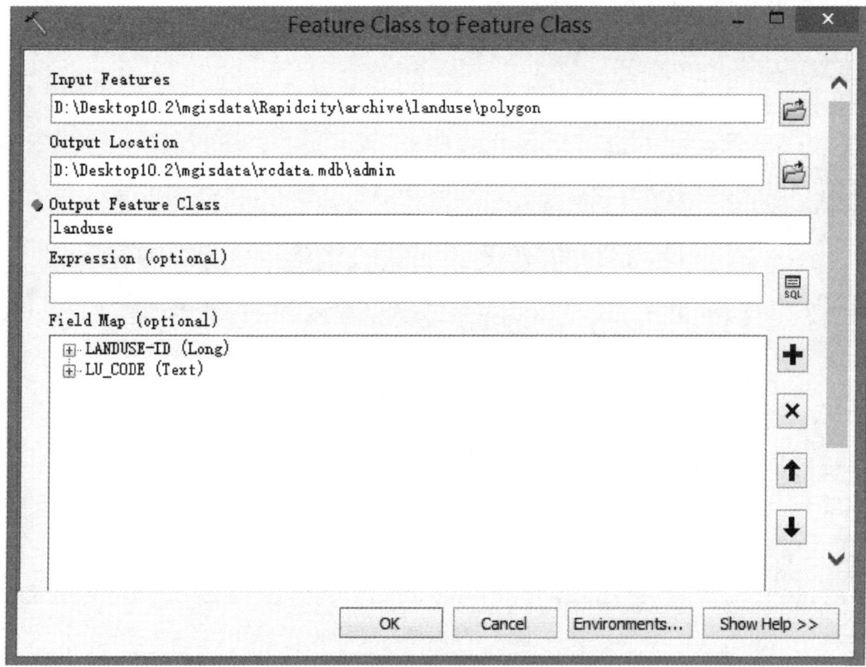

图 2-233　导入对话框 1

添加“Rapidcity\archive”文件夹下的“citybnd”到要素数据集“Admin”中，如图 2-234 所示。

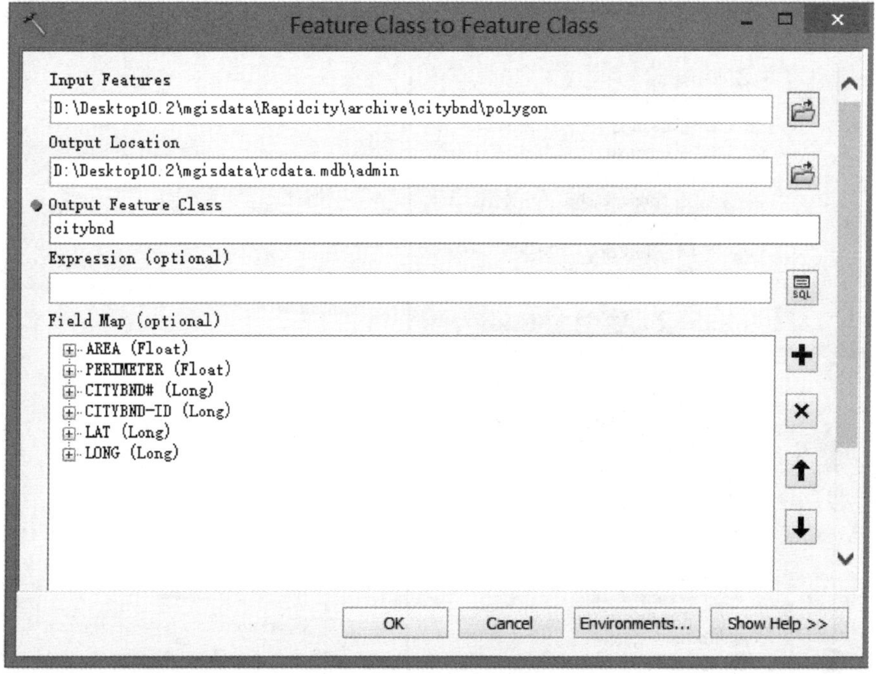

图 2-234　导入对话框 2

导入结果如图 2-235 所示。

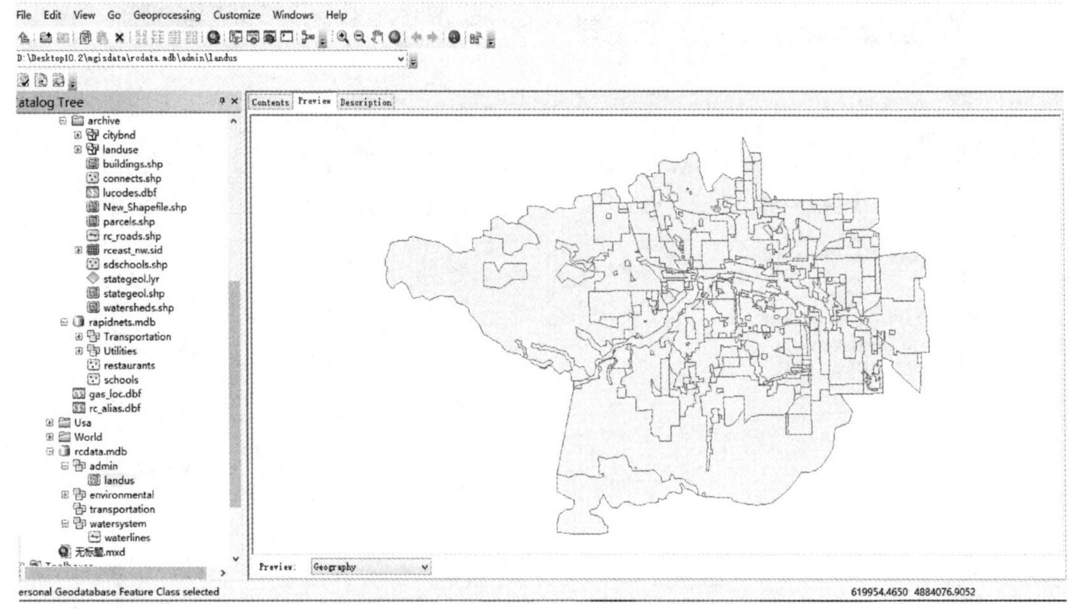

图 2-235　导入结果

(3) 添加多个要素类到要素数据集

导入多个要素图层，如图 2-236 所示。

① 将“Rapidcity\archive”文件夹下的“shape”文件“watersheds”“geologywest”导入要素数据集“Environmental”。导入对话框如图 2-237 所示。导入成果如图 2-238 所示。

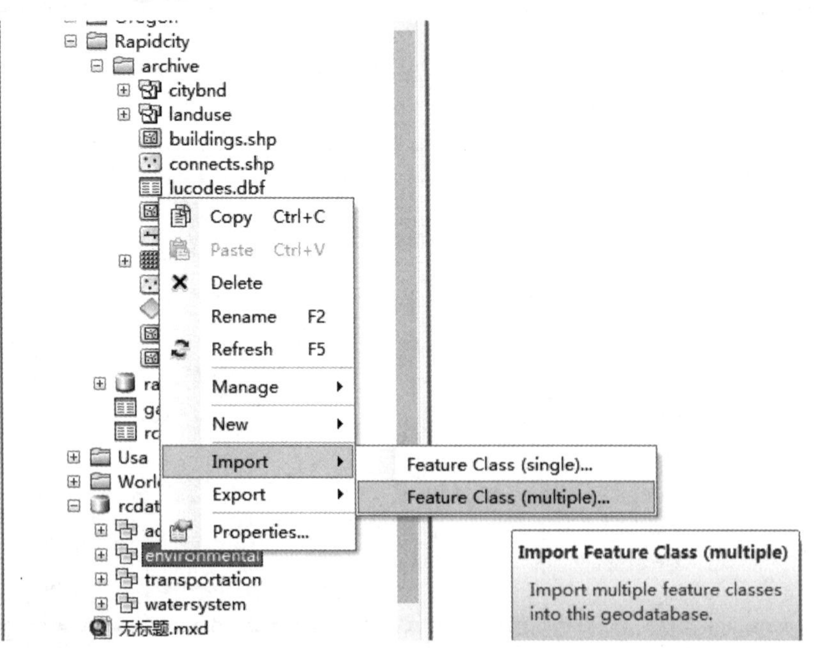

图 2-236　导入多个要素图层

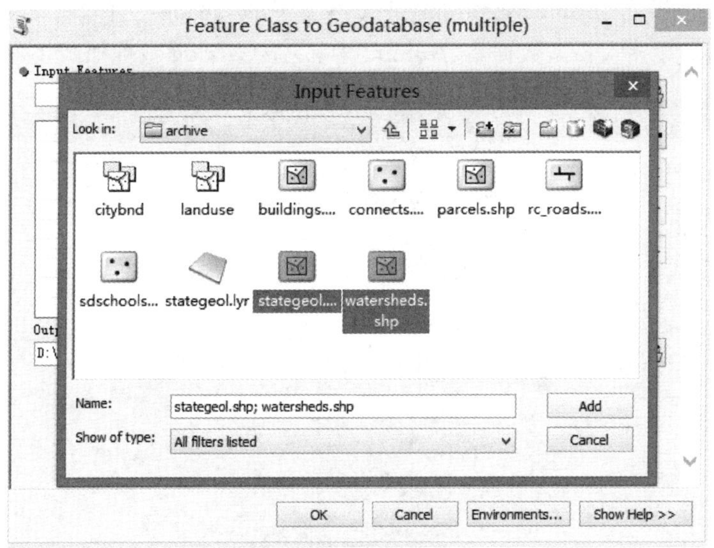

图 2-237　导入对话框 3

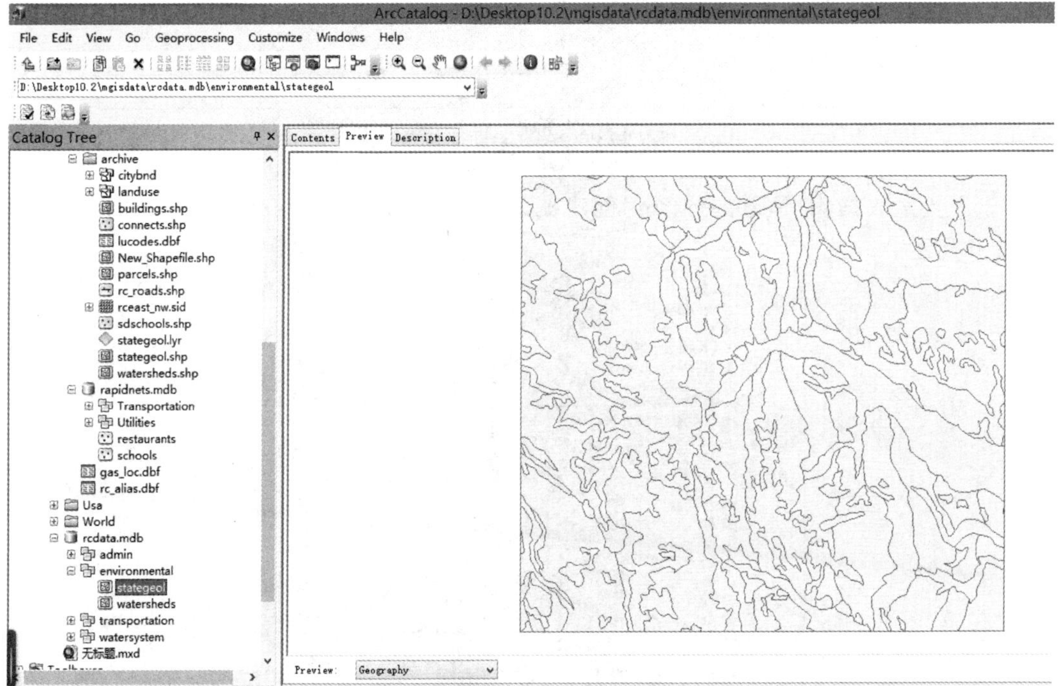

图 2-238　导入成果

② 将“Rapidcity\archive”文件夹下的“shape”文件“Connects”“Parcels”和“Building”导入要素数据集“Admin”。

③ 将“Rapidcity\archive”文件夹下的“shape”文件“rc_roads”导入要素数据集“Transportation”,命名要素类为“roads”。

④ 用“stategeol”将“Rapidcity\archive”文件夹下的“shape”文件“sdschools”进行裁切，命名为“Schools”，并导入要素数据集“Admin”中。ArcCatalog 裁剪如图 2-239 所示。

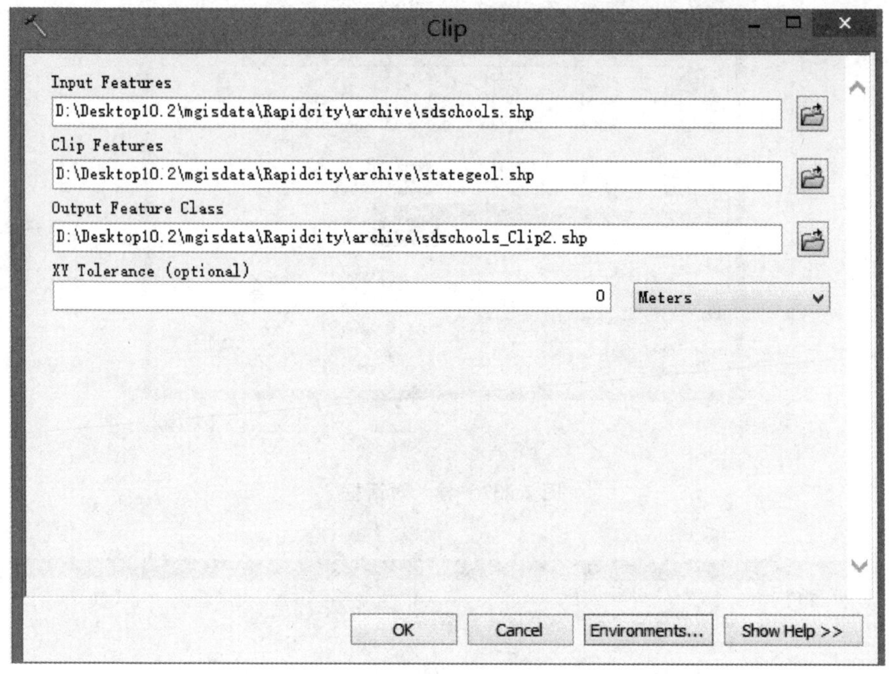

图 2-239　ArcCatalog 裁剪

⑤ 在要素数据集“Watersystem”创建新的要素类，命名为“Waterlines”，如图 2-240、图 2-241 所示。

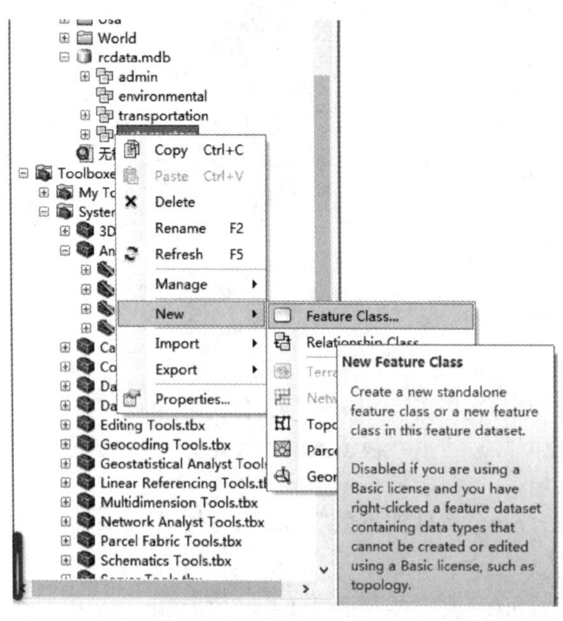

图 2-240　创建新的要素类

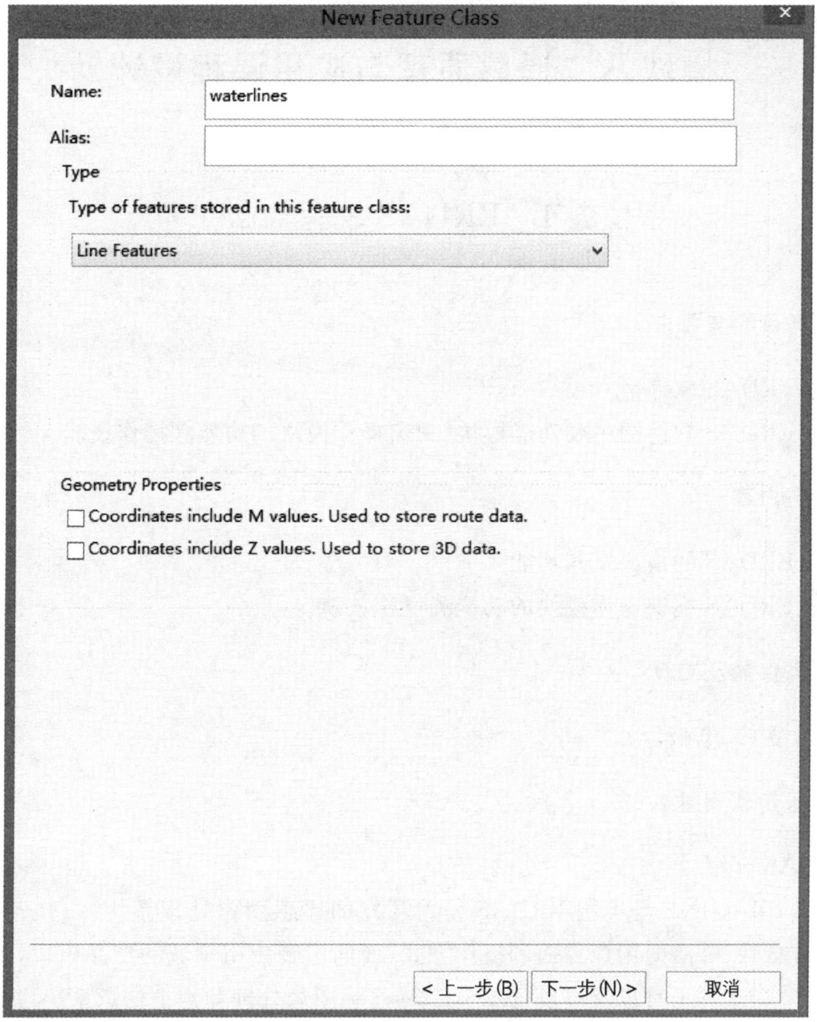

图 2-241　要素类创建窗口

五、注意事项

(1) 注意 ArcMap 与 ArcCatalog 功能区别。
(2) 注意创建数据库、创建要素集与创建要素类的相互关系与区别。
(3) 数据对应关系要相符。

六、成果上交

(1) 根据实习模板要求，提交一份实习报告。
(2) 数据库以压缩包形式提交。

模块八　遥感原理与应用课程设计

任务1　ERDAS软件的认识

一、任务目的与要求

1. 熟悉ERDAS软件。
2. 掌握ERDAS软件的主要功能模块、视窗操作模块的功能和操作技能。

二、任务内容

1. 学习ERDAS的模块及其功能。
2. 学习ERDAS视窗操作模块的功能和操作技能。

三、任务仪器及工具

ERDAS软件、电脑。

四、任务步骤安排

1. ERDAS介绍

ERDAS IMAGINE是美国ERDAS公司开发的遥感图像处理系统。它以其先进的图像处理技术，友好、灵活的用户界面和操作方式，面向广阔应用领域的产品模块，服务于不同层次用户的模型开发工具以及高度的RS/GIS(遥感图像处理和地理信息系统)集成功能，为遥感及相关应用领域的用户提供了内容丰富且功能强大的图像处理工具。

2. 模块功能和操作步骤

(1) 视窗功能认识

图像显示操作(Display an Image)步骤如下：

第一步：启动程序(Start Program)，在视窗菜单条点击“File”→“Open”→“Raster Layer”→“Select Layer To Add”对话框。

第二步：确定文件(Determine File)。

第三步：设置参数(Raster option)。

第四步：打开图像(Open Raster Layer)。

(2) 实用菜单操作

了解光标查询功能、量测功能、数据叠加功能、文件信息操作、三维图像操作等。

① 光标查询功能：在菜单条单击“Unility|Inquire Cursor”命令，打开“Inquire Cursor”窗口，查询结果。

② 量测功能：在菜单条单击“Unility|Measure”命令，打开“Measurement Tool for Viewer”窗口。

③ 数据叠加功能（Blend、Swipe、Flicker）：是针对具有相同地理参考系统（地图投影和坐标系统）的两个文件进行操作的。

a. 混合显示工具(Blend Tool)

混合显示工具通过控制上层图像显示的透明度大小，使得上下两层图像混合显示。

操作步骤：单击“Utility|Blend|Viewer Blend/Fade”命令，打开“Viewer Blend/Fade”对话框。

b. 卷帘显示工具(Swipe Tool)

卷帘显示工具通过一条位于窗口中部可实时控制和移动的过渡线，将窗口中的上层数据文件分为不透明和透明两个部分，移动过渡线就可以同时显示上下层数据文件，查看其相互关系。

操作步骤：单击“Utility|Swipe”命令，打开“Viewer Swipe”对话框。

c. 闪烁显示工具(Flicker Tool)

闪烁显示工具主要用于自动比较上下两层图像的属性差异及其关系，典型应用实例是分类专题图像与原始图像之间的比较。

操作步骤：单击“Utility| Flicker”命令，打开“Viewer Flicker”对话框。

④ 文件信息操作：主要应用于查阅或修改图像文件的有关信息，如投影信息、统计信息和显示信息等。

操作步骤：单击“Unility|Layer Info”命令。

⑤ 三维图像操作：实质上是将图像与 DEM 叠加生成三维透视图，并在此基础上进行多种空间操作，其中 DEM 文件是由 ERDAS 软件的 SURFACE 模块在具有高程值的线状或点状 Coverage 基础上生成的 IMG 文件。

操作步骤：单击“Utility|Image Drape”窗口。

(3) 显示菜单操作

① 文件显示顺序：在菜单条单击“View|Arrange Layers”命令，打开“Arrange Layers Viewer”对话框。

② 文件显示比例：单击“View|Scale”命令，Scale 菜单对应的二级下拉菜单中包括 4 个命令，有“Image to Window”“Window to Image”“Extent”“Scale Tool”。

③ 显示变换操作：在菜单条单击“View|Rotate/Flip/Stretch”命令，打开“Viewer-Linear Adjustment”对话框。

五、注意事项

(1) 学生在操作前，应复习课堂上所学的有关知识，进行认真分析对照，以提高课堂学习质量和实验的效果。要认真实验，掌握 ERDAS 软件的基本操作。

(2) 实验期间可以相互讨论，但不得照搬、照抄别人的结果，否则实验不能通过；实验中，指导教师要根据学生实验情况和询问情况现场签字确认，未经教师签字的实验报告无效。

(3) 课后提交的实验报告中,要写清操作步骤,并附有相关截图。

六、成果上交

每名学生上交一份实验报告。

任务2 几何校正

一、任务目的与要求

掌握利用遥感图像几何校正的ERDAS软件操作,得到统一到参考坐标下的遥感图像,具有地理坐标。

二、任务内容

掌握遥感图像几何校正方法。

三、任务仪器及工具

ERDAS软件、电脑。

四、任务步骤安排

(1) 几何校正原理

几何校正就是将图像数据投影到平面上,使其符合地图投影系统的过程。而将地图投影系统赋予图像数据的过程,称为地理参考(Geo-referencing)。由于所有地图投影系统都遵循一定的地图坐标系统,因此几何校正的过程包含了地理参考过程。

(2) 上机步骤

第一步:显示图像文件(Display Image Files)

在"ERDAS"图标面板中双击"Viewer"图标,打开两个"视窗"(Viewer1/Viewer2),并将两个视窗平铺放置。

第二步:启动几何校正模块(Geometric Correction Tool)

单击"Viewer1"菜单条中"Raster"→"Geometric Correction",打开"Set Geometric Model"对话框,选择多项式几何校正模型"Polynomial"→"OK",同时打开"Geometric Correction Tools"对话框和"Polynomial Model Properties"对话框,在"Polynomial Model Properties"对话框中,定义多项式模型参数以及投影参数,设置完毕,点击"Apply"→"Close",打开"GCP Tool Reference Setup"对话框,进行参数设置。

第三步:启动控制点工具(Start GCP Tools)

在显示作为地理参考图像的"Viewer2"中单击鼠标左键,打开"reference Map Information"提示框。

第四步:采集地面控制点(Ground Control Point)

在"GCP 工具"对话框中,点击"Select GCP"图标,进入GCP选择状态;在GCP数据表中，将“输入 GCP 的颜色”设置为比较明显的“黄色”。在“Viewer1”中移动关联方框位置，寻找明显的地物特征点，作为输入 GCP。在“GCP 工具”对话框中，点击“Create GCP”图标，并在“Viewer3”中单击鼠标左键定点，GCP 数据表将记录一个输入 GCP，包括其编号、标识码、X 坐标和 Y 坐标。在 GCP 对话框中，点击“Select GCP”图标，重新进入 GCP 选择状态。在 GCP 数据表中，将“参考 GCP 的颜色”设置为比较明显的“红色”。在“Viewer2”中，移动关联方框位置，寻找对应的地物特征点作为参考 GCP。不断重复上述操作，采集若干控制点 GCP，直到满足所选定的几何模型为止。

第五步：采集地面检查点（Ground Check Point）

以上采集的 GCP 的类型均为控制点，用于控制计算，建立转换模型及多项式方程。这一步所要采集的 GCP 类型是检查点。

第六步：计算转换模型（Compute Transformation）

在控制点采集过程中，一般是设置为自动转换计算模型。所以，随着控制点采集过程的完成，转换模型就自动计算生成。在“Geometric Correction Tools”对话框中，点击“Display Model Properties”图标，可以查阅模型。

第七步：图像重采样（Resample the Image）

第八步：保存几何校正模式（Save rectification Model）

第九步：检验校正结果（Verify rectification Result）

基本方法：同时在两个视窗中打开两幅图像，一幅是校正以后的图像，一幅是当时的参考图像，通过视窗地理连接功能及查询光标功能进行目视定性检验。

五、注意事项

(1) 学生要认真实验，掌握遥感图像几何校正的原理和方法。

(2) 指导教师要根据学生实验情况和询问情况现场签字确认，未经教师签字的实验报告无效。

(3) 课后提交的实验报告中，要写清操作步骤，并附有控制点坐标选取结果及精度评价表。

六、成果上交

每名学生上交一份实验报告。

任务3　增强处理

一、任务目的与要求

掌握利用遥感图像增强处理的过程和方法。

二、任务内容

学习增强处理的方法：卷积增强、直方图均衡化、主成分变换、色彩变换。

三、任务仪器及工具

ERDAS 软件、电脑。

四、任务步骤安排

增强处理的方法:卷积增强、直方图均衡化、主成分变换、色彩变换。具体步骤如下:

(1) 卷积增强(Convolution)

ERDAS 图标面板菜单条:单击“Main”→“Image Interpreter”→“Spatial Enhancement”→“Convolution”→“Convolution 对话框”,进行卷积增强设置。卷积增强后得到图像。

(2) 直方图均衡化(Histogram Equalization)

ERDAS 图标面板菜单条:单击“Main”→“Image Interpreter”→“Radiometric Enhancement”→“Histogram Equalization 对话框”,进行直方图均衡化设置。直方图均衡化后得到图像。

(3) 主成分变换

ERDA 图标面板菜单条:单击“Main”→“Image Interpreter”→“Spectral Enhancement”→“Principial Comp”→“Principial Components 对话框”,设置参数。主成分变换后得到图像。

(4) 色彩变换(RGB to IHS)

ERDAS 图标面板菜单条:单击“Main”→“Image Interpreter”→“Spectral Enhancement”→“RGB to HIS”→“RGB to HIS 对话框”,设置参数。色彩变换后得到图像。

五、注意事项

(1) 学生要认真实验,掌握遥感图像增强处理的方法。

(2) 指导教师要根据学生实验情况和询问情况现场签字确认,未经教师签字的实验报告无效。

(3) 课后提交的实验报告中,附有相关截图,并附有实验结果和体会。

六、成果上交

每名学生上交一份实验报告。

任务 4　图 像 分 类

一、任务目的与要求

利用 ERDAS 进行遥感图像监督分类,得到分类效果图,利用颜色区别不同地物。

二、任务内容

掌握遥感图像分类方法。

三、任务仪器及工具

ERDAS 软件、电脑。

四、任务步骤安排

（1）分类原理

遥感图像分类是遥感信息提取与制图的重要环节，它将遥感图像按照灰度级别分为不同的地物类别。

（2）监督分类

① 定义分类模板

第一步：显示要进行分类的图像“germtm.img”。

第二步：打开“模板编辑器”并调整显示字段。

第三步：调整分类属性字段。

第四步：获取分类模板信息，应用AOI绘图工具在原始图像获取分类模板信息。

第五步：保存分类模板为“.sig”格式。

② 评价分类模板

在“Signature Editor”窗口中：

a. 在“Signature Editor 分类属性表”中选择“所有类别”。

b. 单击“Evaluation|Contingency”命令。

c. 打开“Contingency Matrix”对话框。单击“OK”按钮，则打开“IMAGING”文本编辑器，显示分类错误矩阵。

③ 执行监督分类，得到效果图。

五、注意事项

（1）学生要认真实验，掌握遥感图像分类的方法。

（2）指导教师要根据学生实验情况和询问情况现场签字确认，未经教师签字的实验报告无效。

（3）课后提交的实验报告中，附有相关截图，并附有实验结果和体会。

六、成果上交

每名学生上交一份实验报告。

任务5　遥感图像处理综合应用

一、任务目的与要求

通过上机课程设计，让学生掌握遥感图像处理基础知识及ERDAS软件基本操作，理论联系实际，增强动手能力。

二、任务内容

1. 几何校正：运用ERDAS软件进行遥感图像几何校正操作。

2. 图像增强：运用 ERDAS 软件进行遥感图像增强处理。

3. 图像分类：运用 ERDAS 软件进行遥感图像分类操作。

三、任务仪器及工具

ERDAS 软件、电脑。

四、任务步骤安排

1. 几何校正

(1) 几何校正原理

几何校正就是将图像数据投影到平面上，使其符合地图投影系统的过程。而将地图投影系统赋予图像数据的过程，称为地理参考(Geo-referencing)。由于所有地图投影系统都遵循一定的地图坐标系统，因此几何校正的过程包含了地理参考过程。

(2) 上机步骤

第一步：显示图像文件(Display Image Files)

首先，在“ERDAS”图标面板中双击“Viewer”图标，打开两个“视窗”(Viewer1/Viewer2)，并将两个视窗平铺放置。

第二步：启动几何校正模块(Geometric Correction Tool)

单击“Viewer1”菜单条中“Raster”→“Geometric Correction”，打开“Set Geometric Model”对话框，选择多项式几何校正模型“Polynomial”→“OK”，同时打开“Geometric Correction Tools”对话框和“Polynomial Model Properties”对话框，在“Polynomial Model Properties”对话框中，定义多项式模型参数以及投影参数，设置完毕，点击“Apply”→“Close”，打开“GCP Tool Reference Setup”对话框，进行参数设置。

第三步：启动控制点工具(Start GCP Tools)

在显示作为地理参考图像的“Viewer2”中单击鼠标左键，打开“reference Map Information”提示框。

第四步：采集地面控制点(Ground Control Point)

在“GCP 工具”对话框中，点击“Select GCP”图标，进入 GCP 选择状态；在 GCP 数据表中，将“输入 GCP 的颜色”设置为比较明显的“黄色”。在“Viewer1”中移动关联方框位置，寻找明显的地物特征点，作为输入 GCP。在“GCP 工具”对话框中，点击“Create GCP”图标，并在“Viewer3”中单击鼠标左键定点，GCP 数据表将记录一个输入 GCP，包括其编号、标识码、X 坐标和 Y 坐标。在 GCP 对话框中，点击“Select GCP”图标，重新进入 GCP 选择状态。在 GCP 数据表中，将“参考 GCP 的颜色”设置为比较明显的“红色”。在“Viewer2”中，移动关联方框位置，寻找对应的地物特征点，作为参考 GCP。不断重复上述操作，采集若干控制点 GCP，直到满足所选定的几何模型为止。

第五步：采集地面检查点(Ground Check Point)

以上采集的 GCP 的类型均为控制点，用于控制计算，建立转换模型及多项式方程。这一步所要采集的 GCP 类型是检查点。

第六步：计算转换模型(Compute Transformation)

在控制点采集过程中，一般是设置为自动转换计算模型。所以，随着控制点采集过程的完成，转换模型就自动计算生成。在“Geometric Correction Tools”对话框中，点击“Display Model Properties”图标，可以查阅模型。

第七步：图像重采样(Resample the Image)

第八步：保存几何校正模式(Save rectification Model)

第九步：检验校正结果(Verify rectification Result)

基本方法：同时在两个视窗中打开两幅图像，一幅是校正以后的图像，一幅是当时的参考图像，通过视窗地理连接功能及查询光标功能进行目视定性检验。

2. 增强处理

增强处理的方法：卷积增强、直方图均衡化、主成分变换、色彩变换。具体步骤如下：

(1) 卷积增强(Convolution)

ERDAS 图标面板菜单条：单击“Main”→“Image Interpreter”→“Spatial Enhancement”→“Convolution”→“Convolution 对话框”，进行卷积增强设置。卷积增强后得到图像。

(2) 直方图均衡化(Histogram Equalization)

ERDAS 图标面板菜单条：单击“Main”→“Image Interpreter”→“Radiometric Enhancement”→“Histogram Equalization 对话框”，进行直方图均衡化设置。直方图均衡化后得到图像。

(3) 主成分变换

ERDA 图标面板菜单条：单击“Main”→“Image Interpreter”→“Spectral Enhancement”→“Principial Comp”→“Principial Components 对话框”，设置参数。主成分变换后得到图像。

(4) 色彩变换(RGB to IHS)

ERDAS 图标面板菜单条：单击“Main”→“Image Interpreter”→“Spectral Enhancement”→“RGB to HIS”→“RGB to HIS 对话框”，设置参数。色彩变换后得到图像。

3. 图像分类

(1) 分类原理

遥感图像分类是遥感信息提取与制图的重要环节，它将遥感图像按照灰度级别分为不同的地物类别。

(2) 监督分类

① 定义分类模板

第一步：显示要进行分类的图像“germtm.img”。

第二步：打开“模板编辑器”并调整显示字段。

第三步：调整分类属性字段。

第四步：获取分类模板信息，应用 AOI 绘图工具在原始图像获取分类模板信息。

第五步：保存分类模板为“.sig 格式”。

② 评价分类模板

在“Signature Editor”窗口中：

a. 在“Signature Editor”分类属性表中选择所有类别。

b. 单击“Evaluation|Contingency”命令。

c. 打开“Contingency Matrix”对话框，单击“OK”按钮，则打开“IMAGING”文本编辑器，显示分类错误矩阵。

③ 执行监督分类，得到效果图。

五、注意事项

(1) 严格按照“课程设计教学大纲”要求，认真完成实训教学内容，听从指导教师的安排和指导，积极参加各项活动，按质、按量、按时完成各项实习任务。

(2) 课程设计期间，要严格遵守作息制度，不得迟到、早退或中途离开。有事必须向指导教师请假，未经同意，不得擅自离开。

(3) 增强安全防范意识，提高自我保护能力，注意人身安全和财物安全，防止各种事故发生。指导教师和学生要互相留下联系方式，以便及时联系。

(4) 因病、因故不能参加实训的同学，要有医院证明或者书面陈述报告，向学院办理请假手续。

六、成果上交

每名学生上交一份课程设计说明书。

第三部分

专业实习与毕业论文（设计）指导

【单元概述】 专业实习与毕业论文(设计)是测绘专业人才培养方案中最后实施的一个教学环节。其中专业实习是通过深入一线测绘类或者土建类企业进行生产实习与实训,了解测绘工程在国民经济中的重要作用,巩固、印证、加深、扩大已学过的基础理论和部分专业知识,并且通过实习,了解和掌握本专业基本的生产实际知识,为毕业设计及毕业后从事相关工作打下良好的基础。

毕业设计是前面基础理论学习、基本技能训练的继续、深化和发展,是训练学生科学研究的能力,以及用科技语言(文字、图表等)准确表达自己的思想和学术见解的能力。通过这一环节的训练,使学生将以往分散在各个学科中的基本理论、知识和基本技能进行集中综合运用,使学生对本专业有较完整的、系统的认识,从而达到巩固、扩大、深化所学知识的目的。毕业之前,每个学生必须完成一篇毕业论文。

【学习目标】 熟悉生产单位的工作条例,建立良好的安全生产意识;通过完成一个完整的工程项目工作任务,全面提高个人的综合职业应用能力,为毕业后走向工作岗位夯实基础。

毕业设计是培养学生树立实事求是、科学严谨的学风,虚心好学、严肃认真的工作态度,刻苦钻研、勇于创新的科学精神,提高调查研究、辩证思维和系统分析能力的过程。毕业设计包括调查研究、分工协作、分析论证、绘制图表、编制程序、科学计算、查阅文献(含外文文献)、改进创新、综合写作等。

第一节　专 业 实 习

一、任务描述

专业实习是学生完成全部基础课程、专业课程的学习及课程设计、课程综合实习后进行的，是把所学的各学科知识理论融合运用的过程，具有总结性、综合性的特点。它是各专业按教学计划进行各项教学活动的继续，又是毕业前检查教学质量，锻炼学生综合分析、解决实际问题能力的一个重要环节。通过顶岗实习达到验证所学的理论知识、熟练运用理论知识解决实际问题、提高专业技术水平的目的，为毕业即可上岗打好基础。

专业实习应充分结合学生的就业方向，通过在实习岗位的生产实践、资料收集、切身体会，了解和掌握企业单位的设计依据、施工方法、程序安排、技术要求、经济指标和组织管理的方法等，进一步提高工程应用能力。

1. 实习目的

通过深入一线测绘类或者土建类企业进行生产实习与实训，使学生了解测绘工程在国民经济中的重要作用，巩固、印证、加深、扩大已学过的基础理论和部分专业知识，了解和掌握本专业基本的生产实际知识，为学生毕业设计及毕业后从事相关工作打下良好的基础。专业实习是工科院校为培养高素质工程技术人才安排的一个重要的实践性本科教学环节，是学生理论联系实际的课堂。实习的主要目的如下：

(1) 使学生们综合掌握测绘工程专业的基本理论、专业知识和基本技能，进行实际工作能力培养，增强学生独立工作能力。

(2) 使学生深入设计和施工现场，既能将在课堂所学到的专业理论知识应用到实践中去，又能从实践中学到实际工作经验，并能很好地将二者结合起来，提高专业知识水平和实际工作能力，为毕业后顺利地从事专业工作奠定良好的基础。

(3) 通过实践找到适合自己的方向，可以为毕业论文积累素材。

(4) 通过实践教学，学生们应主动地向实习单位全面展示自己的应变能力、组织协调能力及谦虚谨慎、踏踏实实的工作作风，为毕业后的就业创造机会。

2. 实习要求和任务

专业实习的任务，一方面是总结和检验以往的知识积累情况，进一步巩固和运用已学知识，培养工程观念，掌握测绘工程设计和数据处理方法，并继续拓宽知识面。另一方面在于培养综合工作能力，包括自学能力、科学研究的能力、收集资料和获取信息的能力、工作的组织和管理能力、测绘算的动手能力、用科技语言表达设计思想和观点的能力、独立分析问题和解决问题的能力，以及社交活动能力等，为今后工作打下坚实的基础。

为此，学生在专业实习中，要提倡独立思考、勇于创新，要在测绘工程实践中，有意识地发现问题、研究问题和解决问题。

为适应当前教育改革形势的需要、适应市场经济的发展，专业实习可不拘泥于某种固定的形式，可以紧密联系当前的测绘工程及其相关学科的实际需要，进行妥善安排。一般情况下，可以采用以下几种形式进行专业实习：

(1) 到签约单位或工作性质对口的用人单位实习。
(2) 参加现场生产实习。
(3) 承担生产任务实习。
(4) 参与老师主持的科研项目等综合实习。

二、实习内容

专业实习一般按常规的专业生产实习方式进行安排。参加实习的学生必须深入所在单位的基层科室,在现场指导教师的指导和帮助下,与广大的现场人员一起工作,在工作中完成以下的任务:

① 参加测绘(或其他实习)单位的测量、计算和绘图工作(或其他实际工作),进一步掌握作业技能,培养动手能力。

② 深入了解实习单位的全部工作内容,以及与其他业务工作的联系,学习实习单位的工作组织与管理方法。

③ 参与测绘工程项目的工作时,应了解测绘工程项目的作业过程和管理方法。

④ 参与科研项目工作时,应全面了解项目的研究内容、方法、目的和思路。

可根据实际情况,在专业实习期间进行下面一项或几项内容的学习:

(1) 控制测量

① 熟悉大地测量所使用的仪器,掌握仪器操作使用方法、观测读数方法;
② 掌握水准仪的原理及使用方法;
③ 进行图根水准测量、四等水准测量;
④ 掌握经纬仪的使用与测绘观测水平角;
⑤ 掌握多方向水平角的观测方法;
⑥ 掌握 GPS 控制网的布设及仪器使用方法;
⑦ 了解控制测量规范的技术要求;
⑧ 测定闭合导线水平角及边长;
⑨ 进行距离测量;
⑩ 进行视距测量。

(2) 大比例尺地形图测绘

① 熟悉测图前的准备流程,掌握图根控制测量及其数据处理的方法;
② 掌握碎部点的平面位置测绘的极坐标方法;
③ 掌握方向交会法;
④ 掌握距离交会法;
⑤ 掌握直角坐标法;
⑥ 掌握经纬仪的安置方法及使用方法;
⑦ 熟悉平板仪测图原理及使用方法;
⑧ 掌握全站仪的原理及使用方法。

(3) 地形图应用

① 了解误差理论;
② 熟悉各种精密仪器的原理及使用方法;

③ 了解新的测绘仪器及其使用方法；
④ 熟悉在图上确定站立点位置；
⑤ 熟悉地形图上的地物、地貌与实地的对应。
(4) 施工放样
① 了解施工放样各种误差要求精度；
② 熟悉施工控制资料；
③ 熟悉准备放样数据及计算程序；
④ 熟悉数据及仪器的检核；
⑤ 掌握测站点测量、建筑基线测设；
⑥ 掌握测放建筑轮廓点线；
⑦ 了解建筑物变形观测、竣工测量方法；
⑧ 绘制放样交样单。
(5)测设坡度线
① 了解测设坡度线的原理；
② 掌握测设所需各种精密仪器的使用方法；
③ 掌握点平面的测设方法；
④ 掌握水平距离的测设；
⑤ 掌握高程的测设；
⑥ 掌握角桩定位的方法。

三、实习方式与具体步骤

1. 实习方式
一般情况下，可以采用以下三种方式进行专业实习：
① 在具有一定规模的测绘生产单位进行专业生产实习。
② 在生产现场进行调查研究和科学实验。
③ 承担测绘任务，独立完成某项技术工作。
2. 具体步骤
(1) 一般性了解
通过邀请现场工程师作报告、参观和查阅有关资料等方法，使学生对所在实习单位有一个全面的了解。
(2) 生产单位的测绘工作情况了解
实习中应对生产单位的以下测绘工作情况进行了解：
① 过去和现在进行的各种测绘工作及其方法，已有的经验及存在的问题等。
② 组织机构、人员配备、仪器设备等。
③ 测绘工程图纸的种类和用途，绘制方法及经验。
④ 测绘工作的作用，与其他单位的联系，参加现场测量工作所必需的安全知识。
⑤ 其他注意事项。
(3) 测绘工作实践
参加测绘工作实践的主要目的就是对学生进行测、算、绘的基本技能训练，提高学生的动手能力;与此同时,使学生了解和初步掌握测绘工作方法,学会测绘工作的组织领导与管理,能发现工作中存在的问题并提出较合理的解决办法。为此,学生应按测绘技术人员的要求,参加一个测量队(组)的工作,深入学习业务,应着重学习测量队(组)在组织领导上的经验,并参加一些重要测量工作或参观实习。还应参加单位的业务会议,学习编制每月的工作计划等。

(4) 资料的收集

收集资料是科学研究的一个重要步骤。学生通过资料收集工作,不仅学会收集资料的方法,还为撰写毕业论文提供了依据。

收集资料要保持经常性。尤其在听报告、专题访问或个别谈话中,可了解各种资料信息,在实习过程中逐步积累,不要拖到实习最后阶段集中进行。资料收集时,应根据需要和实际情况,采取叙述、摘录、描绘、索引等方式,要注意其实用价值和用途,避免盲目求多和机械抄写。

对于所收集的资料,应在前面加注说明,并且妥善保存,防止丢失。

(5) 现场调研和科学实验

专业实习中可以安排一定的时间进行现场调研和科学实验,学生必须事先确定调研的课题和实验内容。具体工作中,应在指导教师和现场技术人员帮助下,就课题所涉及的问题进行调查研究和收集资料,并对收集到的资料进行归纳和分析;必要时利用现场条件进行实验和测试,对数据作出科学的处理。

(6) 承担测绘项目

专业实习中可以安排学生承担专项生产任务。例如:地形图、地籍图的测绘,隧道贯通测量,变形监测,控制测量等。

承担测绘项目的学生,应该健全组织管理制度。所承担的测绘任务,应由指导教师和生产单位妥善协商,签订协议,明确测绘任务的具体要求和有关事项,尽量做到既有利于教学,又有利于生产。学生在完成实际测绘任务的过程中,进行学习和锻炼。

在此情况下,实习的具体内容由实习指导教师根据所承担的具体项目加以确定。

四、实习安排

实习安排见表 3-1。

表 3-1　实习安排

实践节点	工作安排
第 1～16 教学周	学生在实习单位开展实习,在实习结束前由实习单位出具《专业实习单位鉴定意见表》,指导教师与学生及实习单位密切沟通,加强对学生实习的过程管理
第 16 教学周周六	学生返校
第 17 教学周	学生整理材料,完成专业实习日志、报告,指导教师评阅并给出成绩,各学院审核学生答辩资格,提交答辩方案
第 18 教学周	组织学生答辩,具体时间另行通知
第 19 教学周	完成所有学生成绩的录入

五、学生须提交的资料及要求

1. 提交资料

(1) 实习日记。

(2) 实习阶段报告。

(3) 总结报告。

(4) 实习手册的相关内容。

(5) 实习项目的详细资料。

2. 具体要求

(1) 实习日记

要求：实习过程中，学生要记录与专业实习有关的日记，每周不少于 3 篇，每篇日记字数不得少于 200 字，且每周完成的日记中至少有一篇不少于 300 字。

(2) 实习阶段报告

第一周起，学生每周五要向指导教师汇报本周实习情况，要求形成电子版，以邮件形式发送至指导教师邮箱。

要求：实习中的第九周，学生向指导教师提交一份电子版的实习阶段报告，学生根据实习过程完成的阶段报告，应包括实习的内容及实习的收获。实习阶段报告不少于 3000 字。

(3) 总结报告

实习完成后，每名学生应完成 3000～5000 字的实习总结报告一篇。其主要内容是对实习完成情况的总体概括、总结及体会。要求资料真实、数据准确、结论正确、条理清晰、内容充实，按照规定的总结报告格式和要求书写，语言简练、通顺、易懂。

(4) 实习手册的相关内容

实习完成后，每名学生应完成实习手册的相关内容，如实习鉴定、实习协议书、实习现场图片等。

六、成绩考核方法

成绩考核方法见表 3-2。

表 3-2　成绩考核方法

序号	项目	权重
1	平时检查考核	0.15
2	指导教师鉴定或评语	0.15
3	提交实习日记、实习阶段报告、总结报告、实习项目的详细资料等	0.4
4	答辩	0.3

有下列行为之一者，评定为不及格：

(1) 实习日记缺额达三分之一以上。

(2) 没有提交实习阶段报告或实习阶段报告明显抄袭他人的。

(3) 严重违反校规或实习单位纪律,造成不良后果的。

(4) 专业实习缺席时间达三分之一以上的。

七、实习纪律

(1) 所有学生实习前必须与所在(院)系签订《实习安全承诺书》,与实习单位及所在(院)系签订实习协议。实习协议交由各(院)系保存,未签署协议的学生不得进行专业实习。实习期内原则上不能变更实习单位,如有特殊原因需变更实习单位,须征得原实习单位和校内指导教师同意。擅自离开实习单位的按旷课处理,期间发生的一切问题由学生本人负责。

(2) 学生需认真学习专业实习有关管理规定,端正态度,按要求完成各项实习任务。

(3) 实习学生应主动与校内指导教师保持联系,保持通信畅通;须严格执行请假、销假制度,主动接受指导教师的检查,不在实习岗位时,需提前告知指导教师,说明去向、时间、联系电话。

(4) 学生须遵守实习单位的各项规章制度,认真做好本职工作,努力提高自己的专业技能。

(5) 专业实习结束后,学生须按时返校。如果因特殊原因不能及时返校,应向所在(院)系提前提交书面申请,并履行相关请假手续。

(6) 学生须遵守学校对专业实习的其他有关规定。

第二节　专业实习材料

专业实习材料包括:分散实习申请表、专业实习指导记录及月度评价表、实习安全承诺书、专业实习分组汇总表、专业实习学生情况汇总表、专业实习手册等。

一、分散实习申请表

分散实习申请表见表 3-3。

表 3-3　分散实习申请表

<table>
<tr><td>学生姓名</td><td></td><td>学号</td><td></td><td>专业班级</td><td></td><td>联系电话</td><td></td></tr>
<tr><td>实习起止时间</td><td colspan="7"></td></tr>
<tr><td>实习单位名称</td><td colspan="7"></td></tr>
<tr><td>实习单位地址</td><td colspan="7"></td></tr>
<tr><td>校内指导教师</td><td colspan="2"></td><td>联系电话</td><td colspan="4"></td></tr>
<tr><td>校外指导教师</td><td colspan="2"></td><td>联系电话</td><td colspan="4"></td></tr>
</table>

申请分散实习的理由:

续表3-3

<table>
<tr><td colspan="2">本人承诺：本人在实习期间，严格要求自己，遵守国家法律法规、学校有关实习的各项规章制度及实习单位的各项规章制度，按照学校的实习规定和实习计划完成好实习任务，注意生产安全和人身安全，并对自己在实习期间的行为和安全负责，实习结束后，按时返校参加实习考核。
学生签字：
年　月　日</td></tr>
<tr><td>家长意见</td><td>家长签字：
年　月　日</td></tr>
<tr><td>实习接收单位意见</td><td>负责人签字：
（公章）
年　月　日</td></tr>
<tr><td>二级学院意见</td><td>二级学院领导签字：
（公章）
年　月　日</td></tr>
</table>

二、专业实习指导记录及月度评价表

专业实习指导记录及月度评价表见表 3-4。

表 3-4　专业实习指导记录及月度评价表

<table>
<tr><td>学生信息</td><td>姓名</td><td colspan="2"></td><td>学号</td><td></td><td>专业班级</td><td></td></tr>
<tr><td rowspan="5">指导情况</td><td>指导时间</td><td colspan="5">指导记录</td><td>指导方式</td></tr>
<tr><td>第　周
月　日</td><td colspan="5"></td><td></td></tr>
<tr><td>第　周
月　日</td><td colspan="5"></td><td></td></tr>
<tr><td>第　周
月　日</td><td colspan="5"></td><td></td></tr>
<tr><td>第　周
月　日</td><td colspan="5"></td><td></td></tr>
<tr><td rowspan="2">月度评价</td><td>实习态度
(20 分)</td><td>遵章守纪
(15 分)</td><td>诚实守信
(15 分)</td><td>联系老师
(20 分)</td><td>完成任务
(30 分)</td><td colspan="2">总成绩
(100 分)</td></tr>
<tr><td></td><td></td><td></td><td></td><td></td><td colspan="2"></td></tr>
<tr><td colspan="8">指导教师签名：</td></tr>
</table>

注:本表中待填内容均需手填,不得打印;“指导时间”栏统一采用“1、2、…”数字填写;“指导方式”栏填“面授、微信、QQ 等”。

三、实习安全承诺书

学生实习安全承诺书

为进一步提高安全防范能力，确保实习期间自身及财产安全，保证实习顺利进行，本人承诺做到以下事项：

一、本人保证身体和心理状况适合参加本次实习，对本次实习的目的、性质、实习地的情况以及可能的风险有清楚的了解。保证如实告知家长关于学校安排实习工作的时间和内容。

二、实习前，按要求参加所在学院组织的安全、纪律方面的教育活动。

三、实习期间严格遵守国家法律、法规，不参加任何形式的违法犯罪及与大学生身份不符的活动，严格遵守《学生实习安全管理办法》及所在单位的工作纪律、安全操作规程等规定，加强安全防范意识，对本人的人身和财产安全负责。

四、本人保证实习期间与指导教师、学校保持联系畅通，及时向指导教师、学校汇报实习状况。

五、坚持安全第一的原则，服从校内外指导教师的指导与管理，按学校要求完成实习任务后按时返校。

承诺人(学生签名)：　　　　　　家长签名：

年　　月　　日　　　　　　年　　月　　日

四、专业实习分组汇总表

专业实习分组汇总表见表 3-5。

表 3-5　专业实习分组汇总表

二级学院：

序号	学生姓名	学号	专业班级	联系方式	指导教师	教师职称	联系方式	备注
1	×××	×××××××××	×××专业 181	139××××××××	×××	×××	180××××××××	

二级学院负责人(签字)：

年　　月　　日

五、专业实习学生情况汇总表

专业实习学生情况汇总表见表 3-6。

表 3-6　专业实习学生情况汇总表

二级学院：

序号	学生姓名	学号	专业班级	联系方式	实习时间	实习地点	实习单位	实习内容	实习形式	校内指导教师	职称	联系方式	校外指导教师	职称	联系方式	备注
1	×××	××××× ××××	××× 专业 181	189××××××××	××××.××.××至 ××××.××.××	××省 ××市	××× 公司	×× ××	集中	×××	×××	180××××××××	×××	×××	180××××××××	

（可追加表格　多页打印请附页码；“实习形式”栏填“集中”或“分散”；已在“高等教育质量监测国家数据平台”填报的实习单位，单位名称务必与“平台”内名称保持一致。）

学生总数：　　　参加实习人数：　　　集中实习人数：　　　集中实习占参加实习人数比例：

二级学院负责人（签字）：

年　　月　　日

六、专业实习手册

学号：________________

专业实习手册

二级学院：______________________________________

专业班级：____________　　学生姓名：____________

实习单位：______________________________________

实习时间：____年____月____日至____年____月____日

学生实习协议

甲方：______________________________ 联系人：______________________________

地址：______________________________ 电话：______________________________

乙方（学生）：______________________________ 电话：______________________________

地址：______________________________ 家长电话：______________________________

丙方：______________________________ 联系人：______________________________

地址：______________________________ 电话：______________________________

鉴于甲方愿意为丙方的在校学生提供实习机会并从实习学生中挑选合适人员作为其员工，乙方作为丙方的在校学生经丙方批准前往甲方进行实习，经甲、乙、丙三方友好协商，订立本协议如下：

一、实习岗位、期限

1. 三方同意乙方在____年____月____日至____年____月____日期间在甲方进行为期____天的实习。

2. 甲方将安排乙方在甲方的____________部门________岗位进行实习。

二、各方的权利和义务

本协议各方在此同意和确认各方的权利和义务如下：

（一）甲方的权利和义务

1. 甲方的权利

(1) 可以根据其需要和乙方的工作能力对实习内容进行调整。

(2) 在实习期间内根据乙方的表现，经与丙方友好协商后，甲方有权决定是否提前终止为乙方提供的实习机会。

2. 甲方的义务

(1) 按照本协议规定的时间和内容为乙方提供实习机会，所安排的工作应该符合法律的规定和不损害乙方的身心健康。

(2) 配合学校教学目标和要求，制订学生实习计划。安排具有相应专业知识、技能或工作经验的人员对乙方进行实习指导，帮助乙方完成实习任务。

(3) 在乙方实习期间，协助丙方对乙方进行管理。有义务为丙方前往甲方实习单位对乙方进行指导或管理提供方便，并对丙方实习指导教师到本单位的指导情况进行考核，向丙方提供乙方实习的真实表现等信息。在乙方实习结束时根据实习情况，按照丙方的考核要求对乙方作出实习考核鉴定。

(4) 加强对乙方的安全教育，防止发生人身和财产安全事故。

（二）乙方的权利和义务

1. 乙方的权利

(1) 有权在协议规定的实习时间按照甲方安排的内容参加实习。

(2) 享有劳动保护的权利。

(3) 如果甲方安排的工作内容违法或者有损乙方的身心健康，乙方有权在向甲方报告后终止在甲方的实习。

2. 乙方的义务

(1) 在实习期间认真做好岗位的本职工作，刻苦锻炼和提高自己的专业技能，有意识地全方位训练自我，培养独立工作能力，在实习中努力完成专业技能的学习任务。

(2) 在实习期间，遵守甲方的有关工作时间、休假制度、考勤制度、行为准则、保密制度及其他甲方要求乙方遵守的公司规定；如乙方无视安全操作规范发生意外事故，后果自负。

(3) 应按时完成实习期间甲方交付的任务和工作。

(4) 遵守学校关于校外实习的管理规定和要求，与校内指导教师保持联系，按照实习教学任务书的要求完成各项实习任务，并接受实习单位和学校的考核。

(5) 在签订本协议时，应该将此情况向家长汇报并得到家长同意。

(三) 丙方的权利和义务

1. 丙方的权利

(1) 根据乙方在甲方的实习内容和表现，自行决定是否直接给予乙方相应的课程学分或直接参加丙方相应课程的考核。

(2) 有权在不影响甲方正常工作的前提下前往实习单位进行指导或管理，有权向甲方了解学生的实习情况。

2. 丙方的义务

(1) 对乙方在甲方的实习给予充分的配合，做好乙方实习前的动员与培训工作，实习中的联络、检查、协调工作，实习后的考核和其他工作。

(2) 对乙方在实习期间的行为予以监督和管理，以确保乙方遵守本协议及甲方的规章制度。

(3) 在乙方违约的情况下，丙方有责任给予甲方积极、充分的配合，以便甲方追究乙方的违约行为。

三、保密约定

协议三方都有义务为三方中的任何一方保守法律规定的相关秘密，尤其要对甲方的经营管理和知识产权类信息进行保密，若有违反者，根据相关法律处理。

四、协议的终止与解除

1. 协议期满自然终止。

2. 因协议期限届满以外的其他原因而造成协议提前终止时，甲、乙、丙均应提前两周书面通知其他两方。

3. 乙方违反本协议第二条有关乙方义务的规定时，甲方可提前终止本协议，但应提前通知丙方并说明原因，乙方应承担由此所遭受的损失。

五、实习成果的归属

乙方实习期间的应用性成果由甲方享有，科研学术性成果由甲、乙、丙三方共同拥有。

其他未尽事宜由三方及时协商解决。

六、协议的生效

本协议一式三份，由甲方、乙方和丙方各执一份，经三方合法授权代表签署后生效。

本协议生效后，对甲、乙、丙各方都具有法律的约束力。本协议是协议三方通过对各种问题的研究、讨论，经过友好协商达成共识后同意签署的，任何一方对此协议内容进行任何修正或改动，都应经过三方书面确认后方始生效。

甲方(盖章)：	乙方签名：	丙方(盖章)：
甲方代表签名：		丙方代表签名：
年　　月　　日	年　　月　　日	年　　月　　日

专业实习单位鉴定意见表

<table>
<tr><td>学生姓名</td><td colspan="2"></td><td>专业</td><td></td><td>班级</td><td></td></tr>
<tr><td>实习单位</td><td colspan="6"></td></tr>
<tr><td>单位地址</td><td colspan="6"></td></tr>
<tr><td>实习岗位</td><td colspan="2"></td><td>部门负责人</td><td></td><td>联系电话</td><td></td></tr>
<tr><td>实习时间</td><td colspan="6">年　月　日至　年　月　日（共　天）</td></tr>
<tr><td colspan="2">项目</td><td>评分</td><td colspan="4" rowspan="11">评语：(肯定成绩的同时指出存在的不足及今后努力的方向)</td></tr>
<tr><td colspan="2">遵章守纪(10 分)</td><td></td></tr>
<tr><td colspan="2">职业道德(10 分)</td><td></td></tr>
<tr><td colspan="2">专业知识(10 分)</td><td></td></tr>
<tr><td colspan="2">专业技能(10 分)</td><td></td></tr>
<tr><td colspan="2">吃苦耐劳(10 分)</td><td></td></tr>
<tr><td colspan="2">与人交往(10 分)</td><td></td></tr>
<tr><td colspan="2">团结协作(10 分)</td><td></td></tr>
<tr><td colspan="2">组织观念(10 分)</td><td></td></tr>
<tr><td colspan="2">创新精神(10 分)</td><td></td></tr>
<tr><td colspan="2">岗位实绩(10 分)</td><td></td></tr>
<tr><td colspan="3">鉴定成绩：　　分</td><td colspan="4">实习单位(盖章)：
日期：　年　月　日</td></tr>
</table>

专业实习报告

实习报告应手写,内容包括以下几个部分:

1. 实习单位简介(对实习单位的性质、总体发展状态作简要描述)。

2. 实习记录(要具体真实地记录实习过程、实习内容,实习现场图片附于末尾)。

3. 实习心得(对实习过程和内容的感受,应突出实习过程中本人在职业素质和岗位综合能力等方面的收获和心得)。

指导教师评语:

实习报告成绩:　　　　　　指导教师:

(百分制)　　　　　　　　　　年　　月　　日

实习现场图片(注明时间、地点、项目名称,不少于 2 张)

第三节　毕业论文(设计)指导

一、毕业设计的目的与要求

毕业设计是测绘专业教学过程的最后阶段，是前面基础理论学习、基本技能训练的深化和发展。毕业论文(设计)最主要的任务是训练学生科学研究的能力，以及用科技语言(文字、图表等)准确表达自己的思想和学术见解的能力。通过这一环节的训练，使学生将以往分散在各个学科中的基本理论、知识和基本技能进行集中综合运用，使学生对本专业有较完整的、系统的认识，从而达到巩固、扩大、深化所学知识的目的。毕业之前，每个学生必须完成一篇毕业论文。

学生在正式撰写论文之前至少要阅读15篇中外参考文献。完成论文旨在培养学生实事求是、科学严谨的学风，虚心好学、严肃认真的工作态度，刻苦钻研、勇于创新的科学精神，提高其调查研究、辩证思维和系统分析的能力。

选题确定后，毕业论文(设计)指导委员会要向学生正式下达毕业论文(设计)任务书，明确完成论文的要求。本科毕业论文(设计)的篇幅一般是正文应不少于15000字。

二、毕业论文(设计)的类型

根据测绘工程实际，测绘工程专业毕业论文(设计)题目类型主要有工程型毕业论文(设计)和科研型毕业论文(设计)两种类型。

1. 工程型毕业论文(设计)的基本特点和要求

(1) 工程型毕业论文(设计)主要是针对某个具体应用领域的工程问题来进行论述，所以在论文(设计)中必然要对该应用领域的主要内容、工作程序及特点等进行叙述，并且要结合应用领域的特点，叙述解决工程问题的基本思想和方法。

(2) 工程型毕业论文(设计)主要是针对工程应用的，所以在解决工程问题的过程中要强调其适用性和采用的技术对工程的影响。

(3) 在工程型毕业论文(设计)中，为了保证其适用性和可行性，须用一些实际的或是接近实际的数据进行测试，并在论文中用图表或数据予以说明。

2. 科研型毕业论文(设计)的基本特点和要求

(1) 科研型毕业论文(设计)的选题主要是针对一些基础理论的研究、前沿性课题的研究和交叉性学科的课题研究。所以，在论文(设计)中必须要对所研究课题的理论基础，包括一些专业术语的解释、公式的引用以及各学科的特点和相互关系进行讨论。

(2) 科研型毕业论文(设计)往往是在前人工作的基础上进行研究的，论文(设计)中必须讨论已有成果和已具备的条件，然后从中找出不足和须改进的地方，再提出研究论证的方案。

(3) 在论文(设计)中，为了说明该研究的先进性和创新性，必须采用如算法研究、数据比较等方式予以说明。

三、毕业设计的安排与程序

1. 毕业设计动员阶段

在毕业设计前，各位教师提出指导毕业论文（设计）的题目，并上报教学秘书处汇总，秘书处向学生布置并落实毕业论文（设计）选题，根据学生的初步选题，明确要求，安排确定指导教师。在毕业设计开始前，学校向学生正式下达毕业论文（设计）任务书，指导教师要向学生具体布置毕业论文（设计）工作，明确课题的目的及要求，指定必要的参考文献及资料等。

2. 毕业设计准备阶段

学生用 10～15 天时间阅读、消化教师指定的参考文献及资料，了解所选课题的有关情况（如该课题领域的研究现状、国内外发展动态等），并进一步搜集有关文献，提出本论文所要解决的主要问题或基本思路。

3. 论文开题及论文工作方案制定

学生在调研、收集分析资料的基础上，充分理解课题内容和要求，拟订毕业论文（设计）方案，并撰写 3000 字左右的开题报告，经指导教师检查合格后方可开展毕业设计工作。

4. 调查研究、资料分析及论文写作大纲撰写阶段

学生用 2 周左右时间进行必要的调查研究，搜集、整理有关资料及数据，并进行归纳和分析，拟订毕业论文（设计）写作大纲，交指导教师审查。

5. 计算、分析、设计和理论研究阶段

学生用 6 周左右时间开展毕业论文（设计）的核心研究工作，依据收集的文献资料和数据，提出理论、原理、方法、模型、论点、方案或设计，进行计算、分析、论证或编程等，并撰写出有关说明书或初步报告，交指导教师审阅。

6. 期中检查

在第 9 周左右，学院及各教研室组织对毕业论文（设计）工作进行检查，主要检查毕业论文（设计）的进度、完成情况、学生的认真程度。

7. 整理和写作阶段

学生对前期的工作进行系统的整理、归纳、补充和完善，写出毕业论文（设计）的初稿，初稿最晚须在第 12 周左右交指导教师审核，并按照指导教师的意见对初稿进行修改，修改后应尽快交指导教师再审核，并根据指导教师的意见反复修改，直到指导教师认为可以定稿后，方可按照统一的格式将论文正式打印出来，并在第 15 周之前将已装订好的打印稿交给指导教师。

8. 答辩准备阶段

答辩准备阶段大约需 1 周时间，在此期间，学生应做好答辩前的各项准备工作。

① 再次阅读有关参考文献及教材，深刻理解论文中所涉及的有关概念和原理。

② 反复检查论文，明确主要论点、论据和重点叙述的问题，并写出介绍论文的发言提纲。将一些重要的信息做成图表、挂图或幻灯片等，以便在答辩时使用。

9. 正式答辩

学校按规定的程序及要求组织毕业论文（设计）答辩。

学生参加答辩时，应先向答辩小组教师报告本人姓名和毕业论文（设计）题目，然后简要介绍毕业论文（设计）的主要内容，时间限制在10～15分钟。介绍毕业论文（设计）时，注意应着重从以下几个方面叙述：为什么选择这个课题？研究这个课题的意义是什么？对这个课题，曾有何人做过哪些研究？他们的主要研究成果及观点是什么？自己有何新发现，提出和解决了什么问题？论文的基本观点及立论的主要根据是什么？论文还有哪些应该涉及，但又因力所不及而未能接触的问题？重要的引文出自哪里？学生介绍完毕业论文（设计）之后，还须回答答辩小组教师提出的有关问题，回答问题时应简明扼要、抓住要点，不要任意发挥、答非所问。

10. 成绩公布阶段

在毕业论文（设计）答辩结束后，答辩委员会应按照学校有关规定及时组织各答辩小组召开会议，审核学生论文，公布成绩。

四、毕业论文的规范

1. 基本要求

(1) 纸张：A4，单面。

(2) 页边距，上2.5 cm，下2.5 cm，左2.0 cm，右2.0 cm；页眉，1.5 cm；页脚，1.75 cm；左侧装订，装订线1 cm。

(3) 页眉：根据实际改为“毕业设计说明书”或“毕业论文”（宋体、小五号字、居中），页眉线为1磅粗。

(4) 字体：正文采用宋体、小四号字；西文、数字等符号采用Times New Roman字体。

(5) 行距：1.5倍行距。

(6) 页码：页面底端右侧，Times New Roman字体、小五号字。“摘要”“目录”两部分分别以罗马数字（Ⅰ、Ⅱ、Ⅲ、…）单独编排；正文部分（正文、参考文献、致谢、附录）以数字（1、2、3、…）连续编排；外文原文（复印）不排页码。

2. 摘要

(1) 中文摘要（另起一页）

① 标题“摘要”采用黑体、三号字、居中，两字之间空2个默认格式空格。

② 正文采用宋体、小四号字。

③ 关键词采用黑体、小四号字、左对齐、顶格，3～5个主题词采用宋体、小四号字；主题词之间用“;”隔离，最后一个词尾不加标点，位于页面最底端。

(2) 外文摘要（另起一页）

① 标题采用Times New Roman字体、三号字、居中、加粗。

② 正文采用Times New Roman字体、小四号字。

③ 关键词采用Times New Roman字体、小四号字、加粗、左对齐、顶格，3～5个主题词采用Times New Roman字体、小四号字；主题词之间用“;”隔离，最后一个词尾不加符号，位于页面最底端。

3. 目录（另起一页）

(1) 标题“目录”采用黑体、小二号字、居中，两字之间空2个默认格式空格。

(2) 各级目录均选用“一级目录”样式，制表符前导符样式采用“……”，两端对齐，目录级别应显示到三级。

(3) 内容采用宋体、小四号字。

4. 正文(另起一页)

(1) 正文采用宋体、小四号字。

(2) 层次代号的格式如下：

第1章　章标题采用黑体、加粗、小二号字、居中；每章另起一页。

1.1　节标题采用黑体、加粗、三号字、左对齐、顶格。

1.1.1　三级标题采用黑体、加粗、小三号字、左对齐、顶格。

再出现下级标题依次为：

(1)　标题采用宋体、小四号字、左对齐、缩进两个字符。

①　标题采用宋体、小四号字、左对齐、缩进两个字符。

a)　标题采用宋体、小四号字、左对齐、缩进两个字符。

5. 正文中表的要求

表格整体居中。表名位于表格上方，采用宋体、五号字、居中。表按章编号，表名按“表 章号-序号　表名”顺序编排；“序号”与“表名”间空1个默认格式空格，例如：“表3-1　测试数据”。表内文字采用宋体、五号字、居中(上下居中，左右居中)。当表格较大不能在一页打印时，可以“续表”，将表头及剩余表格另页打印，需在续表上方标明续表名称(宋体、五号字、居中)，例如：“续表3-1　测试数据”。

6. 正文中图的要求

图要清晰，照片图要用原版照片。图片居中，图名位于图片下方，采用宋体、五号字、居中。图按章编号，图名按“图 章号-序号　图名”顺序编排，“序号”与“图名”间空1个默认格式空格，例如：“图3-1　工艺流程”。

7. 正文中公式的要求

(1) 正文中公式在“公式编辑器”中编辑完成，公式居中。

(2) 公式按章编号，按“章号-序号”写在公式的右边行末，采用Times New Roman字体、五号字、右对齐，例如：“3-1”。

8. 参考文献

(1) 标题“参考文献”采用黑体、三号字、居中。

(2) 类型：普通图书[M]，会议论文集[C]，报纸[N]，期刊[J]，学位论文[D]，报告[R]，标准[S]，专利[P]，论文集中的析出文献[A]，数据库[DB]，计算机程序[CP]，电子公告[EB]，互联网[OL]，网上期刊[J/OL]，网上电子公告[EB/OL]，网上数据库[DB/OL]等。

(3) 内容采用宋体、小四字号、左对齐、顶格。

① 专著、论文集、报告：[序号]主要责任者.文献题名[文献类型标识].出版地：出版者，出版年：起止页码.

② 期刊文章：[序号]主要责任者.文献题名[J].刊名，年，卷(期)：起止页码.

③ 论文集中的析出文献：[序号]析出文献主要责任者.析出文献题名[A]//原文献主要责任者(可选)原文献题名[C].出版地：出版者，出版年：起止页码.

④ 学位论文:[序号]主要责任者.文献题名[D].出版地:出版单位,出版年:起止页码(可选).

⑤ 报纸文章:[序号]主要责任者.文献题名[N].报纸名,出版日期(版次).

⑥ 电子文献:[序号]主要责任者.电子文献题名[电子文献及载体类型标识].电子文献的出版或获得地址,发表更新日期/引用日期.

⑦ 专利:[序号]申请者.专利名[P].国名,专利号,出版日期.

⑧ 技术标准:[序号]发布单位.技术标准代号.技术标准名称[S].出版社,出版日期.

9. 致谢

(1) 标题“致谢”采用黑体、三号字、居中,两字之间空 2 个默认格式空格。

(2) 内容采用宋体、小四号字。

五、毕业设计(论文)的考核与成绩评定

1. 考核组织工作

(1) 毕业环节的考核以答辩形式进行。毕业设计答辩,在于考查学生的业务水平,进一步深入判定学生独立工作的能力,同时通过提问及回答,启发学生思路,以对问题做出深入的研究,答辩也是培养和锻炼学生口头表达能力的一个环节。

(2) 毕业设计(论文)结束前 2 周由教研室安排小组答辩事宜,安排小组答辩成员,答辩时间、地点。

(3) 学生必须在毕业设计(论文)结束前 10 天提交毕业设计说明书(论文)。

2. 考核成绩评定

(1) 毕业设计的成绩评定应以学生完成工作任务的情况、业务水平、工作态度、设计说明书(论文)和图纸、实物的质量及答辩情况为依据。

(2) 成绩的评定应由指导教师(占 50 分)和答辩组(占 50 分)分别评定,按求和方式确定最后成绩。

(3) 毕业设计成绩在答辩全部结束后一周内,经教研室主任审定后,指导教师将成绩报到学院,并经系答辩委员会认可。

参 考 文 献

[1] 张正禄,李广云,潘国荣,等.工程测量学习题、课程设计和实习指导书[M].武汉:武汉大学出版社,2008.
[2] 张正禄,吴栋材,杨仁.精密工程测量[M].北京:测绘出版社,1992.
[3] 刘祖强,张正禄,邹启新,等.工程变形监测分析预报的理论与实践[M].北京:中国水利水电出版社,2008.
[4] 李青岳.工程测量学[M].北京:测绘出版社,1984.
[5] 宁津生,陈俊勇,李德仁,等.测绘学概论[M].3 版.武汉:武汉大学出版社,2016.
[6] 潘正风,程效军,成枢,等.数字测图原理与方法[M].武汉:武汉大学出版社,2009.
[7] 潘正风,程效军,成枢,等.数字测图原理与方法习题和实验[M].武汉:武汉大学出版社,2009.
[8] 郭际明,史俊波,孔祥元,等.大地测量学基础[M].3 版.武汉:武汉大学出版社,2021.
[9] 张祖勋,张剑清.数字摄影测量学[M].2 版.武汉:武汉大学出版社,2017.
[10] 徐亚明,王佩军.摄影测量学[M].武汉:武汉大学出版社,2022.
[11] 徐绍铨,张华海,杨志强,等.GPS 测量原理及应用[M].4 版.武汉:武汉大学出版社,2017.
[12] 李征航,黄劲松.GPS 测量与数据处理[M].3 版.武汉:武汉大学出版社,2016.
[13] 魏二虎,黄劲松.GPS 测量操作与数据处理[M].武汉:武汉大学出版社,2004.
[14] 黄劲松,李英冰.GPS 测量与数据处理实习教程[M].武汉:武汉大学出版社,2010.
[15] 张军海,李仁杰,傅学庆,等.地理信息系统原理与实践[M].2 版.北京:科学出版社,2015.
[16] 牟乃夏,刘文宝,王海银,等.ArcGIS 10 地理信息系统教程(从初学到精通)[M].北京:测绘出版社,2021.
[17] 闫磊,张海龙.ArcGIS 地理信息系统(从基础到实战)[M].北京:中国水利水电出版社,2021.
[18] 汤国安,杨昕,张海平,等.ArcGIS 地理信息系统空间分析实验教程[M].3 版.北京:科学出版社,2021.
[19] 丁华,李如仁,成谴,等.ArcGIS 10.2 基础实验教程[M].北京:清华大学出版社,2018.
[20] 汤国安,钱柯健,熊礼阳,等.地理信息系统基础实验操作 100 例[M].北京:科学出版社,2017.
[21] 孙家抦.遥感原理与应用[M].武汉:武汉大学出版社,2013.
[22] 周廷刚.遥感原理与应用[M].2 版.北京:科学出版社,2023.
[23] 沙晋明.遥感原理与应用[M].2 版.北京:科学出版社,2022.

[24] 汤国安，杨昕，邓凤东，等.ERDAS 遥感数字图像处理实验教程[M].北京：科学出版社，2022.

[25] 郭际明，丁士俊，苏新洲，等.大地测量学基础[M].2 版.武汉：武汉大学出版社，2009.

[26] 马玉晓.大地测量学基础[M].成都：西南交通大学出版社，2018.

[27] 龚涛.摄影测量学[M].成都：西南交通大学出版社，2014.

[28] 李德仁.摄影测量与遥感概论[M].北京：测绘出版社，2016.